21世纪高等学校规划教材 | 计算机应用

Access
程序设计教程

潘明寒 主编
赵义霞 张盛林 副主编

清华大学出版社
北京

内容简介

本书是一本详细介绍 Access 2003 数据库应用程序设计的教程，根据知识点的逻辑关系，按照由浅入深、循序渐进的教学思路安排各章节内容，条理清楚，讲解详细。全书包含 100 多个通俗易懂的案例和 1 个课程设计实例，涵盖所有知识点，每个案例都配有详细的操作说明，具有实用性和可操作性。各章练习包括判断题、填空题、操作题，帮助读者加强理解学习内容，并提供书中所有实例源代码和完整 PPT 课件。

本书主要面向初次学习数据库技术的高等学校各专业本科生，也可作为高职高专学生的教材和普通技术人员的参考书。

图书在版编目(CIP)数据

Access 程序设计教程/潘明寒主编. —北京：清华大学出版社，2011. 6
(21 世纪高等学校规划教材·计算机应用)
ISBN 978-7-302-24382-3

Ⅰ. ①A…　Ⅱ. ①潘…　Ⅲ. ①关系数据库—数据库管理系统，Access—高等学校—教材
Ⅳ. ①TP311. 138

中国版本图书馆 CIP 数据核字(2010)第 259024 号

责任编辑：付弘宇
责任校对：白　蕾
责任印制：王秀菊
出版发行：清华大学出版社　　**地　　址**：北京清华大学学研大厦 A 座
http://www.tup.com.cn　　**邮　　编**：100084
社　总　机：010-62770175　　**邮　　购**：010-62786544
投稿与读者服务：010-62795954，jsjjc@tup.tsinghua.edu.cn
质　量　反　馈：010-62772015，zhiliang@tup.tsinghua.edu.cn
印　刷　者：北京季蜂印刷有限公司
装　订　者：三河市溧源装订厂
经　　销：全国新华书店
开　　本：185×260　**印　张**：17.75　**字　数**：434 千字
版　　次：2011 年 6 月第 1 版　　**印　　次**：2011 年 6 月第1 次印刷
印　　数：1～5000
定　　价：29.00 元

产品编号：037052-01

编审委员会成员

（按地区排序）

出版说明

随着我国改革开放的进一步深化，高等教育也得到了快速发展，各地高校紧密结合地方经济建设发展需要，科学运用市场调节机制，加大了使用信息科学等现代科学技术提升、改造传统学科专业的投入力度，通过教育改革合理调整和配置了教育资源，优化了传统学科专业，积极为地方经济建设输送人才，为我国经济社会的快速、健康和可持续发展以及高等教育自身的改革发展做出了巨大贡献。但是，高等教育质量还需要进一步提高以适应经济社会发展的需要，不少高校的专业设置和结构不尽合理，教师队伍整体素质亟待提高，人才培养模式、教学内容和方法需要进一步转变，学生的实践能力和创新精神亟待加强。

教育部一直十分重视高等教育质量工作。2007 年 1 月，教育部下发了《关于实施高等学校本科教学质量与教学改革工程的意见》，计划实施"高等学校本科教学质量与教学改革工程（简称'质量工程'）"，通过专业结构调整、课程教材建设、实践教学改革、教学团队建设等多项内容，进一步深化高等学校教学改革，提高人才培养的能力和水平，更好地满足经济社会发展对高素质人才的需要。在贯彻和落实教育部"质量工程"的过程中，各地高校发挥师资力量强、办学经验丰富、教学资源充裕等优势，对其特色专业及特色课程（群）加以规划、整理和总结，更新教学内容、改革课程体系，建设了一大批内容新、体系新、方法新、手段新的特色课程。在此基础上，经教育部相关教学指导委员会专家的指导和建议，清华大学出版社在多个领域精选各高校的特色课程，分别规划出版系列教材，以配合"质量工程"的实施，满足各高校教学质量和教学改革的需要。

为了深入贯彻落实教育部《关于实施高等学校本科教学质量与教学改革工程的意见》精神，紧密配合教育部已经启动的"质量工程"，在有关专家、教授的倡议和有关部门的大力支持下，我们组织并成立了"清华大学出版社教材编审委员会"（以下简称"编委会"），旨在配合教育部制定精品课程教材的出版规划，讨论并实施精品课程教材的编写与出版工作。"编委会"成员皆来自全国各类高等学校教学与科研第一线的骨干教师，其中许多教师为各校相关院、系主管教学的院长或系主任。

按照教育部的要求，"编委会"一致认为，精品课程的建设工作从开始就要坚持高标准、严要求，处于一个比较高的起点上；精品课程教材应该能够反映各高校教学改革与课程建设的需要，要有特色风格、有创新性（新体系、新内容、新手段、新思路，教材的内容体系有较高的科学创新、技术创新和理念创新的含量）、先进性（对原有的学科体系有实质性的改革和发展，顺应并符合 21 世纪教学发展的规律，代表并引领课程发展的趋势和方向）、示范性（教材所体现的课程体系具有较广泛的辐射性和示范性）和一定的前瞻性。教材由个人申报或各校推荐（通过所在高校的"编委会"成员推荐），经"编委会"认真评审，最后由清华大学出版社审定出版。

目前，针对计算机类和电子信息类相关专业成立了两个“编委会”，即“清华大学出版社计算机教材编审委员会”和“清华大学出版社电子信息教材编审委员会”。推出的特色精品教材包括：

(1) 21世纪高等学校规划教材·计算机应用——高等学校各类专业，特别是非计算机专业的计算机应用类教材。

(2) 21世纪高等学校规划教材·计算机科学与技术——高等学校计算机相关专业的教材。

(3) 21世纪高等学校规划教材·电子信息——高等学校电子信息相关专业的教材。

(4) 21世纪高等学校规划教材·软件工程——高等学校软件工程相关专业的教材。

(5) 21世纪高等学校规划教材·信息管理与信息系统。

(6) 21世纪高等学校规划教材·财经管理与计算机应用。

(7) 21世纪高等学校规划教材·电子商务。

清华大学出版社经过二十多年的努力，在教材尤其是计算机和电子信息类专业教材出版方面树立了权威品牌，为我国的高等教育事业做出了重要贡献。清华版教材形成了技术准确、内容严谨的独特风格，这种风格将延续并反映在特色精品教材的建设中。

清华大学出版社教材编审委员会

联系人：魏江江

E-mail：weijj@tup.tsinghua.edu.cn

前言

Microsoft Access 是目前比较流行的关系型数据库管理系统，由微软公司推出。它提供了开发小型数据库管理系统的理想环境，既能用于本地数据库，又能应用于网络。Access 不但功能强大，而且操作简单、易学易用，特别适合数据库技术的初学者。

本书从知识的逻辑关系出发，借助 100 余个案例，详细介绍了用 Access 2003 建立信息管理系统的方法。全书共分 9 章，各章内容安排如下。

第 1 章 "Access 基础知识"介绍了关系数据库的基本内容以及 Access 操作基础，包括 Access 的作用、Access 的工作窗口、Access 的 7 种数据库对象等。

第 2 章 "表的设计与使用"介绍了表对象的使用方法，包括建立表结构、输入记录、导入外部数据、将表导出为外部数据、数据表格式化、建立表之间关系、拆分数据表等。本章有 22 个案例。

第 3 章 "查询的设计与使用"介绍了查询对象的使用方法，包括建立各种类型查询、建立计算字段和统计字段、使用 SQL 语句、建立子查询等。本章有 25 个案例。

第 4 章 "窗体的设计与使用"介绍了窗体对象的使用方法，包括建立窗体、使用窗体工具箱和属性、建立各种窗体控件、建立主/子窗体等。本章有 24 个案例。

第 5 章 "报表的设计与使用"介绍了报表对象的使用方法，包括建立报表、在报表中建立计算字段、在报表中显示外部数据、使用报表控件、分组统计报表数据、建立主/子报表、建立标签报表和图表报表等。本章有 17 个案例。

第 6 章 "页的设计与使用"介绍了页对象的使用方法，包括建立页、将表或查询转换成页、使用页的工具箱、使用页的控件、对页进行修饰等。本章有 8 个案例。

第 7 章 "宏的设计与使用"介绍了宏对象的使用方法，包括建立宏、建立宏组、建立条件宏、用事件触发宏以及调试宏等。本章有 9 个案例。

第 8 章 "模块的设计与使用"介绍了模块对象的使用方法和 VBA 程序设计的基本知识，包括建立和使用模块、VBA 程序设计的基本方法、过程调用与参数传递、使用内置函数、计时器事件、程序错误处理机制等。本章有 32 个案例。

第 9 章 "数据库编程"介绍了访问数据库的方法，包括用 DAO 访问数据库、用 ADO 访问数据库，并以一个案例详细介绍了数据库应用程序设计制作的全过程。本章有 8 个案例和 1 个课程设计实例。

本书最大的特点是循序渐进，实例丰富，通俗易懂，具有可操作性。每章最后都有精心设计的练习题，题型有判断题、填空题和操作题。本书提供 PPT 课件和全部实例源代码，读者可以与出版社(fuhy@tup.tsinghua.edu.cn)或与作者本人(wfu_jzy@163.com)联系索取。

本书由潘明寒任主编，赵义霞、张盛林任副主编。其中第1～3章由张盛林编写，第4～6章由赵义霞编写，其余章节由潘明寒编写，潘明寒负责全书的统稿与审阅，赵义霞负责全书程序的验证与调试。

本书面向普通高等院校学生，也可作为广大工程技术人员和业余爱好者的自学参考书。全书约50万字，参考学时为60学时(授课30学时，上机30学时)。

由于作者水平有限，书中难免有不妥之处，恳请读者及同行指正。

编　者

2011年2月

目 录

第1章 Access基础知识

本章介绍数据库的基础知识和数据库管理系统 Access 的有关知识，认识 Access 2003 的工作窗口，了解 Access 的 7 个对象，为学习本书后续内容做必要准备。

本书以 Access 2003 作为教学软件。

1.1 认识 Access

1.1.1 Access 简介

Access 是微软公司出品的桌面办公系统 Microsoft Office 的组件之一，被称为关系型桌面数据库管理系统。Access 与 Word、Excel 等软件有相似的操作界面和使用环境，界面友好、操作简单，特别适合数据库技术的初学者。

另外，Access 功能强大、接口灵活，是许多中小型网站后台数据库系统的首选。

1.1.2 Access 2003 的特点

Access 2003 有如下特点：

(1) 将各类对象存放在同一个数据库文件中，便于数据库对象的管理。

(2) 能处理多种数据类型，支持 OLE 技术。

(3) 支持 SQL 数据库的数据，支持 Excel 表格与文本文件中的数据。

(4) 提供强大的向导功能，使设计过程自动化。

(5) 能创建 Web 页，在因特网上查看、更新和分析数据库数据。

(6) 提供强大的开发工具 VBA，集成开发数据库应用程序。

1.1.3 Access 2003 的启动与退出

1. 启动 Access 2003

启动 Access 2003 通常用以下 2 种方法。

方法 1：在桌面状态栏依次单击“开始”→“程序”→Microsoft Office→Microsoft Office Access 2003，如图 1-1 所示。

方法 2：双击桌面上 Access 2003 的快捷方式图标。

2. Access 2003 开始窗口

启动 Access 2003 后首先显示开始窗口,如图 1-2 所示。

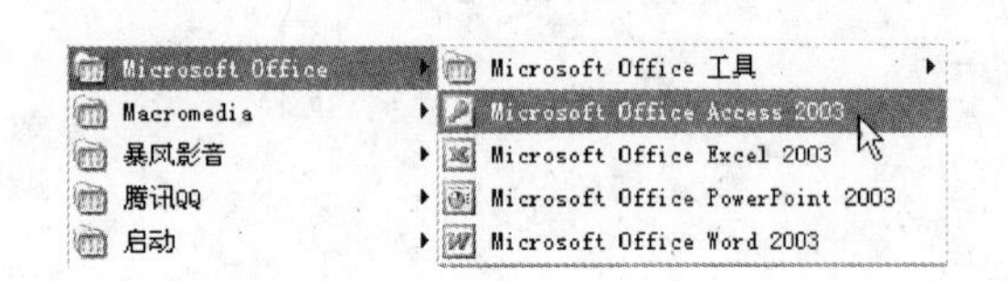

图 1-1 启动 Access 2003

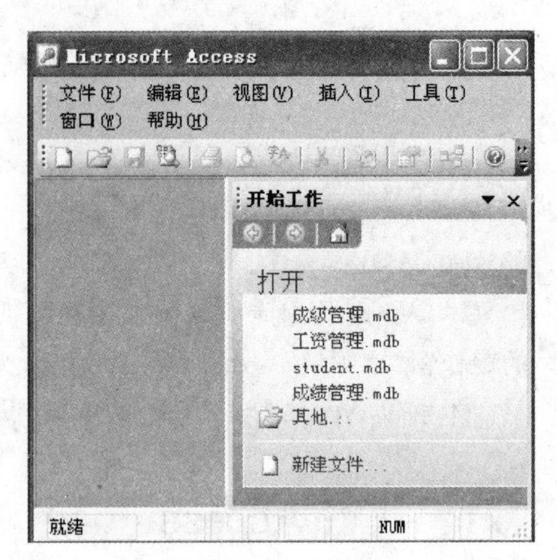

图 1-2 Access 2003 开始窗口

开始窗口中显示最近操作过的数据库名称以及“其他”和“新建文件”选项。

(1) 单击一个数据库名称,快速打开该数据库。

(2) 单击“其他”选项,在盘中查找其他数据库文件并将其打开。

(3) 单击“新建文件”选项,创建一个新的数据库。

另外,双击磁盘上扩展名为“mdb”的文件,就能启动 Access 2003 并打开该数据库文件。

3. 退出 Access 2003

退出 Access 2003 有以下 4 种方法。

方法 1:单击 Access 2003 工作窗口标题栏的“关闭”按钮。

方法 2:在 Access 2003 工作窗口选择“文件”→“退出”菜单。

方法 3:按组合键 Alt+F+X。

方法 4:按组合键 Alt+F4。

1.1.4 新建数据库

在开始窗口选择“新建文件”选项,显示“新建文件”列表,如图 1-3 所示。

(1) 在图 1-3 中选择“空数据库”选项,在打开的对话框中给数据库文件命名,选择文件保存位置,新建一个数据库文件。数据库文件的扩展名为 mdb。

(2) 在图 1-3 中选择“本机上的模板”选项,在打开的对话框中打开“数据库”选项卡,选择一个数据库模板,新建一个基于该模板的数据库。数据库模板如图 1-4 所示。

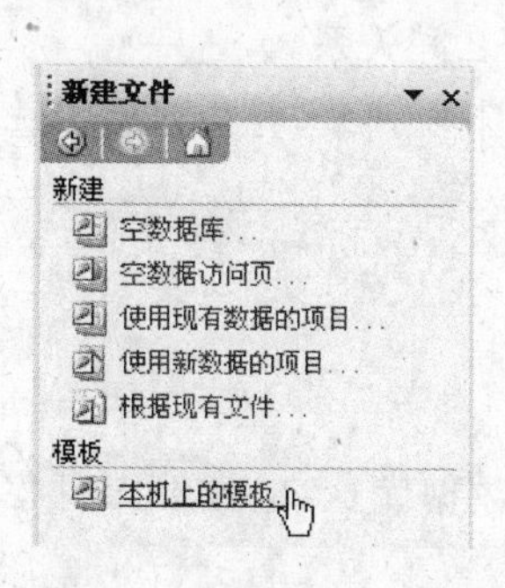

图 1-3 “新建文件”列表

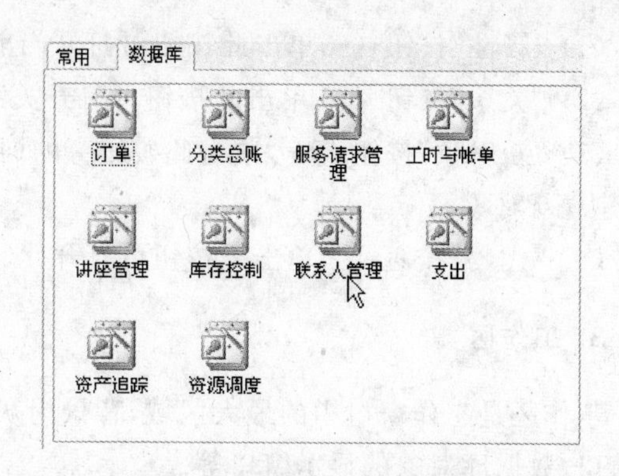

图 1-4 选择一个数据库模板

1.1.5 Access 2003 的工作窗口

工作窗口是数据库的设计窗口,用于显示数据库窗口、数据库对象的设计窗口以及数据库对象的预览窗口。

工作窗口包括菜单栏、标准工具栏、工作区等,如图 1-5 所示。

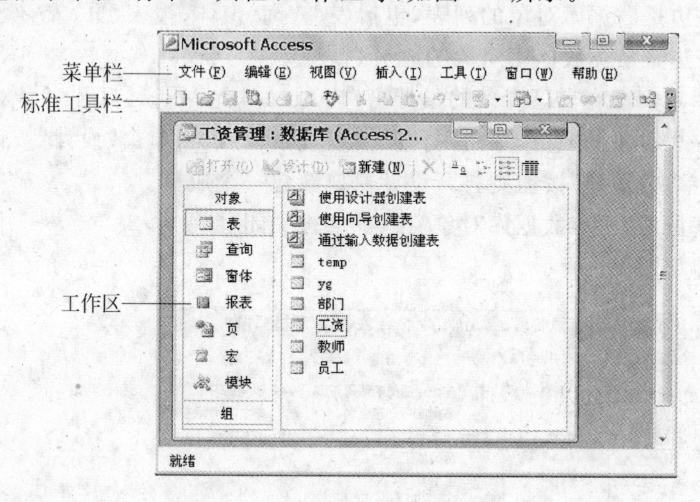

图 1-5 Access 2003 的工作窗口

1. 菜单栏

菜单栏位于工作窗口的上方,菜单内容随着数据库对象的不同而有所不同。菜单栏集中了 Access 的全部功能,各种操作都能通过菜单栏中的选项得以实现。

2. 标准工具栏

标准工具栏位于菜单栏下方,由一组按钮组成,提供菜单栏常用操作的快捷使用方法。标准工具栏中的每个按钮都对应菜单栏的一个常用选项,如新建、保存等。使用工具按钮比使用菜单更加方便快捷。

下面介绍几个专用于数据库设计的标准工具栏按钮。

(1) “属性”按钮 ，单击此按钮可打开当前对象的属性窗口。

(2) “关系”按钮 ，单击此按钮可打开关系窗口，建立表之间关系。

(3) “新对象”按钮 ，单击此按钮旁的向下箭头可打开下拉列表，并在列表中选择对象，建立新对象。

(4) “代码”按钮 ，单击此按钮可打开代码窗口。

3. 工作区

工作区是工作窗口中的最大区域，背景为灰色，用来放置数据库窗口、数据库对象的设计窗口、数据库对象的显示窗口等。

1.1.6 Access 2003 的数据库窗口

数据库窗口集中显示数据库 7 种对象的全体成员(也称为实例)。一个数据库窗口对应一个数据库文件，Access 2003 一次只允许打开一个数据库文件。

数据库窗口的标题栏显示当前数据库名称，窗口由 3 部分组成：

(1) 窗口上端是用于数据库对象设计的命令按钮，包括打开、设计、新建等。

(2) 窗口左边是数据库对象的列表，包括表、查询、窗体、报表、页、宏、模块等。

(3) 窗口右边是某类数据库对象的成员列表。

每个数据库对象都有自己专门的设计窗口，Access 允许同时打开多个对象窗口。在数据库窗口选取一个对象的成员，单击“打开”按钮显示该成员，单击“设计”按钮则打开设计窗口编辑该成员，单击“新建”按钮则打开设计窗口新建一个成员。

关闭数据库窗口，所有数据库对象窗口都会被关闭。

数据库窗口如图 1-6 所示。

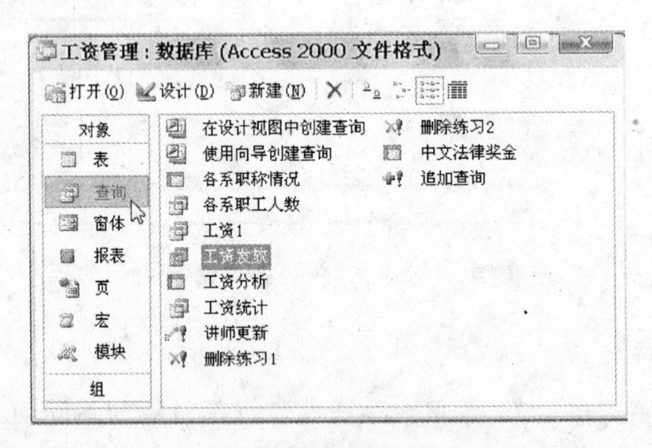

图 1-6 数据库窗口

1.2 Access 的数据库对象

Access 有 7 种数据库对象，以列表形式显示在数据库窗口左侧，从上到下依次为表、查询、窗体、报表、页、宏和模块。

1.2.1 表

表又称为数据表,用来存储和管理基本数据,为数据库其他对象提供数据源和操作依据,是整个数据库系统的基础。

一个完备的数据库首先要建立各种表,并在表之间建立联系,以此作为数据的存储架构,逐步完成其他数据库对象的创建。建立了关系的多个表使用起来就像使用一个表一样。

表的建立不宜大而全,一个表最好只围绕一个主题,如学生信息表、学生成绩表等。这样做能够提高数据库的工作效率,减少因数据输入而产生的错误。

表有 2 个基本概念:字段和记录。

1. 字段

字段是数据表的列,每个字段表达对象某一方面的特征。如姓名、性别、年龄等是"学生"对象的特征。

字段有不同类型,存放的数据类型也不同。如"姓名"字段存放"文本"型数据,"年龄"字段存放"数字"型数据。

字段的基本属性有字段名称、字段类型、字段大小、默认值等。

2. 记录

记录是数据表的行,每条记录描述一个完整的对象。例如,张三、男、21、团员就是一条完整的记录。

组成记录的每一项都被称为数据项,数据项是数据库存储数据的最小单位。数据表示例如图 1-7 所示。

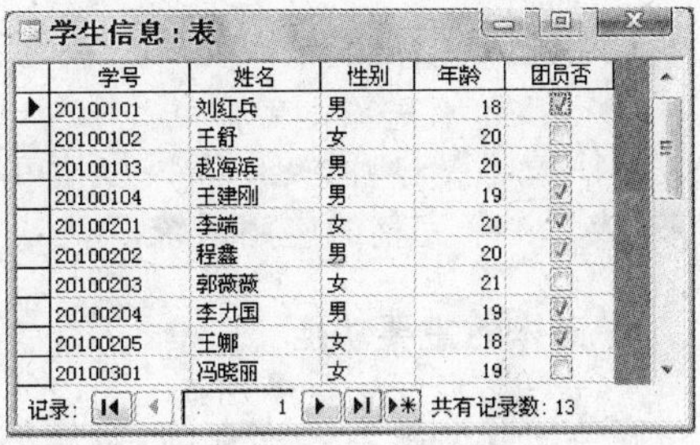

学生信息:表

学号	姓名	性别	年龄	团员否
20100101	刘红兵	男	18	☑
20100102	王舒	女	20	☐
20100103	赵海滨	男	20	☐
20100104	王建刚	男	19	☑
20100201	李端	女	20	☑
20100202	程鑫	男	20	☑
20100203	郭薇薇	女	21	☐
20100204	李九国	男	19	☑
20100205	王娜	女	18	☑
20100301	冯晓丽	女	19	☐

记录: 1 共有记录数: 13

图 1-7 数据表示例

1.2.2 查询

查询是数据库的核心操作,根据条件从数据表或其他查询中筛选出相应记录,构成一个动态的数据集合。另外,查询、窗体、报表和数据访问页都可以用查询做数据源。

1. 查询是虚拟表

查询是一个虚拟表,虽然查询的显示结果与表的显示结果相似,但查询存储的是动态数据,每一次打开查询都会显示数据源的最新状态。

查询的数据源是表或查询,查询与其数据源之间是相通的,如果在查询中更改数据,查询数据源中的数据随之被更改。查询示例如图 1-8 所示。

2. 查询的主要操作

查询可以实现多种操作,包括选取字段、选取记录、排序记录、统计数据、建立计算字段和推导字段等。

3. 查询的类型

查询分为5大类,包括:选择查询、交叉表查询、操作查询、SQL查询、参数查询。其中,操作查询又细分为4类,包括生成表查询、更新查询、追加查询、删除查询。

查询的类型在“查询”菜单中设置,“查询”菜单如图1-9所示。

年龄查询:选择查询

姓名	性别	年龄
刘红兵	男	18
王舒	女	20
赵海滨	男	20
王建刚	男	19
李端	女	20
程鑫	男	20
郭薇薇	女	21
李力国	男	19

记录: 1 共有记录数: 13

图1-8 查询示例

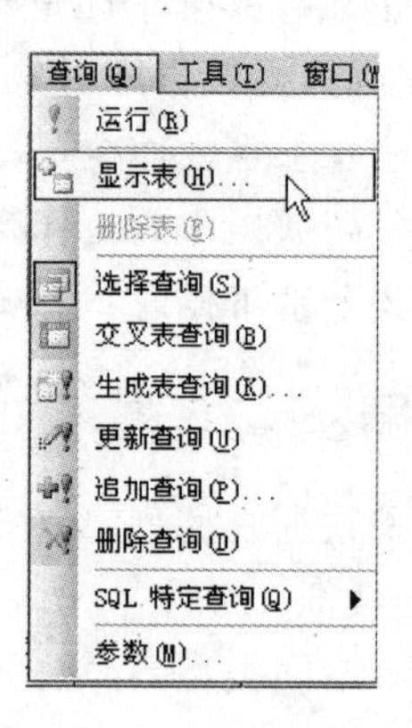

图1-9 “查询”菜单

1.2.3 窗体

窗体是用户与Access 2003应用程序之间的主要接口,利用窗体将整个应用程序组织起来,成为一个完整的应用系统。

1. 窗体的主要功能

窗体的数据源是表或查询,窗体的主要功能是显示和修改数据。一个好的窗体应该是一个友好的用户界面,用户通过窗体查看数据、查找数据、输入数据、编辑数据、删除数据,简化数据库的操作,这是建立窗体的基本目标。

窗体示例如图1-10所示。

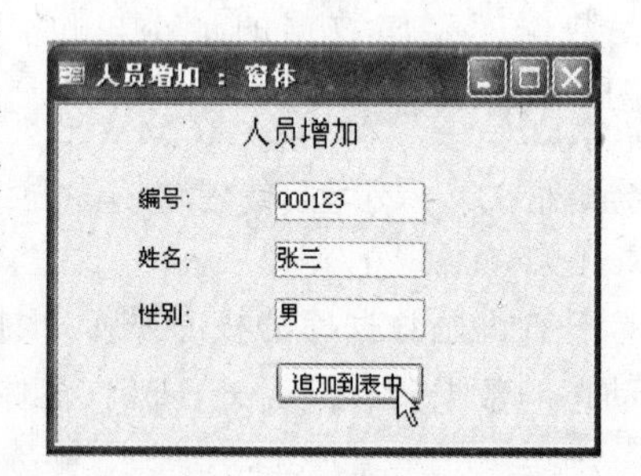

图1-10 窗体示例

2. 窗体的类型

Access 2003的窗体主要类型有6种,包括纵栏式窗体、表格式窗体、数据表窗体、图表窗体、标签窗体、主/子窗体。

1.2.4 报表

报表能以格式化方式显示和打印数据。报表的数据源是表、查询或SQL语句。

报表的主要功能包括有选择地显示数据、排序数据、统计数据和分组统计数据、建立新字段、建立主/子报表等。

报表只能显示数据,不能输入和修改数据。

报表示例如图 1-11 所示。

1.2.5 页

页又称为数据访问页，是一种特殊的 Web 页，能通过网络发布数据。

页与数据库其他对象不同，页是一个独立的文件，单独保存在数据库文件之外，保存在数据库中的是页的快捷方式。

用户对页中的数据进行筛选、排序等有关数据格式的操作，只影响页的副本，用户对页中的数据进行修改、添加、删除等操作，结果会保存在数据库中。

页的示例如图 1-12 所示。

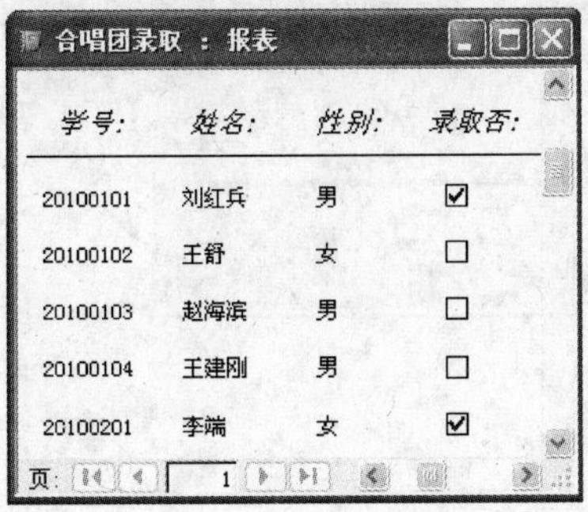

图 1-11 报表示例

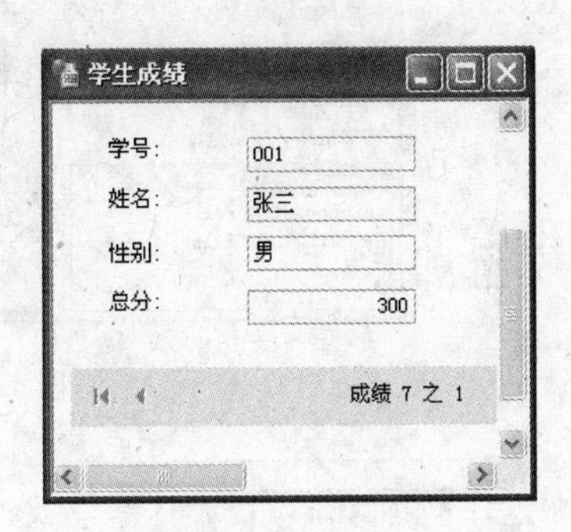

图 1-12 页的示例

1.2.6 宏

宏是操作的集合，其中的每个操作都能实现特定功能，如：打开窗体、打印报表等。

宏的编写非常简单，将多个指令放在一个宏里，并把宏附加给某个命令按钮，单击命令按钮就会运行宏，逐一完成宏里的指令。对于大量的重复性工作，宏是最理想的解决办法。

宏组是宏的集合，若干个宏放在一起就成为宏组，使用宏组有助于对宏进行管理。

名为 autoexec 的宏称为“自动运行宏”，打开数据库时系统会自动运行名为 autoexec 的宏。按住 Shift 键不松手打开数据库，系统会跳过 autoexec 宏。

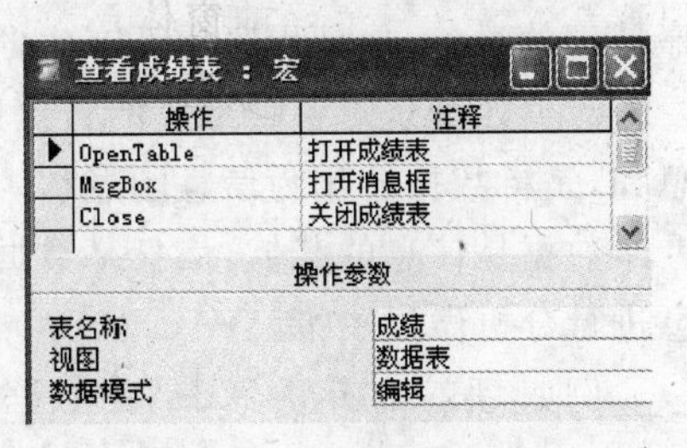

图 1-13 宏的设计窗口

宏的设计窗口如图 1-13 所示。

1.2.7 模块

模块是 VBA(Visual Basic for Applications)程序的集合，用来实现数据库较为复杂的操作，以及宏无法完成的任务。

模块有两个基本类型：类模块和标准模块。

(1) 类模块与某个窗体或报表相关联。

(2) 标准模块存放公共过程，供其他数据库对象使用。

虽然 Access 不用编程也能创建数据库应用程序，但效率更高、功能更完善的数据库应用程序要通过编程才能实现。

模块编辑窗口如图 1-14 所示。

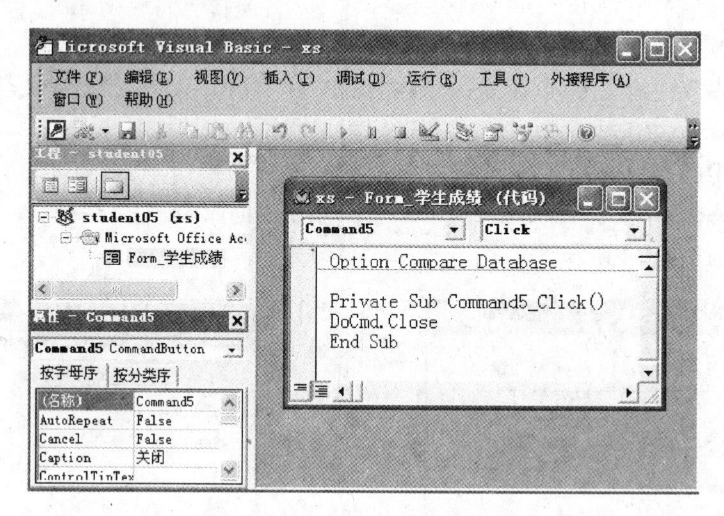

图 1-14 模块编辑窗口

1.3 数据库基础知识

1.3.1 数据与数据处理

从计算机角度来看，数据是能被计算机识别、存储、加工处理的物理符号。文字、图形、图像、动画、影像、声音等都是数据，学生学籍、教师信息等也是数据。数据不仅是计算机程序处理的对象，也是程序运算产生的结果。

数据处理是对各种形式的数据进行分类、组织、编码、存储、检索和维护的一系列活动的总和，是将数据转化为信息的过程。据统计，数据处理占计算机应用的 80%。

数据是信息的载体，信息是数据的表现形式。通过对数据进行处理获得信息，通过对信息进行分析做出决策。

例如，张三的年龄为 18，由数据 18 可以得出“张三是成年人”的信息。

1.3.2 数据库

数据库(DataBase，DB)是一组能在计算机中存储的、具有一定组织方式的相关数据的集合。如毕业生通讯录、班级成绩等，都是最简单的数据库。

数据库中的数据是有结构的，独立于应用程序，面向多种应用，被多个用户共享。

在 Access 2003 中，数据库是由各种对象组成的集合。数据库对象包括表、查询、窗体、报表、页、宏和模块。一个 Access 数据库中通常会有许多表、查询等数据库对象，它们全都存储在以 mdb 为扩展名的数据库文件中。

Access 2003 一次只能运行一个数据库。

1.3.3 数据库管理系统

数据库管理系统(DataBase Management System,DBMS)用来建立、使用和维护数据库,位于用户与操作系统之间,属于系统软件的范畴。

DBMS 的主要功能包括数据组织、数据操纵、数据维护、数据控制、数据保护与数据服务等。用 DBMS 维护数据库的可靠性、安全性、完整性。

数据库管理系统是数据库系统的核心。

1.3.4 数据库系统

数据库系统(DataBase System,DBS)是引入了数据库技术的计算机系统。它由 5 部分组成:数据库、数据库管理系统、数据库应用系统、计算机系统、数据库管理员及用户。显然,数据库系统包含了数据库和数据库管理系统。

数据库系统主要有以下 4 个特点。

1. 实现数据共享

所有用户可以同时存取数据,允许用多种计算机语言实现与数据库的接口,为当前及未来用户服务。

2. 实现数据独立

包括物理数据独立(改变数据存储方式和组织方式时,不影响数据库的逻辑结构,进而不影响应用程序)和逻辑数据独立(改变数据库的逻辑结构时,不影响应用程序)。

3. 实现对数据的统一控制

包括并发访问控制、数据安全性控制和数据完整性控制。保证数据的正确性和完整性,防止对数据非法存取。

4. 采用特定的数据模型

数据库中的数据必须基于某种数据模型,由数据库管理系统将所支持的数据模型在计算机系统上具体实现,所以,数据库中的数据是有结构的。

Access 2003 支持的数据模型是关系型,Access 又被称为关系型数据库管理系统。

1.3.5 数据库应用系统

数据库应用系统是以数据库为基础和核心的计算机应用系统。它以数据库为基础,用数据库管理系统开发,面向某种实际应用,如户口管理系统、图书管理系统。

1.3.6 计算机数据管理的发展

计算机数据管理的主要内容有 6 项:数据分类、数据组织、数据编码、数据存储、数据检索和数据维护。计算机数据管理的发展经历了以下几个阶段。

1. 人工管理

20 世纪 50 年代中期。特点：数据不独立，不能共享，高冗余。

2. 文件系统

20 世纪 50 年代后期到 20 世纪 60 年代中期。特点：数据独立性差，不能共享。

3. 数据库系统

从 20 世纪 60 年代后期开始，最早由 IBM 公司推出 IMS 数据库系统(1968 年)。特点：数据集成和独立、高共享低冗余、数据统一管理与控制。

4. 分布式数据库系统

从 20 世纪 70 年代开始，数据库技术与网络通信技术相结合产生了分布式数据库系统。分布式数据库中的数据分布在计算机网络的不同计算机上，网络中每个节点有独立的数据处理能力，可以执行局部应用，同时每个节点又能通过网络通信子系统执行全局应用。

目前较多使用的是客户机/服务器(Client/Server，C/S)结构。特点：将数据库管理系统和数据库放置在服务器上，在客户机通过网络访问远端服务器上的数据。

5. 面向对象数据库系统

面向对象数据库系统既是面向对象的系统，又是数据库系统，是数据库技术与面向对象程序设计技术相结合而产生的。特点：采用面向对象程序设计的基本思想，存储复杂数据对象以及对象之间的关系，克服传统数据库的局限性。

面向对象数据库系统极大地提高了数据库管理效率，降低了用户使用的复杂性。

1.4 数据模型简介

1.4.1 实体与实体集

实体是客观存在并能够相互区别的事物。实体可以是实际的事物，也可以是事物与事物之间的联系，后者又被称为抽象的事物。如一个学生是实体，属于实际的事物；学生选课也是实体，属于抽象的事物。

同类型实体的集合称为实体集。如全体学生是一个实体集。

在 Access 2003 中，用“表”存放实体集，如学生表、工资表。

1.4.2 实体属性与实体型

实体所具有的某一特性称为实体属性。一个实体可以用多个属性描述。如“学生”实体可以用学号、姓名、性别、年龄等属性描述。

用实体名和该实体的属性集合可以描述一个实体的类型，称为实体型。如学生(学号、姓名、性别、年龄)是一个实体型,其中,学生是实体名,由学号、姓名、性别、年龄构成的集合是该实体的属性集合。

在 Access 2003 中,表中包含的字段就是实体的属性,一个字段值的集合构成一个具体的实体,称为一条记录。一条记录表示一个实体。如(001,张三,男,20)是学生表中的一条记录,是一个具体的实体。

1.4.3 数据模型

数据模型是数据特征的抽象,是数据库管理系统用来表示实体及实体间联系的方法。任何数据库管理系统都必须基于某种数据模型。

数据库管理系统支持 3 种传统数据模型,即层次模型、网状模型、关系模型。使用特定数据模型的数据库管理系统所开发出来的数据库系统,被相应地称为层次数据库系统、网状数据库系统、关系数据库系统。

Access 2003 支持关系数据模型,所以 Access 2003 被称为关系数据库管理系统。

1. 层次模型

层次模型(Hierarchical Model)是最早发展起来的数据模型,在现实世界中应用很普遍,如家族结构。层次模型具有自顶向下、层次分明的特点,像一棵倒长的树。所以说,层次模型是用树型结构来表示实体与实体之间联系的数据模型。

层次模型要满足两个条件。

(1) 有且只有一个根节点,根节点没有双亲。

(2) 其他节点有且只有一个双亲。

层次模型示例如图 1-15 所示。

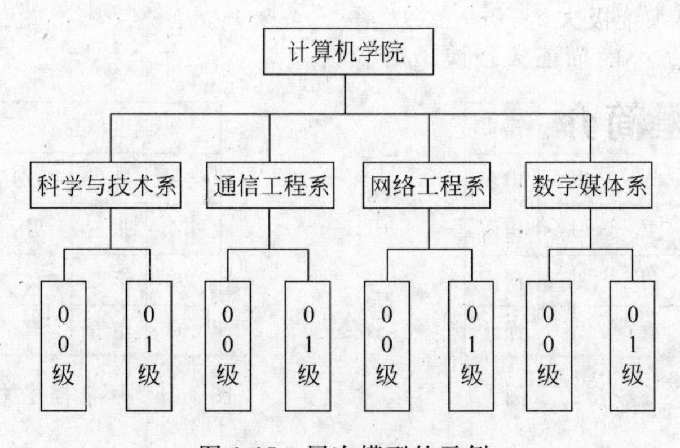

图 1-15 层次模型的示例

2. 网状模型

网状模型(Network Model)的出现比层次模型略晚一些,它不像层次模型那样对实体关系有严格的要求。在网状模型中,实体之间是一种交叉关系,就像一个不加任何条件的网络图,这种图在图论中被称为无向图。所以说,网状模型是用无向图结构来表示实体及实体之间联系的数据模型。

网状模型要满足两个条件。

(1) 允许一个以上的节点没有双亲。

(2) 一个节点有多于一个的双亲。

网状模型示例如图 1-16 所示。

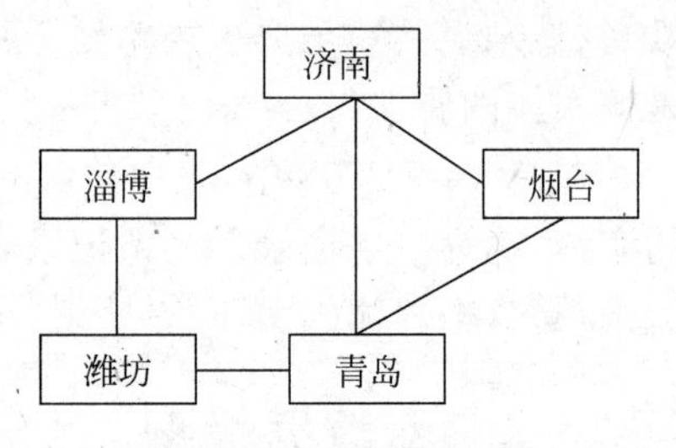

图 1-16 网状模型的示例

3. 关系模型

关系模型(Relational Model)是目前最重要的数据模型,几乎所有数据库管理系统都支持关系模型。一个关系的逻辑结构就是一张二维表,操作对象和操作结果都是二维表。所以说,关系模型是用二维表结构表示实体及实体之间联系的数据模型。

关系模型以二维表为基本结构,二维表由属性和元组构成,属性是二维表的列,元组是二维表的行。

二维表要满足 7 个条件。

(1) 元组和属性的个数有限。

(2) 元组次序任意。

(3) 元组各不相同。

(4) 元组分量(即数据项)不可分割。

(5) 属性次序任意。

(6) 属性名各不相同。

(7) 同一属性的分量具有相同的值域。

关系模型示例如图 1-17 所示。

说明:二维表中的每一行必须是从左到右的完整行,每一列必须是从上到下的完整列,否则就不是描述关系模型的二维表。

如图 1-18 所示是不能描述关系模型的表格。

学号	姓名	性别	年龄	籍贯
001	张三	男	20	山东
002	李四	女	19	山西
003	王五	男	21	河南
004	赵六	女	18	河北

图 1-17 关系模型的示例

学生信息			成绩	
学号	姓名	性别	数学	英语
001	张三	男	90	80
002	李四	女	87	96
003	王五	男	79	84

图 1-18 不能描述关系模型的表格

4. 关系模型的常用术语

(1) 关系与表

关系与表都用来描述关系结构。一个具体的关系就是一张二维表,每个关系都有一个关系名。关系在 Access 中存储为一个表,每个表都有一个表名。

用关系描述关系结构,其格式为:

关系名(属性名 1,属性名 2,…,属性名 *n*)

用表描述关系结构，其格式为：

表名(字段 1,字段 2,…,字段 n)

(2) 属性与字段

属性与字段都用来描述二维表中垂直方向的列。在关系中，列被称为属性。在表中，列被称为字段。关系中的每个列都有属性名，同一个关系中所有属性的名字不能相同。表中的每个字段都有字段名，同一个表中所有字段的名字不能相同。

每个字段的数据类型、数据格式、宽度等内容，均在 Access 创建表结构时规定。

(3) 域

字段(属性)的取值范围称为域。同一字段的域相同。例如，“性别”字段的域为“男或女”，只能从两个值中取一个，不能出现数字。“年龄”字段的域可以规定为 1～150 之间的数字，不能出现字母。

(4) 元组与记录

元组与记录都用来描述二维表中水平方向的行。在关系中，“行”被称为元组。在表中，“行”被称为记录。记录的内容在表结构创建完成后输入。

记录的每一个分量被称为“数据项”，数据项是不可分割的。

(5) 关键字

能够唯一标识一条记录(元组)的字段或字段组合(属性或属性组合)被称为“关键字”，关键字是从表中选定唯一行的指示器，关键字中的值不能重复，不能为空。

例如，“学生”表中每条记录的学号是唯一的，“学号”字段可以作为表的关键字。表中可能有多条记录的性别为“男”，所以，“性别”字段不能作为“学生”表的关键字。

关键字又可细分为“候选关键字”和“主关键字”。一个表可以有多个候选关键字，但只能选其中的一个作为主关键字，主关键字又被称为“主键”或“主码”。

(6) 外部关键字

如果表中的某个字段不是当前表的关键字，而是另外一个表的关键字，则该字段称为当前表的“外部关键字”。两个表可以通过外部关键字建立联系。

例如，对于“成绩”表和“学生”表而言，“学号”字段不是“成绩”表的关键字，而是“学生”表的关键字，则“学号”字段是“成绩”表的外部关键字，“成绩”表与“学生”表之间可以通过“学号”字段建立联系。

两个表之间的联系有 3 种类型：一对一联系、一对多联系、多对多联系。

(7) 索引

索引是表的关键值，它建立了到达表中数据的直接路径，避免从表的开始处查找指定信息，从而加快数据检索速度，更高效地访问数据。被索引的字段的值可以重复。

例如，查找姓名为“张三”的记录，如果对“姓名”字段进行了索引，查找只在姓张的记录中进行，而不必从表的开始处查找。

1.4.4 常规的关系运算

关系运算的对象都是表，常规的关系运算包括并、交、差等集合运算。参与并、交、差运算的表必须具有相同的结构。

1. 并

表1与表2结构相同,由两个表中全部记录构成的集合记作"表1∪表2",称为两个表的并。参与运算的两个表交换位置后结果不变,即表1∪表2=表2∪表1。所以,表的并运算满足交换率。

例如,班级1表与班级2表结构相同,将两个表的记录全部放在一起,得到的结果就是两个表的并。

2. 交

表1与表2结构相同,由两个表中的共有记录构成的集合记作"表1∩表2",称为两个表的交。参与运算的两个表交换位置后结果不变,即表的交运算满足交换率,即表1∩表2=表2∩表1。

例如,"选修舞蹈学生"表与"选修唱歌学生"表有相同结构,将那些既选修舞蹈又选修唱歌的记录挑选出来放在一起,得到两个表的交。

3. 差

表1与表2结构相同,由属于表1但不属于表2的记录构成的集合记作"表1-表2",称为表1与表2的差。表的差运算不满足交换率。通常情况下,表1与表2的差不等于表2与表1的差,即表1-表2≠表2-表1。

例如,"选修舞蹈学生"表与"选修唱歌学生"表有相同结构,将那些只选修舞蹈不选修唱歌的记录挑选出来放在一起,得到"选修舞蹈学生"表与"选修唱歌学生"表的差。同样,将那些只选修唱歌不选修舞蹈的记录挑选出来放在一起,得到"选修唱歌学生"表与"选修舞蹈学生"表的差。

1.4.5 专门的关系运算

专门的关系运算主要用在Access的查询中,包括选择、投影、联接。

1. 选择

从表中按照指定条件选取记录组成新的表,这种操作被称为选择。

选择是从行的角度对表进行的运算,新表的结构不变,记录个数会减少。其中的指定条件可以是单条件,也可以是复合条件。

例如,从"学生"表中选择"男同学",是对表进行单条件的选择运算。从"教师"表中选择"男教授",则是对表进行复合条件的选择运算。

2. 投影

从表中选取几个字段组成新的表,这种操作被称为投影。

投影是从列的角度对表进行的运算,新表的结构发生改变,或者字段个数减少,或者字段排列顺序不同,但记录个数不变。

例如,从"学生"表中选取"姓名"字段和"性别"字段组成新表,新表只有两个字段,表中的全体记录都只显示姓名和性别。

3. 联接

按照某种联接条件将两个表拼接成一个更宽的表，这种操作被称为联接。

联接是表的横向结合，需要用两个表作为操作对象，联接过程通过联接条件控制，联接条件中将出现两个表的公共字段名。通常情况下，新表的字段会增加，新表的记录是所有满足条件的记录。

如果新表中重复的字段只出现一次，这种联接又称为"自然联接"。自然联接是去掉重复字段的联接，是最常用的联接运算。

例如，表1有"学号"、"姓名"、"性别"3个字段，表2有"学号"、"总分"2个字段，联接条件为"表1.学号＝表2.学号"，那么，做自然联接运算以后，新表有4个字段：学号、姓名、性别、总分，其中的重复字段"学号"只出现一次。新表的记录是所有学号值对应相等的记录。

如果需要联接两个以上的表，应当两两进行。

习题1

1. 判断题

(1) 数据库文件的扩展名是mdb。

(2) Access工作窗口可以同时打开多个数据库文件。

(3) 关闭数据库窗口，所有数据库对象窗口都会被关闭。

(4) 表的建立提倡大而全。

(5) 数据项是数据库存储数据的最小单位。

(6) 在查询中更改数据，数据源中的数据不变。

(7) 报表可以显示数据、输入数据、修改数据。

(8) 数据库管理系统属于系统软件的范畴。

(9) Access是关系数据库管理系统。

(10) 能唯一标识一条记录的字段或字段组合被称为关键字。

2. 填空题

(1) 查询是一个虚拟表，存储的是________。

(2) 报表的数据源是表、查询或________。

(3) 页是一个独立文件，单独保存在________文件之外。

(4) 名为________的宏被称为"自动运行宏"。

(5) 模块有2个基本类型：类模块和________。

(6) 数据模型有3种：层次模型、________、关系模型。

(7) 记录的每一个分量被称为________，是不可分割的。

(8) 专门的关系运算包括选择、________、联接。

(9) ________是去掉重复字段的联接。

(10) 参与并、交、差运算的表必须具有________。

第2章 表的设计与使用

在 Access 2003 中，表是整个数据库的基础。本章介绍表的有关知识和使用方法，包括建立表结构、向表中输入记录、排序和筛选记录、建立表之间的关联、设置表格式、拆分表等。

2.1 建立表结构

表结构是表的基础，建立表结构的重点是确定字段、为每个字段定义数据类型，并为字段设置相应的字段属性。

2.1.1 建立表的基本原则

建立表通常要遵循以下基本原则。

(1) 一事一地的原则，即一个表围绕一个主题，避免大而全。

(2) 表中的字段代表原子数据，不可再分。

(3) 表之间尽量减少重复字段，只保留作连接用的公共字段。

(4) 设置关键字和外部关键字，用于表之间建立联系。

说明：关键字是当前表的主键字段，外部关键字是在其他表作主键的字段。

2.1.2 认识表结构

表结构是数据表的框架，其主要内容是表名和字段。

1. 表的设计视图

建立和修改表结构用表的设计视图完成，在设计视图中确定表的字段和字段属性。切换到表的设计视图可以用两种方法。

方法 1：打开一个表，选择“视图”→“设计视图”菜单项，如图 2-1(a)所示。

方法 2：打开一个表，单击常用工具栏最左边的“设计视图”按钮，如图 2-1(b)所示。

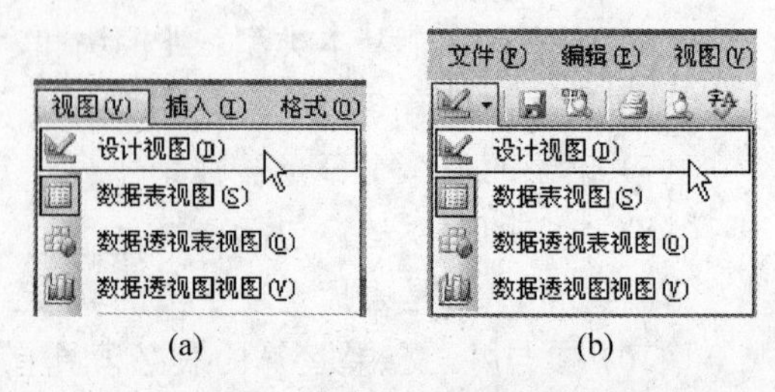

(a) (b)

图 2-1 切换到表的设计视图

表的设计视图分上下两部分，上部分是字段列表区，下部分是字段属性区。

字段列表区共有 4 列，从左到右依次如下。

(1) 字段选择器，是一列小方块，当前字段的字段选择器中有黑色右箭头▶。单击顶端的字段选择器，选中全体字段；单击其他字段选择器，则选中与选择器同在一行的字段。

(2) 字段名称，是一列输入框，用来给字段命名。

(3) 数据类型，是一列组合框，单击下拉按钮给字段选择数据类型。

(4) 说明，是一列输入框，输入字段的说明文字。

字段列表区如图 2-2 所示。

字段属性区共有 2 个选项卡，从左到右依次为“常规”选项卡和“查阅”选项卡。

(1) “常规”选项卡，用来定义字段的常规属性，如字段大小、格式、默认值等。字段的数据类型不同，系统提供的常规属性集合也不同。

(2) “查阅”选项卡，用来定义字段的查阅向导值，通常只针对文本型和数字型字段。定义了查阅向导值的字段在输入数据时从给定值列表中选择。

字段属性区如图 2-3 所示。

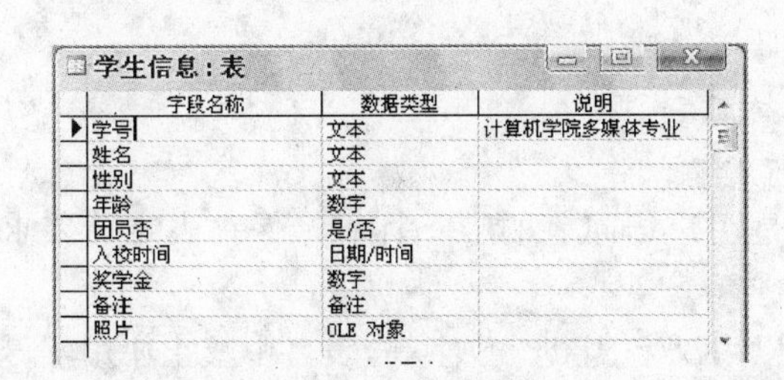

图 2-2　字段列表区

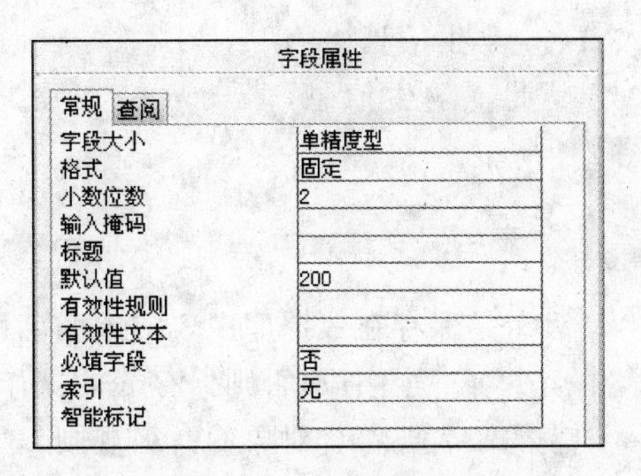

图 2-3　字段属性区

下面从一个案例出发了解表结构和表结构的建立方法。

案例 2.1　建立“学生信息”表结构

要求：建立“学生信息”表结构，字段如表 2-1 所示。

表 2-1　“学生信息”表的字段

字段名称	数据类型	说　明
学号	文本	2010 级新生
姓名	文本	
性别	文本	
年龄	数字	
入校时间	日期/时间	
备注	备注	
照片	OLE 对象	

操作步骤：

(1) 新建空数据库，命名为“成绩管理.mdb”。

(2) 在数据库窗口单击表对象，选择“新建”→“设计视图”→“确定”命令。

(3) 在字段列表区的“字段名称”列输入“学号”，在“数据类型”列选“文本”，在“说明”列输入“2010 级新生”，在字段属性区的“字段大小”属性格输入“6”。

(4) 在“字段名称”列输入“姓名”，在“数据类型”列选“文本”，“字段大小”输入“10”，“必填字段”选“是”。

(5) 在“字段名称”列输入“性别”，在“数据类型”列选“文本”，“字段大小”填“1”。

(6) 在“字段名称”列输入“年龄”，在“数据类型”列选“数字”，“字段大小”选“整型”。

(7) 在“字段名称”列输入“入校时间”，在“数据类型”列选“日期/时间”。

(8) 在“字段名称”列输入“备注”，在“数据类型”列选“备注”。

(9) 在“字段名称”列输入“照片”，在“数据类型”列选“OLE 对象”。

(10) 单击“保存”按钮，在打开的对话框中输入表名：学生信息。

至此，“学生信息”表的表结构建立完毕，如图 2-4 所示。

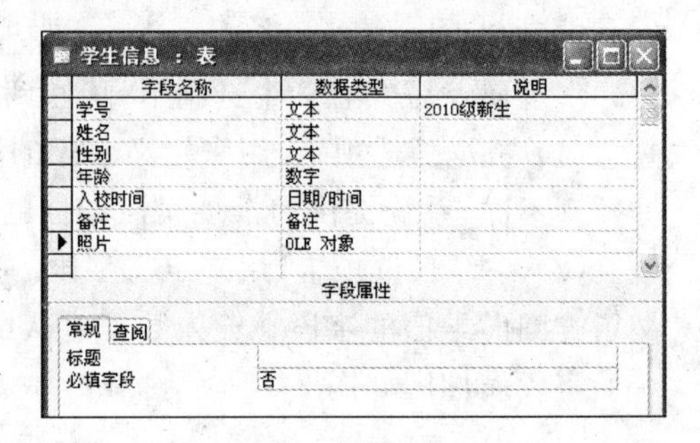

图 2-4 “学生信息”表结构

2. 表名

表名是保存在数据库中表对象的名称，也是用户访问表的唯一标识。保存表之前要求表中至少有一个字段，否则保存表的操作无法进行。

表的命名要符合对象的命名规则，表名可以用汉字、字母、数字等，表名中禁止使用等号(=)、句点(.)、方括号([ ])等字符。

约定：以下所有符号均指半角符号，不再另外说明。

3. 字段

字段是数据表中的列，一个表结构有若干个字段。每个字段中的数据都应该是最小逻辑部分，不可拆分。

计算字段和推导字段通常被称为“二次字段”。二次字段最好不要作为表中的字段，可以放在查询中使用。例如，建立存放学生成绩的表，“数学”和“英语”字段是基本字段，可以作为表字段，而“总分”和“平均分”字段能通过计算得到，是二次字段，最好不要作为表字段。

4. 字段的命名规则

字段的命名要符合字段命名规则，规则主要有以下几条。

(1) 字段名由字母、汉字、数字和其他字符组成，第一个字符不能是空格。

(2) 字段名不能包含句点(.)、叹号(!)、方括号([ ])等字符。

(3) 字段名长度为 1～64 个字符，Access 将一个汉字作为一个字符看待。

2.1.3 字段类型

Access 字段共有 10 种数据类型，用来存放不同的数据。单击“数据类型”框的下拉按钮，可以看到所有数据类型的名称，如图 2-5 所示。

各种数据类型介绍如下。

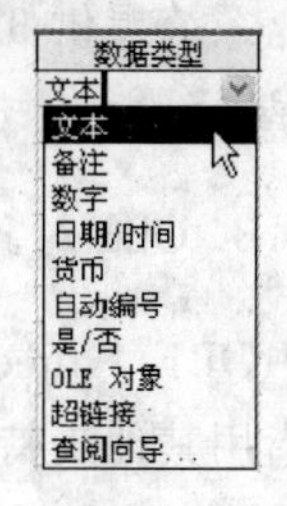

图 2-5 字段类型

1. 文本型

“文本”型字段用来存放文本、数字和其他符号，其中的数字作为字符看待。如学号、姓名、性别、电话号码等，都应该设置为文本型。

“文本”型数字的排序按照 ASCII 码顺序进行。如 1、2、10、20、100、200 是一组文本型数字，升序排序后的结果为 1、10、100、2、20、200。

“文本”型字段中存放的字符不能多于 255 个。

2. 备注型

“备注”型字段是“文本”型字段的扩充，当存放的字符个数超过 255 时，只能定义该字段为“备注”型。如简历、备忘录等，应该定义为“备注”型。

不能对“备注”型字段排序和索引。

3. 数字型

“数字”型字段用来存放可以进行算术运算的数值。如基本工资、年龄等，应该定义为“数字”型。

“数字”型字段可以与“货币”型字段进行算术运算，“数字”型字段不能保存“文本”型数据。

4. 日期/时间型

“日期/时间”型字段用来存放日期、时间或日期时间的组合。如出生日期、入校日期等，应该定义为“日期/时间”型。

“日期/时间”型的常量要用一对井号(#)括起来。

5. 货币型

“货币”型字段用来存放具有双精度属性的数值，“货币”型数据在计算时会自动精确到小数点前 15 位和小数点后 4 位。

系统会自动给“货币”型字段的数据添加两位小数，并显示美元符号与千位分隔符。

6. 自动编号型

“自动编号”型字段存放系统指定的记录序列号，按长整型保存，不允许人工指定或更改。一个表只能有一个“自动编号”型字段。

“自动编号”型字段中的序列号与记录永久绑定，一旦删除表中某条记录，该记录的“自动编号”型数据将永远不再使用。假如一组记录的自动编号从 1 到 10，如果删除第 7 条记录，则自动编号中将永远没有数字 7。

重要的数据表应该设置“自动编号”型字段，可以增加数据的安全性。

7. 是/否型

“是/否”型字段又被称为布尔型字段，存放逻辑数据，数值只有“真”和“假”2 种。

系统提供3对逻辑常量代表“真”和“假”，包括 true/false、on/off、yes/no。常见的“是/否”型字段有团员否、婚否、录取否等。

8. OLE 对象型

OLE(Object Linking and Embedding)的中文含义是“对象的链接与嵌入”。OLE 对象是指用其他支持 OLE 协议的程序创建的对象，如声音、图像、表格等。表中的“OLE 对象”型字段通常用来存放照片。

不能对“OLE 对象”型字段排序和索引，也不能将“OLE 对象”型字段设置为主键。

9. 超链接型

“超链接”型字段主要用来存放网址和邮箱，输入的内容会自动显示为超链接格式，单击字段内容即可跳转到该超链接的目标端点。

10. 查阅向导型

“查阅向导”型字段建立一个值列表，值列表通常是一组数字或一组文本，既可以自行定义，也可以来自表或查询的字段。“查阅向导”型字段设置完成后，字段类型并不显示“查阅向导”，而是根据值列表中的数据类型显示为“数字”或“文本”。

给“查阅向导”型字段输入数据时，既可以从值列表中选择，也可以输入新的值。例如，将“性别”字段定义为“查阅向导”型，则值列表为“男”、“女”，字段类型显示为“文本”，输入数据时从2个值中选择，或输入其他值。又如，将“奖学金”字段定义为“查阅向导”型，将值列表定义为200、300、400，字段类型显示为“数字”，输入数据时从3个数字中选择，或输入其他值。

2.1.4 用数据表视图建立表结构

用数据表视图也可以建立表结构，方法如下。

(1) 在数据库窗口单击表对象，选择“新建”→“数据表视图”，则显示一个空数据表，表的列标题默认为字段1、字段2、…。

(2) 双击列标题“字段1”，输入新的字段名“学号”；双击列标题“字段2”，输入新的字段名“姓名”；依次输入下去，如图2-6所示。

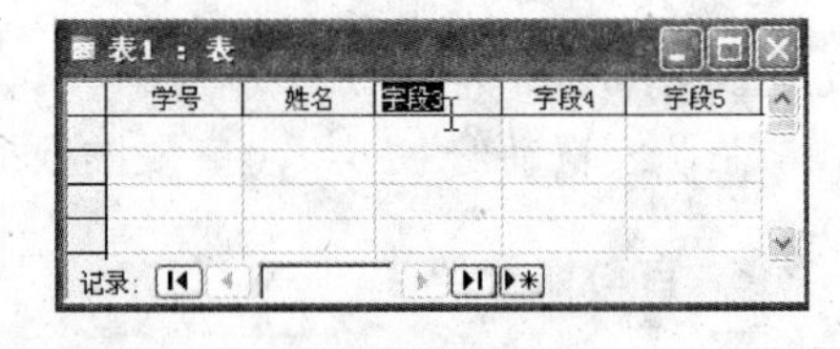

图2-6 用数据表视图建立表结构

(3) 转到表的设计视图，修改各字段的数据类型，保存表。

说明：用数据表视图生成的表结构中，所有字段类型均默认为“文本”型。

2.2 操作记录

本节介绍操作记录的方法，包括向数据表添加新记录、输入各种类型的数据、修改和删除数据、光标定位、删除记录等。操作记录在数据表视图中完成。

2.2.1　认识数据表视图

1. 数据表视图的作用

数据表视图用来输入和修改记录，还能对记录进行排序和筛选，定义数据表文字的字体、字号、字颜色，定义数据表的样式，冻结列或隐藏列等。

切换到数据表视图的方法与切换到设计视图的方法相似。下面通过一个案例了解在数据表视图中输入记录的方法。

案例 2.2　向“学生信息”表中输入记录

要求：向“学生信息”表中添加记录，向各种类型字段输入数据。

操作步骤：

(1) 向“学号”、“姓名”、“性别”字段中分别输入“000101”、“刘红兵”、“男”。

(2) 向“年龄”字段中输入“19”。

(3) 向“入校时间”字段中输入“2010-9-10”。

(4) 向“备注”字段中输入“唱歌，足球，上网”。

(5) 右击“照片”字段的单元格，从弹出的快捷菜单中选择“插入对象”，对象类型选“画笔图片”，单击“确定”按钮。在“画图”程序中选择“编辑”→“粘贴来源”菜单项，选择图片文件所在位置，单击“打开”按钮，关闭画图程序。

在画图程序中粘贴图片文件，如图 2-7 所示。

说明：数据表视图不能显示照片字段的图像，单元格中用相应文字表示该字段已经插入了照片，如“位图图像”。

(6) 用同样方法再输入几条记录。输入记录后的“学生信息”表如图 2-8 所示。

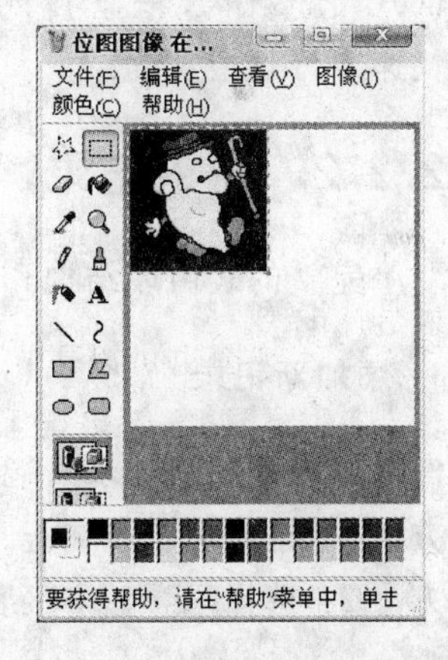

图 2-7　在“画图”程序中粘贴图片文件

2. 数据表视图的行与列

表在数据表视图中是一个由行和列组成的二维表格。

数据表视图的顶端是列标题，默认显示字段的名称，如果给字段定义了“标题”属性，则顶端显示字段的标题。

学生信息：表

学号	姓名	性别	年龄	入校时间	备注	照片
20100101	刘红兵	男	19	2010-9-1	唱歌，足球，跑步	位图图像
20100102	王舒	女	21	2010-9-4	绘画，摄影，游泳	位图图像
20100103	赵海滨	男	20	2010-9-5	相声，小品，排球	位图图像
20100104	王建刚	男	19	2010-9-3	诗歌，书法，旅游	位图图像
20100201	李端	女	20	2010-9-1	跳舞，唱歌，绘画	位图图像
20100202	程鑫	男	20	2010-9-5	篮球，排球，足球	位图图像

记录: 2　共有记录数: 13

图 2-8　输入记录后的“学生信息”表

数据表视图的左端是一列小方块，称为记录选择器，单击最顶端记录选择器可选取全体记录，单击其他记录选择器可选取与选择器对应的记录。当前记录的记录选择器中有▶标记。

数据表视图中的网格区域是记录显示区，默认背景为白色，每一行是一条记录，每一列是一个字段。

3. 数据表视图的状态栏

数据表视图的状态栏显示了表的当前记录号和记录总数，还有一组记录导航按钮，从左到右依次为：第一条记录、前一条记录、后一条记录、最后一条记录、新记录。数据表视图的状态栏如图 2-9 所示。

图 2-9 数据表视图的状态栏

(1) 单击“第一条记录”按钮 |◀，可以将光标定位到第一条记录。

(2) 单击“前一条记录”按钮 ◀，可以将光标定位到当前记录的上一条记录。

(3) 单击“后一条记录”按钮 ▶，可以将光标定位到当前记录的下一条记录。

(4) 单击“最后一条记录”按钮 ▶|，可以将光标定位到最后一条记录。

(5) 单击“新记录”按钮 ▶*，可以将光标定位到记录末尾的第一个空白行，准备输入新的记录。

(6) “记录编号”框显示了当前记录的编号，在框中输入新的记录号并按回车键，可以将光标快速定位到指定记录。

2.2.2 输入记录

一个完整的表由表结构和表记录组成，只有结构没有记录的表称为空表。

1. 添加新记录

向数据表添加新记录只能在表的末尾进行，主要有两种方法。

方法 1：将光标定位在记录末尾的第一个空行，输入新记录的各个数据项。

方法 2：选择“插入”→“新记录”命令，输入新记录的各个数据项。

2. 向不同类型字段输入数据

对记录的各个字段输入数据时，不同类型字段要采用不同输入方法。

(1) 文本型字段，直接输入文字。

(2) 数字型字段，直接输入数字。

(3) 日期/时间型字段，按“年月日”顺序输入数据，之间用减号(—)或正斜杠(/)分隔，如 2010-9-19、2010/9/10。

(4) 是否型字段，用勾选的方式输入数据，勾选为“真”，不勾选为“假”。

(5) 备注型字段，直接输入文本。备注型字段与文本型字段的不同之处在于备注型字段比文本型字段能容纳更多的字符。

(6) 向 OLE 对象型字段输入照片，通常用两种方法。

方法 1：右击“照片”字段单元格，从弹出的快捷菜单中选择“对象”，对象类型选“画笔图片”，单击“确定”按钮。选择“画图”程序中的“编辑”→“粘贴来源”菜单项，选择图片文件，单击“打开”按钮，关闭“画图”程序。

方法 2：右击“照片”字段单元格，选择“插入”→“对象”菜单项，其他步骤与方法 1 相同。

(7) 查阅向导型字段，在值列表中选择数值，或输入列表中没有的其他数值。

2.2.3　编辑数据

1. 编辑数据

编辑数据是指修改或删除记录数据项的内容。首先确定光标位置，然后对数据项进行修改，或用 Del 键删除数据项内容。

2. 撤销操作

修改和删除数据项都是可以撤销的操作，撤销通常用以下 3 种方法。

方法 1：单击工具栏中的“撤销”按钮 ↶。

方法 2：按组合键 Ctrl＋Z。

方法 3：选择“编辑”菜单的第一项，该项会根据不同操作显示不同的撤销提示，如“撤销键入”，“撤销已保存记录”。

3. 移动光标的常用快捷键

在数据表中移动光标通常用鼠标，除此之外，还可以用快捷键移动光标。数据表中移动光标的常用快捷键如表 2-2 所示。

表 2-2　数据表中移动光标的常用快捷键

快捷键	功能
右箭头，Tab，回车	下一字段
左箭头，Shift＋Tab	上一字段
上箭头	上一条记录的当前字段
下箭头	下一条记录的当前字段
Ctrl＋上箭头	第一条记录的当前字段
Ctrl＋下箭头	最后一条记录的当前字段
Home	选中一个字段值，Home 键使光标移到当前记录的第一个字段
End	选中一个字段值，End 键使光标移到当前记录的最后一个字段
Ctrl＋Home	选中一个字段值，Ctrl＋Home 键使光标移到第一条记录的第一个字段
Ctrl＋End	选中一个字段值，Ctrl＋End 键使光标移到最后一条记录的最后一个字段
PgUp	上移一屏
PgDn	下移一屏
Ctrl＋PgUp	右移一屏
Ctrl＋PgDn	左移一屏

2.2.4 删除记录

删除记录是建立数据表时经常要进行的操作。删除记录分为 2 步：先选取要删除的记录，然后对选取的记录做删除操作。

删除记录是不可撤销的操作，在删除前要确认清楚。

1. 选取记录

选取记录可以用 2 种方法，包括用鼠标、用菜单。

(1) 用鼠标

方法 1：单击记录选择器，选取一条记录。

方法 2：单击记录选择器后拖动鼠标向上或向下移动，选取多条相邻记录。

方法 3：先选取一条记录，按住 Shift 键不松手并单击另一条记录的记录选择器，选取两记录之间的所有记录。

记录选好以后，记录所在行会反相显示，如图 2-10 所示。

(2) 用菜单

选择“编辑”→“定位”菜单项，在级联菜单中选择相应操作，如图 2-11 所示。

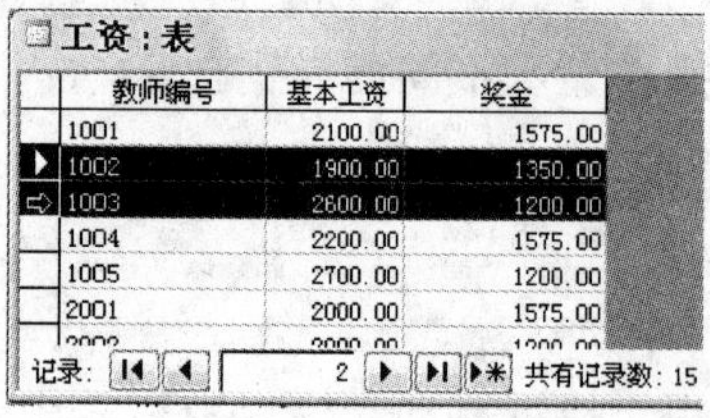

图 2-10 用鼠标选定记录

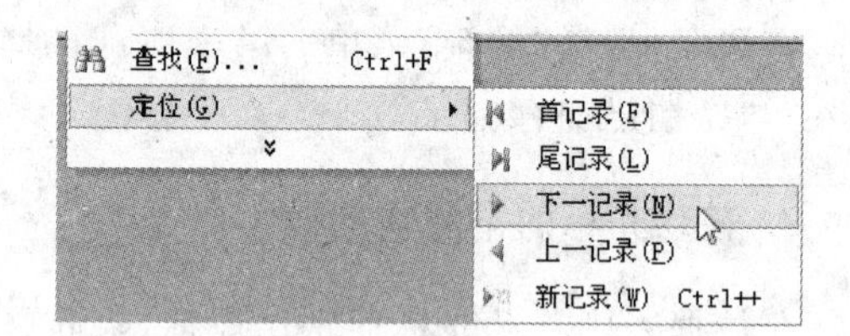

图 2-11 “编辑”菜单中的“定位”菜单项

在数据表中单击鼠标，可以撤销对记录的选取。

2. 删除记录

在数据表中删除记录可以采用以下 3 种方法。

方法 1：选取记录，右击该记录，从弹出的快捷菜单中选择“删除记录”菜单项，如图 2-12 所示。

方法 2：选取记录后按 Del 键。

方法 3：选取记录，选择“编辑”→“删除记录”菜单项。

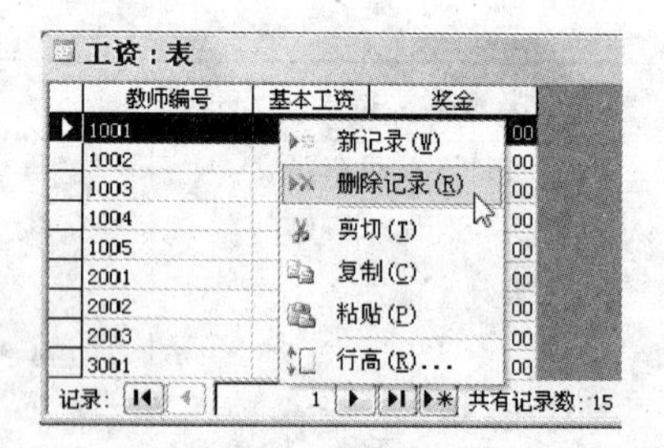

图 2-12 在快捷菜单中选择“删除记录”菜单项

2.2.5 表的复制、删除与重命名

在数据库窗口复制表、删除表、给表重命名，可以使用以下 3 种方法。

方法 1：右击一个表，从弹出的快捷菜单中选取相应操作项，如图 2-13 所示。

方法 2：单击一个表，在“编辑”菜单中选取相应操作项，如图 2-14 所示。

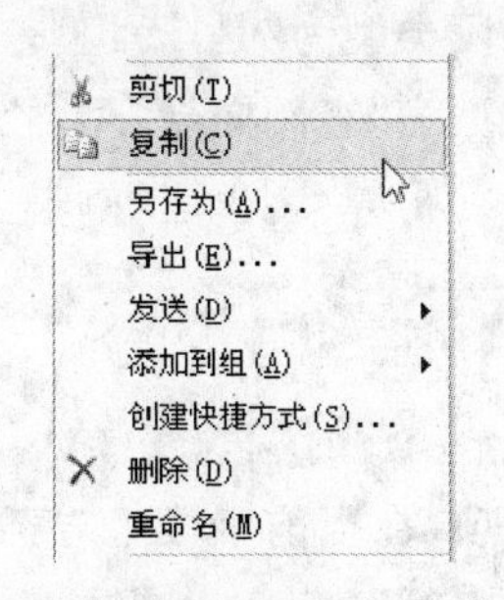

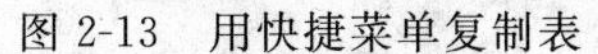
图 2-13 用快捷菜单复制表

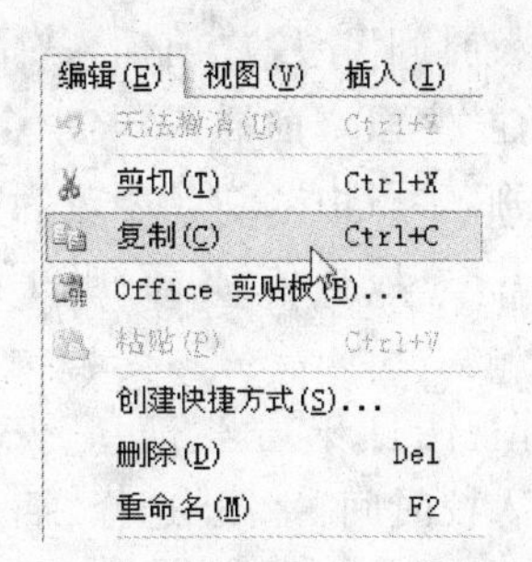

图 2-14 用“编辑”菜单复制表

方法 3：用键盘快捷键，即用 Ctrl＋X 剪切表，用 Ctrl＋C 复制表，用 Ctrl＋V 粘贴表，用 Del 键删除表，用 F2 键重命名表。组合键 Ctrl＋X、Ctrl＋C、Ctrl＋V 的功能是所有软件通用的，要熟练使用。

2.3 修改表结构

修改表结构是针对字段进行的操作，其中的多数操作可以在定义表结构时完成。

2.3.1 表结构的修改项目

修改表结构涉及许多内容，归纳如下。

(1) 修改字段名。直接在字段名上编辑修改。

(2) 修改字段类型。在数据类型中重新选择新的类型，如果要将文本型或数字型字段更改为查阅向导型，则要在字段属性区的“查阅”选项卡中完成。

(3) 插入新字段。插入新字段有以下两种方法。

① 选中当前字段，单击“插入行”按钮，在当前字段上方插入空行。

② 选中当前字段，选择“插入”→“行”菜单项，在当前字段上方插入空行。

(4) 追加新字段。在末字段下方的空白字段行输入字段内容。

(5) 删除字段。删除字段通常有以下 3 种方法。

① 选中字段，单击“删除行”按钮，当前字段被删除。

② 选中字段，选择“编辑”→“删除”菜单项，当前字段被删除。

③ 选中字段后按 Del 键，当前字段被删除。

(6) 移动字段位置。选中字段后，拖动字段选择器到指定位置后松开。

(7) 设置字段属性。给字段的部分属性设置条件或添加内容，用来约束数据的输入。

(8) 设置关键字。将符合条件的字段设置为关键字，使成为关键字的字段在输入内容时不能空也不能重复，保证了字段输入的安全性，并为建立表之间联系做必要准备。

下面用一个实例介绍修改表结构的基本操作。

案例 2.3 修改“学生信息”表的结构

要求：修改“学生信息”表的结构，修改内容如下：

(1) 在“入校时间”字段之前插入“团员否”字段,字段类型为“是/否”型。

(2) 在“备注”字段之前插入“奖学金”字段,字段类型为“查阅向导”型。

(3) 将“性别”字段由“文本”型改为“查阅向导”型。

(4) 将“照片”字段移动到“备注”字段前面。

操作步骤:

(1) 用设计视图打开“学生信息”表。

(2) 单击“入校时间”字段,选择“插入”→“行”菜单项,在当前字段上方插入空白行。

(3) 在空白行输入字段名“团员否”,数据类型选“是/否”。

(4) 单击“备注”字段,单击“插入行”按钮 ,在当前字段上方插入空白行。

(5) 在空白行输入字段名“奖学金”,数据类型选“数字”,单击字段属性区的“查阅”选项卡,在“显示控件”项选“组合框”,在“行来源类型”项选“值列表”,在“行来源”项输入“300;500;700”,如图 2-15 所示。

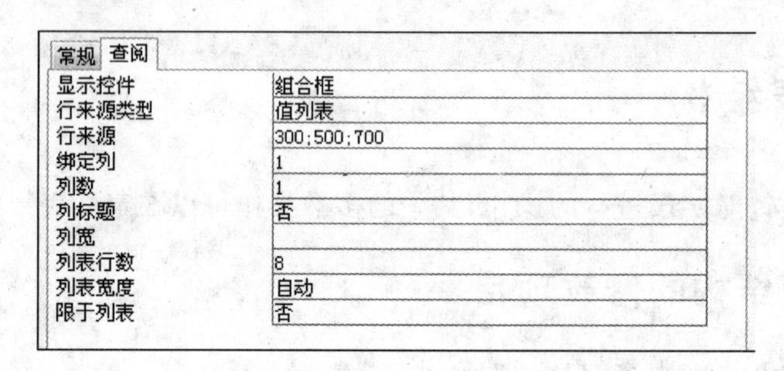

图 2-15 设置“奖学金”字段为查阅向导型

(6) 单击“性别”字段,单击“查阅”选项卡,在“显示控件”项选“列表框”,在“行来源类型”项选“值列表”,在“行来源”项输入“男;女”,如图 2-16 所示。

说明:“行来源”的值之间用分号分隔,“显示控件”无论选组合框还是列表框,效果相同。

(7) 单击“照片”字段的记录选择器,用鼠标拖动字段选择器向上移动,移动到“备注”字段上方松开,移动时会有一条粗线标识字段将要停靠的位置,如图 2-17 所示。

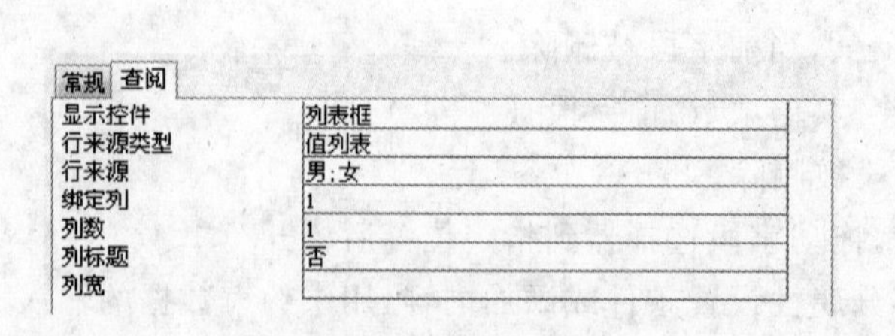

图 2-16 设置“性别”字段为查阅向导型

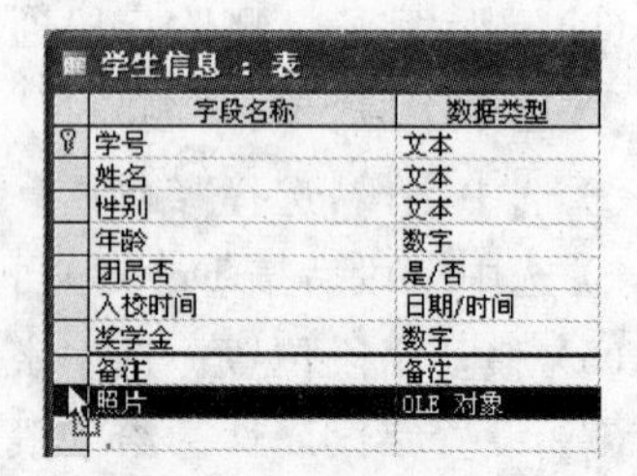

图 2-17 移动字段位置

2.3.2 在表的设计视图中选取字段

在表的设计视图中选取字段,主要有以下 4 种操作。

1. 选取单个字段

对于单个字段而言，光标所在的字段行就是当前字段。

方法 1：用鼠标单击字段选择器，选取完整的字段行。

方法 2：将光标置于字段输入框中。

方法 3：用方向键移动光标到指定字段行。

2. 选取相邻字段

方法 1：按住鼠标左键在字段选择器中拖动，可选取相邻字段。

方法 2：选取一个字段行后，按住 Shift 键再选取另一个字段行，位于两个字段行之间的所有字段均被选取。

3. 选取不相邻字段

选取一个字段行后，按住 Ctrl 键再选取其他字段行，可以选取不相邻的字段。

4. 取消字段的选取

选中的字段行会反相显示，单击字段选择器以外的其他位置，可以取消字段的选取。

2.3.3　字段属性

1. 认识字段属性

字段属性是字段特征值的集合，用来定义字段的操作方式和显示方式。字段属性的定义既可以在建立表结构时完成，也可以在修改表结构时进行。

在表的设计视图中，字段属性区有 2 个选项卡："常规"选项卡和"查阅"选项卡。字段的常规属性在"常规"选项卡中定义。

下面从一个案例出发，初步了解设置字段属性的方法和步骤。

案例 2.4　给"学生信息"表设置字段属性

要求：设置"学生信息"表部分字段的属性，内容如下：

(1) 给"学号"字段添加"说明"，内容为"计算机学院多媒体专业"。

(2) 给"姓名"字段设置"字段大小"属性，内容为"4"。

(3) 给"性别"字段设置"有效性规则"属性，内容为""男"or"女""。

(4) 给"性别"字段设置"有效性文本"属性，内容为"只能输入男或女"。

(5) 给"奖学金"字段设置"字段大小"属性，内容为"单精度型"。

(6) 给"奖学金"字段设置"格式"属性，内容为"固定"。

(7) 给"奖学金"字段设置"小数位数"属性，内容为"2"。

操作步骤：

(1) 单击"学号"字段，在"说明"框输入"计算机学院多媒体专业"，如图 2-18 所示。

(2) 单击“姓名”字段,为“字段大小”属性输入“4”。

(3) 单击“性别”字段,为“有效性规则”属性输入“"男"or"女"”,为“有效性文本”属性输入“只能输入男或女”。

(4) 单击“奖学金”字段,为“字段大小”属性选“单精度型”,为“格式”属性选“固定”,为“小数位数”属性选“2”。

学生信息 : 表

字段名称	数据类型	说明
学号	文本	计算机学院多媒体专业
姓名	文本	
性别	文本	
年龄	数字	
团员否	是/否	

图 2-18 给“学号”字段添加“说明”

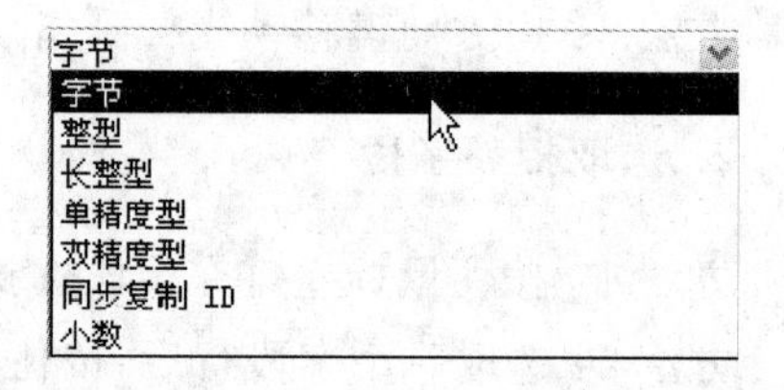

图 2-19 数字型字段的可选数字类型

2. 字段大小

“字段大小”属性用来设置数据在内存中所占字节的数目,只有“文本”型字段和“数字”型字段才需要设置“字段大小”属性,其他类型字段无须设置,由系统自动给出。

(1) “文本”型字段

“文本”型字段的字段大小用字符个数定义,这个数字表示该字段能接受的字符个数的上限,默认值为 50,汉字与英文字母同等看待。输入新的数字能重新确定字段大小。

例如,定义“姓名”字段的“字段大小”属性为 4,则该字段最多能接受 4 个汉字或 4 个英文字母。

如果减少文本型字段的大小,系统会截去超出部分的字符。

(2) “数字”型字段

“数字”型字段的字段大小用数字类型表示,默认值为“长整型”。可以选择新的数字类型重新确定字段大小,系统提供的数字类型如图 2-19 所示。

常用的数字类型与取值范围如表 2-3 所示。

表 2-3 常用的数字类型与取值范围

数字类型	取值范围	所占字节数
字节	存放 0～255 之间的整数	1B
整型	存放 −32 768～32 767 之间的整数	2B
长整型	存放 −2 147 483 648～2 147 483 647 之间的整数	4B
单精度型	存放 −3.4E38～3.4E38 之间的实数	4B
双精度型	存放 −1.797 34E308～1.797 34E308 之间的实数	8B

如果将数字型字段的字段大小由“单精度型”改为“整型”,系统会自动将数字取整。

(3) 其他类型字段

其他类型字段没有字段大小属性,字段大小由系统给出,如表 2-4 所示。

表 2-4 由系统给出的字段大小

字段类型	由系统给出的字段大小	字段类型	由系统给出的字段大小
日期/时间型	8B	是/否型	2B
货币型	8B	OLE 对象型	字段大小不定，最大可达到 1GB
自动编号型	4B		

3. 格式

“格式”属性用来设置数据的屏幕显示方式和打印方式，通常只有“数字”型字段和“日期/时间”型字段才需要设置“格式”属性。

系统为“数字”型字段提供的格式如图 2-20 所示。

系统为“日期/时间”型字段提供的格式如图 2-21 所示。

常规数字	3456.789
货币	￥3,456.79
欧元	€3,456.79
固定	3456.79
标准	3,456.79
百分比	123.00%
科学记数	3.46E+03

图 2-20 系统为“数字”型字段提供的格式

常规日期	1994-6-19 17:34:23
长日期	1994年6月19日 星期日
中日期	94-06-19
短日期	1994-6-19
长时间	17:34:23
中时间	下午 5:34
短时间	17:34

图 2-21 系统为“日期/时间”型字段提供的格式

除“OLE 对象”型字段之外，其他类型字段可以创建自定义格式。

例如，在“入学日期”字段的“格式”属性中输入“mm\月 dd\日 yyyy\年”，则入学日期的内容将按“××月××日××××年”的格式显示。字符“\”的作用是原样显示紧跟其后的字符。

以入学日期为 2010 年 9 月 1 日为例，输入格式为“2010-9-1”，显示格式为“09 月 01 日 2010 年”。

自定义日期格式的设置如图 2-22 所示。

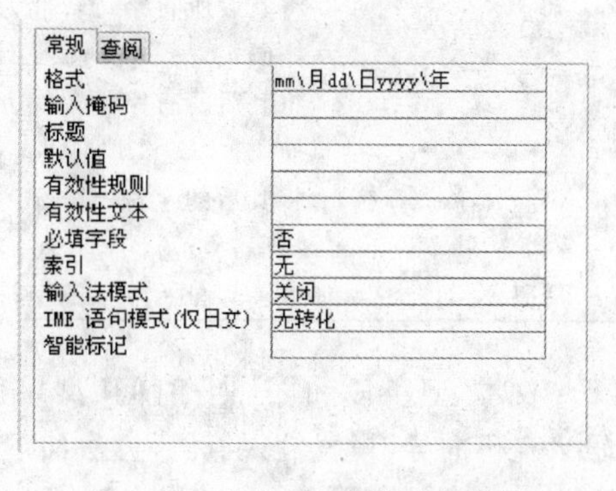

图 2-22 自定义日期格式的设置

4. 输入掩码

输入掩码是由一些特定字符组成的字符串，用来给字段的输入制定一些约束规则，被称为字段的输入模板。设置“输入掩码”属性以后，字段将不接受不符合输入掩码规定的数据。

输入掩码主要用于“文本”型字段和“日期/时间”型字段，大多数其他类型的字段也可以定义输入掩码。定义输入掩码时，可以直接在字段属性的“输入掩码”行中写入输入掩码字符串。

输入掩码中使用的字母是区分大小写的，输入掩码字符及含义如表 2-5 所示。

表 2-5 输入掩码字符及含义

输入掩码字符	输入掩码字符的含义
0	必须输入数字 掩码：00000，示例：12345
9	输入数字或空格，保存数据时保留空格位置 掩码：99999，示例：12345，1 45，两种输入均可
#	输入数字、空格、加号或减号 掩码：#####，示例：1+345，9-9 9，两种输入均可
L	必须输入英文字母，字母大小写均可 掩码：LLLL，示例：aaaa，AaAa，两种输入均可
?	输入英文字母或空格，字母大小写均可 掩码：?????，示例：aaaaa，A A，两种输入均可
A	输入英文字母或数字，字母大小写均可 掩码：AAAAA，示例：55aaA，AB4ab，两种输入均可
a	输入英文字母、数字或空格，字母大小写均可 掩码：aaaaa，示例：5a5bK，A 4，两种输入均可
&	必须输入任意字符或空格 掩码：&&&&&，示例：$5A%+
C	输入任意字符或空格，或什么也不输入
. , : ; - /	句点、逗号、冒号、分号、减号、正斜线，用来设置小数点、千位、日期时间分隔符
<	将其后所有字母转换为小写字母显示 掩码：LL<LL，输入：AAAA，显示：AAaa
>	将其后所有字母转换为大写字母显示 掩码：LL>LL，输入：aaaa，显示：aaAA
\	将其后的字符原样显示 掩码：0000\年，输入：2010，显示：2010 年
密码	以 * 号显示输入的字符

“文本”型字段和“日期/时间”型字段可以用“输入掩码向导”设置输入掩码，方法如下。

(1) 选取一个字段。

(2) 单击“输入掩码”行的“生成器”按钮[...]。

(3) 在“输入掩码”对话框中选择一种输入掩码，“输入掩码”对话框如图 2-23 所示。

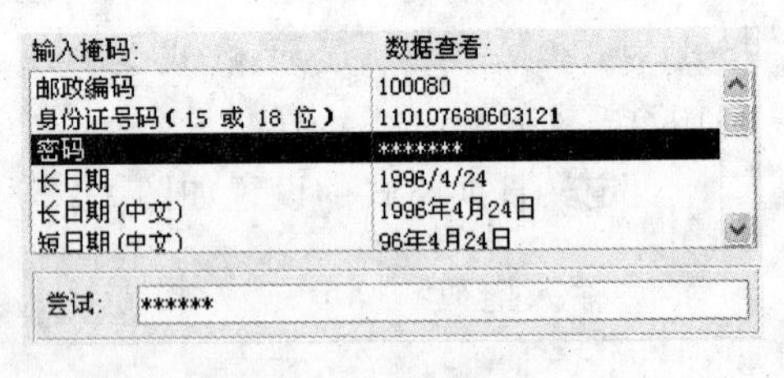

图 2-23 “输入掩码”对话框

说明：

(1) “格式”属性优先于“输入掩码”属性，若两个属性都被设置，数据按“格式”属性显示。

(2) 在输入掩码中可以加入自动输出的字符，自动输出的字符用引号括起来。

例如，定义“电话号码”字段的输入掩码为“0536－”00000000，则引号括起来的部分自动显示。如输入 8 个数字 88779999，则显示结果为 0536-88779999。

(3) 输入掩码中的“密码”有时需要与“字段大小”同时设置。例如，定义“口令”字段显示 6 位密码，“输入掩码”选“密码”，“字段大小”输入“6”。

5. 标题

数据表视图顶端的列标题默认显示字段名称，如果设置了字段的“标题”属性，则数据表的列标题将优先显示“标题”属性的值。

例如，字段名为“xm”，“标题”属性为“姓名”，则数据表视图顶端列标题显示“姓名”。

说明：如果表的字段名是字母，最好用汉字定义“标题”属性，使数据表阅读起来比较直观。这也说明在数据表视图中看到的列标题不一定就是字段的名称。

6. 默认值

默认值是能够自动填入新记录的数据，设置了“默认值”属性的字段会预先显示指定值到新记录的相应位置中。利用“默认值”属性可以简化数据的录入。例如，“性别”字段的默认值是“男”，输入数据时只须处理性别为“女”的字段即可。

说明：

(1) “是/否”型字段的默认值用系统常量设置，“真”用 true、on、yes 表示，“假”用 false、off、no 表示。

(2) 用“日期/时间”型常量做默认值时，常量要用一对＃括起来，如“＃2010-9-5＃”。

(3) 有的默认值用表达式设置，举例如下。

- 系统当前日期：date()
- 系统当前日期的前一天：date()－1
- 本年度的1月1号：year(date()) & “－1－1”
- 本年度下一年的1月1号：year(date())＋1 & “－1－1”

其中，date()与 year()是系统函数，date()函数返回系统日期，year()函数返回日期数据中的年份。& 是连接符，将两端的数据当作字符串连接起来。

7. 有效性规则

有效性规则是一个条件表达式，给输入字段的数据规定数值范围或数值要求。如果输入的数据不符合有效性规则，系统将给出提示信息，并且光标停留在原处，直到输入正确数据为止。

定义有效性规则不能与默认值冲突。例如，默认值为0，有效性规则为“＞0”，两个属性值发生冲突，该规则无法建立。

有效性规则的文字描述要转换成相应表达式写入属性行，举例如下。

(1) “性别”字段的有效性规则：只能输入男或女。

表达式："男" or "女"

说明：or 是逻辑运算符，表示“或”运算。

(2) “年龄”字段的有效性规则：在15和30之间。

表达式：＞＝15 and ＜＝30

说明：and 是逻辑运算符，表示“与”运算。

(3) “入校时间”字段的有效性规则：必须是2010年9月。

表达式：year([入校时间])＝2010 and month([入校时间])＝9

说明：month()是系统函数，返回日期数据中的月份。

(4)“姓名”字段的有效性规则：不能为空。

表达式：is not NULL

说明：NULL是系统常量，表示“空”值。not是逻辑运算符，表示“非”运算。

(5)“产品名称”字段的有效性规则：必须有“牛奶”二字。

表达式：like “*牛奶*”

说明：like是特殊运算符，“*”是通配符，通配任意字符，个数不限。

8. 有效性文本

有效性文本是一个自定义的字符串，当向字段中输入的数据不符合有效性规则时，有效性文本会作为提示信息显示在消息框中。如果不设置有效性文本，系统会显示默认的提示信息。有效性文本的设置要与有效性规则相对应。举例如下。

(1)“性别”字段的有效性规则为："男" or "女"。

有效性文本可以是：只能输入男或女！

(2)“年龄”字段的有效性规则为：＞＝17 and ＜＝30。

有效性文本可以是：年龄取值只能在17到30之间！

说明：有效性文本显示在消息框中，使用中文标点符号不影响操作结果。

9. 必填字段

“必填字段”属性只能选择“是”或“否”，默认值为“否”，表示该字段可以不填。如果设置为“是”，则该字段数据不允许为空。

10. 允许空字符串

允许空字符串属性只针对文本型字段，属性只能选择“是”或“否”，默认值为“是”，表示该字段可以是空字符串。如果设置为“否”，则该字段数据不允许空字符串。

11. 索引

索引是表的关键值，它提供了指向表中行的指针，由此建立到达表中数据的直接路径，可以加快对字段数据的检索和排序的速度，是字段非常重要的属性。如果没有索引，查找指定信息必须从表的第一行开始，检索速度显然会降低。

索引属性的选项有3种：无、有(有重复)、有(无重复)，如表2-6所示。

表2-6 索引属性选项

索引属性值	索引属性说明
无	该字段不建立索引，或取消字段已经存在的索引
有(有重复)	以该字段建立索引，该字段的内容允许重复
有(无重复)	以该字段建立索引，该字段的内容不允许重复

说明：

(1) 允许重复值的索引又称为普通索引，建立索引后，该字段内容相同的记录会排在一起显示。

(2) 不允许重复值的索引又称为唯一索引,可以将其中的一个设置为主索引。如果为该字段输入了重复值,系统会提示操作错误。一个表可以有多个唯一索引,但一个表只能有一个主索引。

(3) 字段的索引可以在字段属性区中设置,也可以用“视图”菜单设置。

例如,用“视图”菜单给“性别”字段建立普通索引,方法如下:

选择“视图”→“索引”命令,在“索引”对话框选“性别”字段,给索引起名字“aa”,“排序次序”选“升序”。“索引”对话框如图 2-24 所示。

转到“数据表”视图查看,“性别”字段值相同的记录排在一起,如图 2-25 所示。

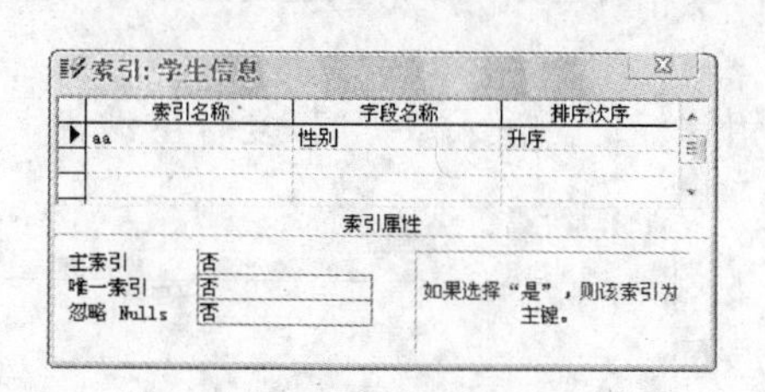

图 2-24　“索引”对话框

学生信息 : 表

学号	姓名	性别	年龄	入校时间
20100202	程鑫	男	20	2010-9-5
20100204	李力国	男	19	2010-9-2
20100302	张文强	男	20	2010-9-2
20100304	刘家强	男	20	2010-9-4
20100102	王舒	女	21	2010-9-4
20100201	李端	女	20	2010-9-1
20100203	郭薇薇	女	21	2010-9-3
20100205	王娜	女	18	2010-9-3

记录: 9 共有记录数: 13

图 2-25　“性别”字段值相同的记录排在一起

12. Unicode 压缩

“Unicode 压缩”属性只能填写“是”和“否”,默认值为“是”,表示该字段可以存储和显示多种语言的文本。

除上述字段属性外,系统还提供其他字段属性,如小数位数、字段说明等,可以根据需要选择和设置。

2.3.4　主键

主键是建立了主索引的字段所代表的信息,主键字段又称为关键字。因为一个表只能有一个主索引,所以,一个表只能有一个主键。

1. 主键的作用

建立主键可以为数据输入提供安全性保障,作为主键的字段不能为空,也不允许有重复值。如果输入的数据不符合要求,系统会给出提示信息。主键的作用主要有 2 个方面。

(1) 唯一标识表中的记录。

(2) 定义该表与数据库中其他表之间的关系。

2. 建立主键

主键有 2 种类型:单字段主键、多字段主键。建立主键的方法如下。

(1) “自动编号”型字段做主键

如果表在保存之前尚未定义主键,保存表时系统会询问是否创建主键,如果选择“是”,

系统会创建“自动编号”型字段，并将其作为表的主键。

(2) 单一字段做主键

方法1：在表的设计视图选取一个字段，单击“主键”按钮，该字段被设置为主键。

方法2：在表的设计视图选取一个字段，选择“编辑”→“主键”菜单项。

(3) 多个字段一起做主键

方法1：在表的设计视图中选取几个字段，单击“主键”按钮，选中的字段被设置为多字段主键，也称为复合主键。

方法2：在表的设计视图中选取几个字段，选择“编辑”→“主键”菜单项。

说明：

(1) 在表的设计视图中，主键字段在字段选择器上有钥匙标记。作为主索引，系统自动将索引命名为“PrimaryKey”。

(2) 复合主键的所有字段的字段选择器上都有钥匙标记。输入数据时，复合主键各字段的值都不能为空，几个字段的值合在一起不能重复。

(3) 在“索引”对话框中，复合主键所有字段共同拥有一个索引名称。

例如，用“学号”字段和“姓名”字段建立复合主键，则两字段共同拥有一个索引名称 PrimaryKey，对应的“索引”对话框如图2-26所示。

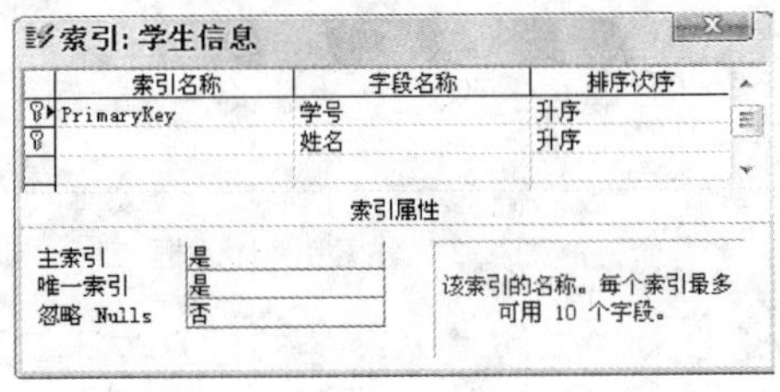

图2-26 复合主键字段共同拥有一个索引名称

3. 更换主键

因为一个表只能有一个主键，所以，定义一个新的主键，旧的主键会自动撤销。

4. 取消主键

方法1：选取作为主键的字段，单击“主键”按钮，定义的主键被取消。

方法2：选取作为主键的字段，选择“编辑”→“主键”菜单项，取消“主键”命令的对钩。

说明：

(1) “主键”按钮和“编辑”菜单的“主键”菜单项都有“开/关”特性，首次使用是定义，再次使用是取消。

(2) 取消复合主键中某个字段的主键，复合主键中所有字段的钥匙图标均消失。

2.4 获取外部数据与导出表

系统提供获取外部数据功能和导出表功能，极大地扩展了 Access 的应用范围。

2.4.1 导入外部数据

在实际应用中有许多工具可以生成具有表格性质的文件。例如用 Excel 生成的电子表格、用 Visual FoxPro 生成的数据库表、按表格形式存放数据的文本文件等，这些统称为外部数据。

导入外部数据的操作可以将外部数据导入到当前数据库中,成为当前数据库的表。进入到数据库中的表与外部数据不再有联系。导入外部数据主要包括以下3项内容。

(1) 导入Excel表格到当前数据库中。

(2) 导入文本文件到当前数据库中。

(3) 导入其他数据库中的表到当前数据库中。

导入外部数据可以用以下2种方法。

(1) 选择“文件”→“获取外部数据”→“导入”菜单项。

(2) 在“新建表”对话框中选择“导入表”,如图2-27所示。

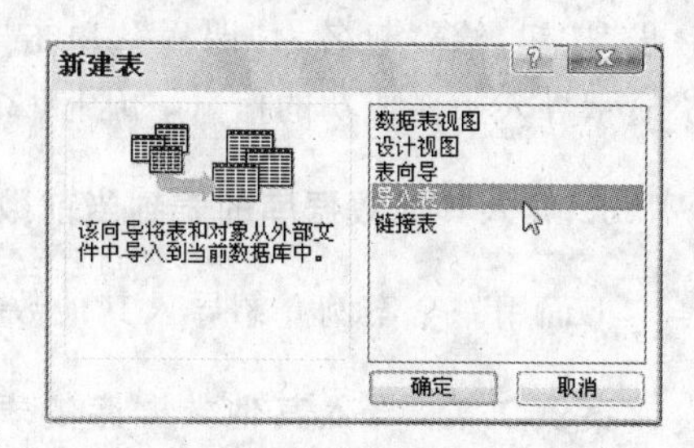

图2-27 导入外部数据

1. 导入Excel表格到当前数据库

下面用一个案例介绍导入Excel表格的方法。

案例2.5 导入Excel表格

要求:将“成绩.xls”导入到“成绩管理.mdb”中,表名为“成绩”。

操作步骤:

(1) 在数据库窗口中单击表对象,选择“文件”→“获取外部数据”→“导入”菜单项,打开“导入”对话框。

(2) 在“查找范围”框中选文件所在位置,在“文件类型”框选“Microsoft Excel”,在“文件”框选“成绩.xls”,单击“导入”按钮,显示“导入数据表向导”对话框。

(3) 单击“下一步”按钮,勾选“第一行包含列标题”,单击“下一步”按钮,选“新表中”,单击“下一步”按钮,在此窗口可以跳过不要的字段。

(4) 单击“下一步”按钮,选“不要主键”,单击“下一步”按钮,在“导入到表”框中给表命名为“成绩”,单击“完成”按钮,系统显示导入操作成功的信息,如图2-28所示。

图2-28 将Excel文件导入到数据库中

2. 导入文本文件到当前数据库

下面用一个案例介绍导入文本文件的方法。

案例2.6 导入文本文件

要求:将文本文件“课程.txt”导入到数据库中,表名为“课程”。

操作步骤:

(1) 在数据库窗口中单击表对象,选择“文件”→“获取外部数据”→“导入”菜单项,打开“导入”对话框。

(2) 在“查找范围”框中选文件所在位置,在“文件类型”框选“文本文件”,在“文件”框选“课程.txt”,单击“导入”按钮,打开“导入文本向导”对话框。

(3) 单击“下一步”按钮,勾选“第一行包含列标题”复选框,单击“下一步”按钮,选“新表中”,

单击“下一步”按钮，在此处可以跳过不要的字段。

（4）单击“下一步”按钮，选“不要主键”，单击“下一步”按钮，给表起名为“课程”，单击“完成”按钮，系统显示导入操作成功的信息，如图2-29所示。

图2-29 将文本文件导入到数据库中

3. 导入其他数据库的表到当前数据库

下面用一个案例介绍导入其他数据库的表到当前数据库的方法。

案例2.7 导入其他数据库的表

要求：将“工资管理.mdb”中的“工资”表导入到“成绩管理.mdb”数据库中。

操作步骤：

（1）打开“成绩管理”数据库，单击表对象，选择菜单“新建”→“导入表”→“确定”，打开“导入”对话框。

（2）在“查找范围”框选文件所在位置，在“文件类型”框选“Microsoft Office Access”，在“文件”框选“工资管理.mdb”，单击“导入”按钮，打开“导入对象”对话框。

（3）在“导入对象”对话框选“工资”，单击“确定”按钮，则“工资”表成为当前数据库中的表，如图2-30所示。

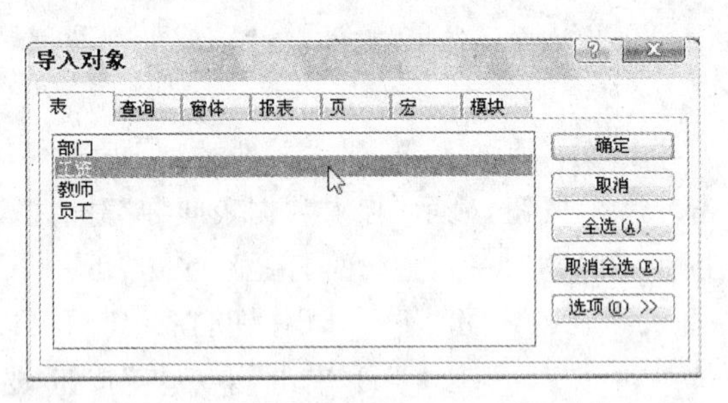

图2-30 “导入对象”对话框

4. 将外部数据追加到当前数据库的表中

下面用一个案例介绍将外部数据追加到当前数据库表中的方法。

案例2.8 将外部数据追加到当前数据库的表中

要求：将“成绩2.txt”中的数据追加到“成绩”表中。

操作步骤：

（1）打开“成绩管理”数据库，单击表对象，选择菜单“新建”→“导入表”→“确定”，打开“导入”对话框。

（2）在“查找范围”框选文件所在位置，在“文件类型”框选“文本文件”，在“文件”框选“成绩2.txt”，单击“导入”按钮，打开“导入文本向导”对话框。

（3）单击“下一步”按钮，勾选“第一行包含字段标题”复选框，单击“下一步”按钮。

（4）选择“现有的表中”单选按钮，单击下拉按钮选择“成绩”表，如图2-31所示。

（5）依次单击“下一步”按钮和“完成”按钮。

(6) 打开"成绩"表查看,文本文件的数据已被追加到表中。

5. 在数据库之间复制表

一个数据库中的表可以通过复制的方法成为另一个数据库中的表,举例如下。

打开"成绩管理.mdb",右击"学生信息"表,从弹出的快捷菜单中选择"复制"。打开"工资管理.mdb",单击表对象,右击窗口空白处,从弹出的快捷菜单中选择"粘贴"命令,在"粘贴表方式"对话框给表命名为"学生",单击"确定"按钮,如图 2-32 所示,则"成绩管理.mdb"数据库中的"学生信息"表被粘贴到"工资管理.mdb"数据库中,表名改为"学生"。

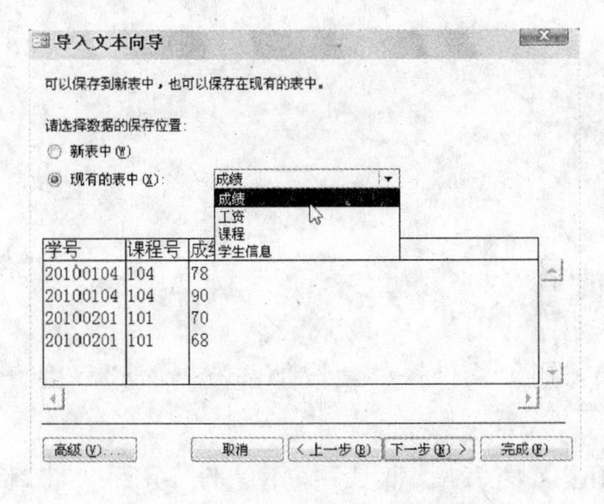

图 2-31　将外部数据追加到表中

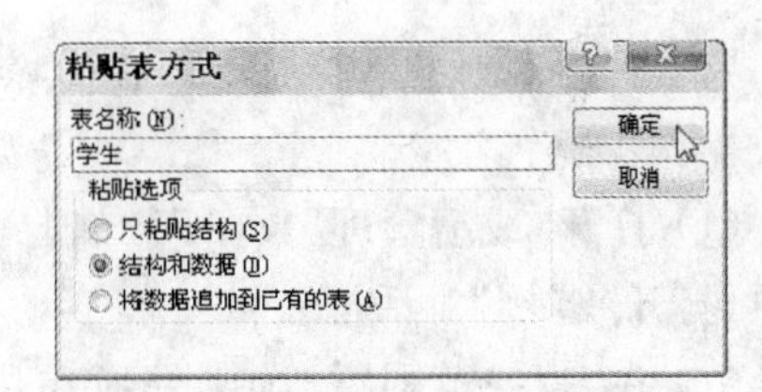

图 2-32　在数据库之间复制表

说明:复制和粘贴操作也可以用组合键 Ctrl+C 和 Ctrl+V。

2.4.2　链接外部数据

链接外部数据的操作在当前数据库与外部数据之间建立了一个链接,生成链接表。链接表以表的形式显示外部数据,但不是数据库中真正的表,不能修改链接表的结构和属性。

链接外部数据主要包括以下 3 项内容。

(1) 链接 Excel 表格。

(2) 链接文本文件。

(3) 链接其他数据库中的表。

链接外部数据可以用以下 2 种方法:

(1) 选择"文件"→"获取外部数据"→"链接表"菜单项。

(2) 在"新建表"对话框中选择"链接表"后单击"确定"按钮。

1. 链接 Excel 表格

下面用一个案例介绍链接 Excel 表格的方法。

案例 2.9　链接 Excel 表格

要求:链接外部数据"成绩.xls",链接表命名为 cj。

操作步骤:

(1) 打开“成绩管理”数据库,单击表对象,选择“文件”→“获取外部数据”→“链接表”菜单项,打开“链接”窗口。

(2) 在“查找范围”框选文件所在位置,在“文件类型”框中选“Microsoft Excel”,在“文件”框选“成绩.xls”,单击“链接”按钮,打开“链接数据表向导”对话框。

(3) 单击“下一步”按钮,勾选“第一行包含列标题”复选框,单击“下一步”按钮,给链接表命名为cj,单击“完成”按钮。

(4) 打开链接表cj,添加一条记录,打开“成绩.xls”可以看到添加的记录。

说明:可以用链接表给Excel文件添加内容。

2. 链接文本文件

下面用一个案例介绍链接文本文件的方法。

案例2.10 链接文本文件

要求:链接外部数据“课程.txt”,链接表命名为kc。

操作步骤:

(1) 打开“成绩管理”数据库,单击表对象,选择“文件”→“获取外部数据”→“链接表”菜单项,打开“链接”对话框。

(2) 在“查找范围”框选文件所在位置,在“文件类型”框选“文本文件”,在“文件”框选“课程.txt”,单击“链接”按钮,打开“链接文本向导”对话框。

(3) 单击“下一步”按钮,勾选“第一行包含列标题”复选框,单击“下一步”按钮,给链接表命名为“kc”,单击“完成”按钮。

(4) 打开链接表kc,查看文本文件内容。

说明:用链接表无法给文本文件添加内容。

3. 链接其他数据库的表

下面用一个案例介绍链接其他数据库表的方法。

案例2.11 链接其他数据库的表

要求:链接“工资管理.mdb”中的“工资”表,链接表命名为gz。

操作步骤:

(1) 打开“成绩管理”数据库,选中表对象,单击“新建”按钮,选择“链接表”后单击“确定”按钮,打开“链接”对话框。

(2) 在“查找范围”框选文件所在位置,在“文件类型”框选“Microsoft Office Access”,在“文件”框选“工资管理.mdb”,单击“链接”按钮,打开 “链接对象”对话框。

(3) 选择“工资”表,单击“确定”按钮,数据库中生成链接表“工资1”。

说明:因为数据库中已存在名为“工资”的表,所以链接表自动命名为“工资1”。

(4) 右击表“工资1”,从快捷菜单中选择“重命名”,输入新表名“gz”。

(5) 在链接表gz中输入一条新记录,打开“工资管理”数据库中的“工资”表,可以看到新记录。

说明：可以用链接表给链接所关联的表添加内容。

(6) 查看库中的数据表，所有链接表前面都有绿色箭头，并且从链接表的图标可以看出其链接文件的类型，如图 2-33 所示。

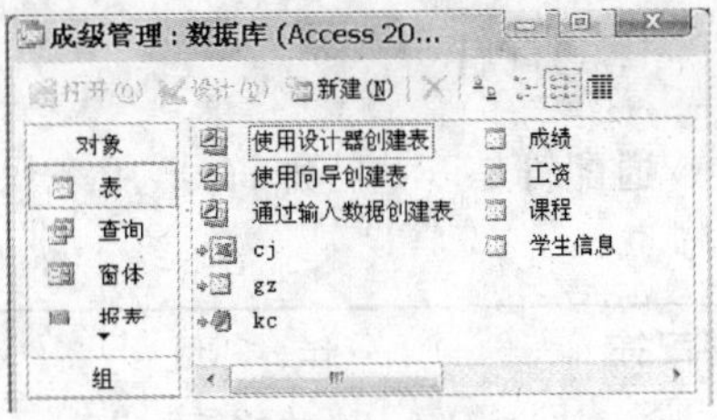

图 2-33　链接表前面显示绿色箭头

2.4.3　将数据表导出为外部数据

当前数据表可以导出为外部数据，导出数据表主要针对以下 2 种情况。

(1) 将当前数据表导出为文本文件。

(2) 将当前数据表导出为 Excel 文件。

下面用一个案例介绍导出数据表的操作方法。

案例 2.12　将数据表导出为外部数据

要求：将“学生信息”表导出为 Excel 文件和文本文件，在文本文件中使用分号作为数据的分隔符。

操作步骤：

(1) 打开“成绩管理”数据库，单击“学生信息”表，选择“文件”→“导出”菜单项，打开“导出”对话框。

(2) 给文件选保存位置，“文件类型”选“Microsoft Excel 97-2003”，单击“导出”按钮，“学生信息.xls”文件被保存在指定位置。

(3) 在“成绩管理”数据库窗口单击“学生信息”表，选择“文件”→“导出”菜单项，打开“导出”对话框。

(4) 给文件选保存位置，“文件类型”选“文本文件”，单击“导出”按钮，显示“导出文本向导”对话框。

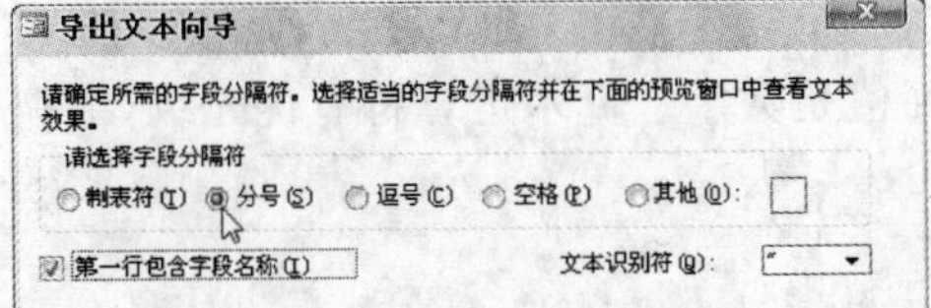

图 2-34　字段分隔符选“分号”

(5) 单击“下一步”按钮，勾选“第一行包含字段名称”复选框，字段分隔符选“分号”，如图 2-34 所示。

(6) 依次单击“下一步”按钮和“完成”按钮，则“学生信息.txt”文件被保存在指定位置。

2.5　表的操作

表的操作包括查找和替换数据、数据排序、数据筛选、设置数据表格式、冻结列、隐藏列等。

2.5.1　通配符、运算符、字符串函数、日期函数

在数据查找和筛选操作中，使用通配符、运算符和常用函数可以完成一些特殊查询。

1. 通配符

通配符是一些特殊符号，用来代表一个或多个字符，如表 2-7 所示。

表 2-7 通配符

通配符	作 用	通配符	作 用
*	通配任意个数的任意字符	!	通配不在方括号内的任何单个字符
?	通配任意 1 个字符	—	通配指定范围内的任何字符，该范围必须是升序
[ ]	通配方括号内的任何单个字符	#	通配任意一个数字字符

举例如下：

① “王 * ”，通配第一个字符为“王”的字符串。

② “ * 牛奶 * ”，通配包含“牛奶”的字符串。

③ “王?”，通配第一个字符为“王”且只有 2 个字符的字符串。

④ “粉[红绿]色”，通配的字符串为“粉红色”、“粉绿色”。

⑤ “粉[! 红绿]色”，不可通配的字符串为“粉红色”、“粉绿色”，可通配的字符串有“粉蓝色”、“粉紫色”等。

⑥ “a[b-d]e”，通配的字符串有 abe、ace、ade。

⑦ “8[1-3]9”，通配的字符串有 819、829、839。

⑧ “2#2”，通配的字符串有 212、202 等，即首字符和尾字符是 2，中间是任何数字。

2. 运算符

运算符主要有算术运算符、连接运算符、关系运算符、逻辑运算符、特殊运算符。

运算符的优先级为：算术运算符>连接运算符>关系运算符>逻辑运算符。

两边都需要操作数的运算符称为“双目运算符”，如加法运算符。只需要 1 个操作数的运算符称为“单目运算符”，如逻辑非运算符。

(1) 算术运算符

算术运算符的操作数是数字或数字表达式，返回值是数字。算术运算符有优先级，级别高的运算符先执行，同级运算从左到右执行。

算术运算符如表 2-8 所示。

表 2-8 算术运算符

算术运算符	作 用	优 先 级
^	乘幂	1
—	取负	2
*	乘法	3
/	除法	3
\	整除，将得数四舍五入取整	4
mod	求模，求两整数相除后的余数	5
+	加法	6
—	减法	6

举例如下：

① 7.7mod 3，结果为 2。

② 7.7\3，结果为 2。

说明：求模运算与整除运算都是先将操作数取整，然后再运算。

(2) 连接运算符

连接运算符只有“＋”和“&”2 个，都是双目运算符，优先级相同，用来连接字符串，结果仍然是字符串。连接运算符“＋”只对字符串做连接，连接运算符“&” 强制将两个操作数作为字符串连接起来。

连接运算符如表 2-9 所示。

举例如下：

① “计算机”＋“编程”，结果为“计算机编程”。

② “计算机”＋ 123，返回错误信息。

③ “计算机”　& 123，结果为“计算机 123”。

④ 123 & 456，结果为“123456”。

说明：“&”与操作数之间要有空格。

(3) 关系运算符

关系运算符是双目运算符，优先级相同，用来对 2 个操作数做比较，操作数的类型要匹配。关系表达式返回逻辑值“真”或“假”。“真”用 true 或 －1 表示，“假”用 false 或 0 表示。

关系运算符如表 2-10 所示。

表 2-9　连接运算符

连接运算符	作　用
＋	将 2 个字符串连接起来
&	将 2 个操作数当作字符串连接起来

表 2-10　关系运算符

关系运算符	作　用
＞	大于
＞＝	大于或等于
＜	小于
＜＝	小于或等于
＝	相等
＜＞	不相等

举例如下：

① “A”＝“a”，结果为 true，字母不分大小写。

② true＞false，结果为 false，因为 true 代表－1，false 代表 0。

③ “12”＞“100”，结果为 true，把 12 和 100 作为字符串逐字符比较。

④ “aa”＜“aaa”，结果为 true，字符相同时字符个数多的大。

⑤ “张”＜“周”，结果为 true，汉字用拼音比较。

(4) 逻辑运算符

逻辑运算符有 3 个：not、and、or，操作数是逻辑数据，返回逻辑值。

逻辑运算符如表 2-11 所示。

表 2-11 逻辑运算符

逻辑运算符	作用	级别
not	逻辑非,单目运算符,得到与操作数相反的逻辑值	1
and	逻辑与,双目运算符,当且仅当操作数都真时结果才为真	2
or	逻辑或,双目运算符,当且仅当操作数都假时结果才为假	3

举例如下:

① not 2＞3,结果为 true。

② true＝－1 and true＜false,结果为 true。

③ “a”＞“A” or true＞0,结果为 false。

(5) 特殊运算符

特殊运算符用来完成普通运算符不易实现的功能。常用特殊运算符如表 2-12 所示。

表 2-12 特殊运算符

特殊运算符	作用	说明
like	为文本字段设置查询模式	支持通配符
in	指定一个值列表作为查询的匹配条件	不支持通配符
between	指定一个数据范围，用 and 连接起始和终止数据	起始和终止数据包含在内
is Null	查找为空的数据	Null 为系统常量,代表空值
is not Null	查找非空数据	

举例如下:

① like "计算机＊",查找以字符“计算机”开头的字符串。

② like "＊计算机＊",查找含有“计算机”的字符串。

③ in("张三","李四"),查找张三或李四。

④ in("张＊","李＊"),返回错误信息。

⑤ between 10 and 30,数值范围在 10 到 30 之间,包括 10 和 30。

⑥ between ＃2010-1-1＃ and ＃2010-12-31＃,日期范围是 2010 年中任一天。

3. 字符串函数

字符串函数是 Access 的标准函数,用于处理字符串,如表 2-13 所示。

表 2-13 字符串函数

字符串函数	作用	说明
left(字符串,*n*)	从字符串左边取 *n* 个字符	得到子字符串
right(字符串,*n*)	从字符串右边取 *n* 个字符	得到子字符串
mid(字符串,*m*,*n*)	从字符串第 *m* 个位置开始取 *n* 个字符	得到子字符串
instr(字符串 1,字符串 2)	返回字符串 2 出现在字符串 1 的位置	得到数字

举例如下:

① left("计算机等级考试",3),得到字符串“计算机”。

② right("计算机等级考试",4),得到字符串“等级考试”。

③ mid("计算机等级考试",4,2),得到字符串“等级”。

④ mid("计算机等级考试",4),得到字符串“等级考试”,省略 n 则取到最后字符。

⑤ instr("计算机等级考试","等级"),得到数字 4。

⑥ instr("计算机等级考试","等考"),得到数字 0,字符串 2 不在字符串 1 中。

4. 日期函数

日期函数用来处理“日期/时间”型数据,如表 2-14 所示。

表 2-14 日期函数

日期函数	作用	说明
date()	返回计算机系统当前日期	包括年、月、日
now()	返回计算机系统的当前日期和时间	包括年、月、日、时间
year(x)	返回数据中的年份	x 是日期/时间型数据
month(x)	返回数据中的月份	x 是日期/时间型数据
day(x)	返回数据中的日	x 是日期/时间型数据

举例如下:

① year(#2010-9-8#),返回数字 2010。

② year(date()),返回计算机系统当前年份。

③ month(#2010-9-8#),返回数字 9。

④ month(now()),返回计算机系统当前月份。

⑤ day(#2010-9-8#),返回数字 8。

⑥ day(date),返回计算机系统的当前日。

2.5.2 查找与替换数据

查找和替换是同一个对话框中两个不同选项卡。

1. 查找数据

下面用一个案例介绍查找数据的方法。

案例 2.13 在数据表中查找数据

要求:查找“学生信息”表中性别为“男”的记录。

操作步骤:

(1) 用数据表视图打开“学生信息”表,单击“性别”字段任一格作为查找起始点,选择“编辑”→“查找”菜单项,在打开对话框的“查找内容”框中输入“男”,单击“查找下一个”按钮,光标停在当前光标下方第一个值为“男”的单元格中。

(2) 不断单击“查找下一个”按钮,光标遍历“性别”字段所有值为“男”的单元格,回到查找起始点后系统提示“Microsoft Office Access 已完成搜索记录”。

说明:查找操作支持通配符,如果查找姓“李”的人,查找内容可以写“李*”。

2. 替换数据

下面用一个案例介绍替换数据的方法。

案例 2.14 在数据表中替换数据

要求：将“学生信息”表中姓名为“王舒”的数据替换为“张舒”。

操作步骤：

(1) 用数据表视图打开“学生信息”表，单击“姓名”字段任一格，选择“编辑”→“替换”菜单项，在打开对话框的“查找内容”框输入“王舒”，在“替换为”框输入“张舒”，如图 2-35 所示。

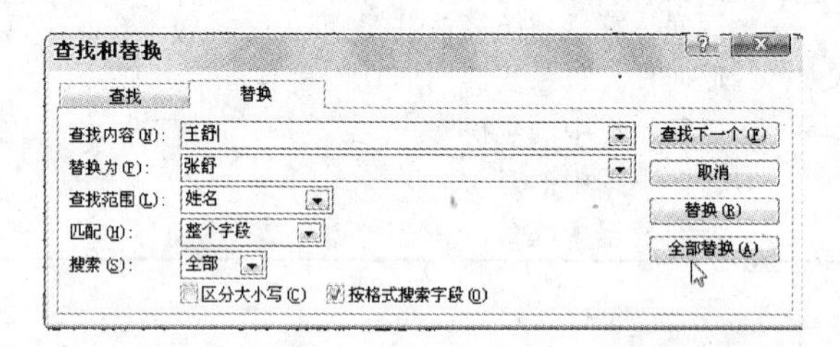

图 2-35 将姓名“王舒”替换为“张舒”

(2) 单击“全部替换”按钮，系统提示“你将不能撤销该替换操作，是否继续?”，单击“是”按钮，则“王舒”被替换为“张舒”。

说明：

(1) 先单击“查找下一个”按钮，再单击“替换”按钮，可逐个替换匹配内容。

(2) 单击“全部替换”按钮，替换指定字段中所有匹配内容。

(3) 替换操作不支持通配符。

2.5.3 数据排序

数据排序分为简单排序和高级排序。简单排序包括单个字段排序和多个相邻字段按同序排序，都升序或都降序。高级排序包括不相邻字段排序和多个相邻字段按不同序排序。

说明：

(1) 多个字段排序按从左到右顺序，第一个字段值相同时再按第二个字段的值排序。

(2) 数据排序将改变记录在数据表中的顺序。

1. 简单排序

简单排序通常用如下 2 种方法实现。

方法 1：用工具按钮

(1) 选取排序字段，单击“升序排序”按钮 A↓，记录按字段值升序排序。

(2) 选取排序字段，单击“降序排序”按钮 Z↓，记录按字段值降序排序。

方法 2：用菜单

(1) 选取排序字段，选择“记录”→“排序”→“升序排序”菜单项，记录按字段值升序排序。

(2) 选取排序字段,选择“记录”→“排序”→“降序排序”菜单项,记录按字段值降序排序。

下面用一个案例介绍数据简单排序的方法。

案例 2.15 数据简单排序

要求:将“学生信息”表的“性别”和“年龄”相邻字段按降序排序。

操作步骤:

(1) 用数据表视图打开“学生信息”表,拖动鼠标选取“性别”和“年龄”字段,单击工具栏中“降序排序”按钮 ZA↓。

(2) 查看数据表,“性别”字段呈降序排序,“性别”字段值相同的,“年龄”字段呈降序排序,如图 2-36 所示。

说明:如果希望某字段先排序,应将该字段移到相邻排序字段的最左边。

学生信息:表

姓名	性别	年龄	入校时间
郭薇薇	女	21	2010-9-3
王舒	女	20	2010-9-4
李端	女	20	2010-9-1
冯晓丽	女	19	2010-9-5
王娜	女	18	2010-9-3
刘家强	男	21	2010-9-4
张文强	男	21	2010-9-2
程鑫	男	20	2010-9-5
赵海滨	男	20	2010-9-5
李力国	男	19	2010-9-2
王建刚	男	19	2010-9-3

记录: 7 共有记录数: 13

图 2-36 将“性别”和“年龄”字段按降序排序

2. 高级排序

高级排序在筛选窗口中设置,首先介绍筛选窗口。

筛选窗口分上下两部分。上部分是字段列表区,显示数据表字段。下部分是设计网格区,在“排序”行定义字段排序的升序或降序。

将字段放入设计网格区有 3 种方法。

(1) 双击字段。

(2) 将字段从字段列表区拖入设计网格区。

(3) 在设计网格区的字段行单击下拉按钮选择字段。

下面用一个案例介绍数据高级排序的方法。

案例 2.16 数据高级排序

要求:将“学生信息”表的“性别”字段升序排序,“年龄”字段降序排序。

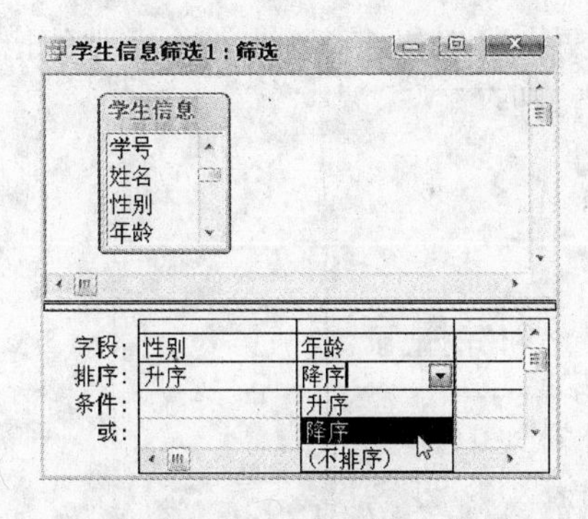

图 2-37 高级排序

操作步骤:

(1) 用数据表视图打开“学生信息”表,选择“记录”→“筛选”→“高级筛选/排序”菜单项,打开“筛选”对话框。

(2) 第一个字段选“性别”,“排序”行选“升序”,第二个字段选“年龄”,“排序”行选“降序”,如图 2-37 所示。

(3) 选择“筛选”→“应用筛选/排序”菜单项,查看数据表,排序生效。

(4) 选择“记录”→“取消筛选/排序”菜单项,查看数据表,排序取消。

2.5.4 数据筛选

数据筛选操作能按指定条件从数据表中挑选出满足条件的记录。有 4 种不同的筛选方法：按选定内容筛选(包括内容排除筛选)、按筛选目标筛选、按窗体筛选、高级筛选。

1. 按选定内容筛选

先单击一个单元格，该单元格的值成为选定内容，如果执行“按选定内容筛选”，筛选出符合选定内容的记录。如果执行“内容排除筛选”，筛选出与选定内容不相同的记录。

下面用一个案例介绍“按选定内容筛选/内容排除筛选”的方法。

案例 2.17 按选定内容筛选与内容排除筛选

要求：以“学生信息”表第一条记录的“备注”内容为选定内容，执行按选定内容筛选操作和内容排除筛选操作。

操作步骤：

(1) 用数据表视图打开“学生信息”表，单击第一条记录的“备注”单元格。

(2) 选择“记录”→“筛选”→“按选定内容筛选”菜单项，筛选结果如图 2-38 所示。

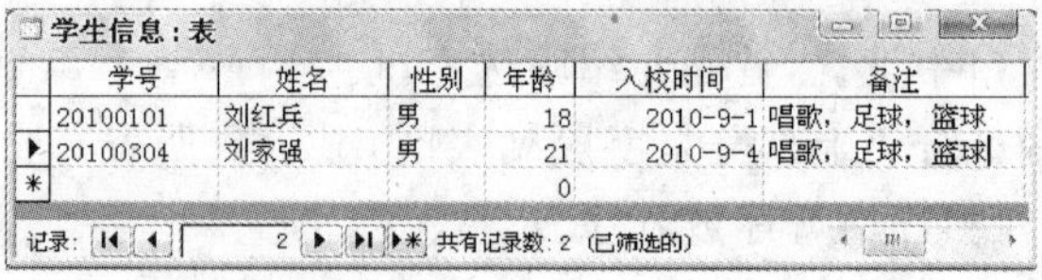

学生信息：表

	学号	姓名	性别	年龄	入校时间	备注
	20100101	刘红兵	男	18	2010-9-1	唱歌，足球，篮球
▶	20100304	刘家强	男	21	2010-9-4	唱歌，足球，篮球
*				0		

记录：2 共有记录数：2 (已筛选的)

图 2-38 按选定内容筛选

(3) 单击“取消筛选”按钮，筛选被取消。

说明：按钮具有“开/关”性质，首次单击为应用筛选，再次单击为取消筛选。

(4) 单击第一条记录的“备注”单元格，选择“记录”→“筛选”→“内容排除筛选”菜单项，与选定内容不同的记录被筛选出来。

2. 按筛选目标筛选

右击字段单元格，在快捷菜单的“筛选目标”中输入条件，可以快速筛选出符合条件的记录，称为按筛选目标筛选。输入的条件必须与该列字段类型匹配。

下面用一个案例介绍“按筛选目标筛选”的方法。

案例 2.18 按筛选目标筛选

要求：先筛选姓“李”的记录，再筛选“年龄在 18～20 之间”的记录。

操作步骤：

(1) 用数据表视图打开“学生信息”表。

(2) 右击“姓名”字段中的任一单元格，在快捷菜单“筛选目标”中输入“like "李 * "”，如图 2-39 所示。

(3) 单击数据表其他位置结束筛选设置。

(4) 查看数据表,只显示姓李的学生记录,如图 2-40 所示。

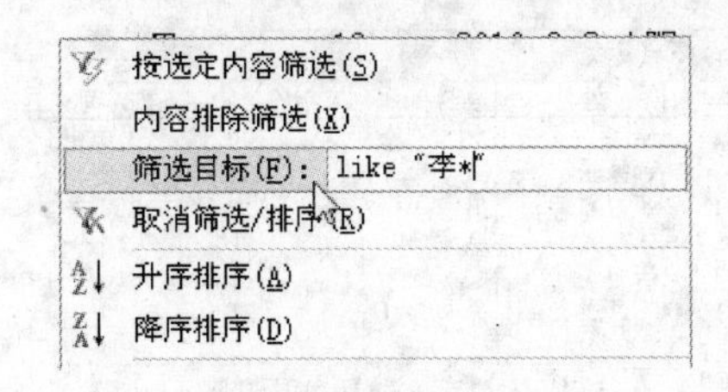

图 2-39 在"筛选目标"框中写条件

学生信息:表

	学号	姓名	性别	年龄	入校时间	备注
▶	20100201	李端	女	20	2010-9-1	跳舞,唱歌,绘画
	20100204	李力国	男	19	2010-9-2	绘画,书法,旅游
	20100303	李迪	女	21	2010-9-4	诗歌,摄影,旅游
*				0		

记录: 1 共有记录数: 3 (已筛选的)

图 2-40 筛选姓李的学生记录

(5) 选择"记录"→"取消筛选/排序"命令,数据表恢复原状。

(6) 右击"年龄"字段中的任一单元格,在快捷菜单"筛选目标"中输入">=18 and <=20"。

(7) 按回车键查看数据表,筛选出的记录年龄都在 18 与 20 之间。

3. 按窗体筛选

"按窗体筛选"可以使用 2 个以上的筛选标准,还能对多个筛选标准进行"与"操作和"或"操作。

下面用一个案例介绍"按窗体筛选"的方法。

案例 2.19 按窗体筛选

要求:先筛选姓"李"并且"年龄大于 20"的记录,再筛选姓"李"的记录或"年龄大于 20"的记录。

操作步骤:

(1) 用数据表视图打开"学生信息"表。

(2) 选择"记录"→"筛选"→"按窗体筛选"菜单项,显示"按窗体筛选"窗口。

(3) 在"姓名"字段输入"like"李 * "",在"年龄"字段输入">20",对 2 个筛选标准做"与"操作,如图 2-41 所示。

(4) 单击"应用筛选"按钮 ,显示的记录同时满足两个筛选标准,如图 2-42 所示。

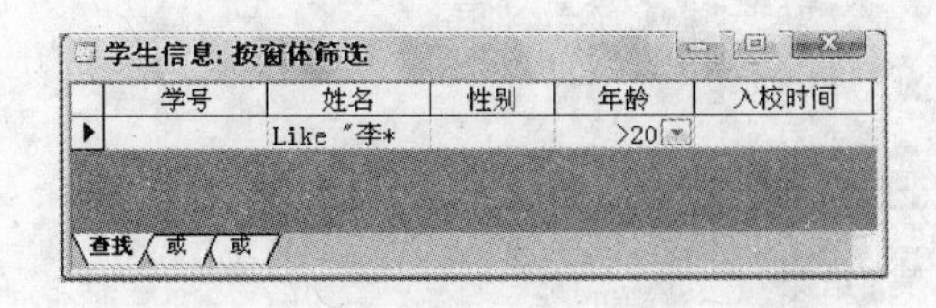

图 2-41 对 2 个筛选标准做"与"操作

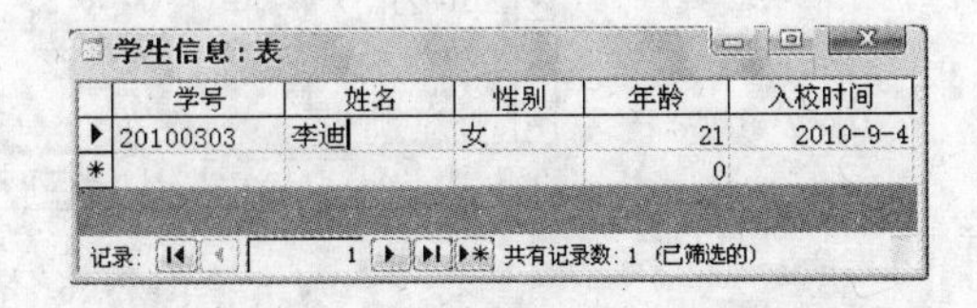
学生信息:表

	学号	姓名	性别	年龄	入校时间
▶	20100303	李迪	女	21	2010-9-4
*				0	

记录: 1 共有记录数: 1 (已筛选的)

图 2-42 显示的记录同时满足两个筛选标准

(5) 单击"取消筛选"按钮 ,数据表恢复原状。

(6) 单击"按窗体筛选"按钮 ,显示"按窗体筛选"窗口。

(7) 在"姓名"字段输入"like"李 * "",单击窗口左下方"或"选项卡,在"年龄"字段输入">20",对 2 个筛选标准做"或"操作,如图 2-43 所示。

(8) 选择"筛选"→"应用筛选/排序"菜单项,筛选出的记录满足两个标准中任一项即可，如图 2-44 所示。

学生信息：按窗体筛选

学号	姓名	性别	年龄	入校时间
			>20	

查找 或 或

图 2-43　对 2 个筛选标准做“或”操作

学生信息：表

学号	姓名	性别	年龄	入校时间
20100201	李端	女	20	2010-9-1
20100203	郭薇薇	女	21	2010-9-3
20100204	李力国	男	19	2010-9-2
20100302	张文强	男	21	2010-9-2
20100303	李迪	女	21	2010-9-4
20100304	刘家强	男	21	2010-9-4
			0	

记录：1 共有记录数：6（已筛选的）

图 2-44　筛选出的记录满足两个标准中任一项

4. 高级筛选

使用高级筛选能执行更复杂的筛选标准，因为高级筛选与高级排序使用同一个窗口，所以筛选的同时还可以进行排序。

下面用一个案例介绍高级筛选方法。

案例 2.20　高级筛选

要求：筛选“有绘画爱好”的男学生，并且按年龄升序排序。

操作步骤：

(1) 用数据表视图打开“学生信息”表。

(2) 选择“记录”→“筛选”→“高级筛选/排序”菜单项，打开“筛选”窗口。

(3) 向字段列表区拖入“性别”字段，在“条件”行输入“男”；再拖入“备注”字段，在“条件”行输入“like " * 绘画 * "”；拖入“年龄”字段，在“排序”行选“升序”，如图 2-45 所示。

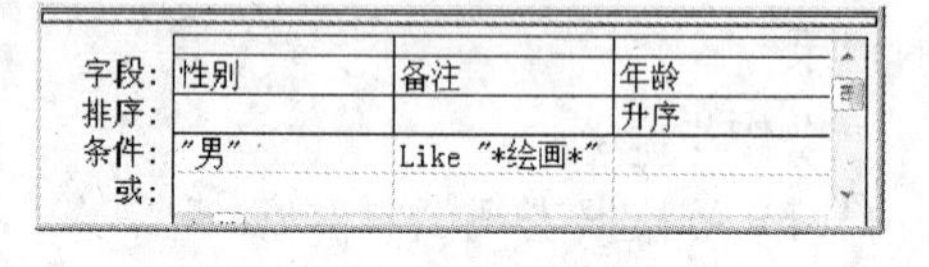

图 2-45　定义高级筛选条件

(4) 单击“应用筛选”按钮，显示筛选结果，如图 2-46 所示。

学生信息：表

学号	姓名	性别	年龄	入校时间	备注
20100204	李力国	男	19	2010-9-2	绘画，书法，旅游
20100103	赵海滨	男	20	2010-9-5	书法，摄影，绘画
20100302	张文强	男	21	2010-9-2	摄影，唱歌，绘画
			0		

记录：1 共有记录数：3（已筛选的）

图 2-46　高级筛选结果

2.5.5　调整数据表外观

设置数据表的显示格式，可以使数据表有更美观、更清楚的外观。

1. 调整字段显示顺序

默认情况下，数据表的字段顺序与表结构的字段顺序相同。但在数据表视图中可以调整字段的显示顺序，以满足数据查看的需求。方法如下：

(1) 选中一个或几个字段。

(2) 拖动字段名移动到指定位置后松开鼠标。

说明：在数据表视图中调整字段的显示顺序不会改变数据表结构。

2. 调整行高列宽

用拖动鼠标的方法可以粗略调整行高和列宽，用菜单方法则可以精确调整行高和列宽。改变一个行高，全体行高都发生相同改变。但改变一个列宽后其他列宽不变。

(1) 改变数据表的行高

方法1：将鼠标移动到记录选择器下边界，鼠标变为上下箭头的十字型时按住鼠标向上或向下拖动，调整到适当高度松开鼠标。

方法2：用鼠标单击任一单元格，选择“格式”→“行高”菜单项，在“行高”对话框输入行高值，单击“确定”按钮，“行高”对话框如图2-47所示。

(2) 改变数据表的列宽

方法1：将鼠标移动到字段名右边界，鼠标变为左右箭头的十字型时按住鼠标向左或向右拖动，调整到适当宽度松开鼠标。

方法2：将鼠标置于字段任一单元格，选择“格式”→“列宽”菜单项，在“列宽”对话框输入列宽值，单击“确定”按钮，“列宽”对话框如图2-48所示。

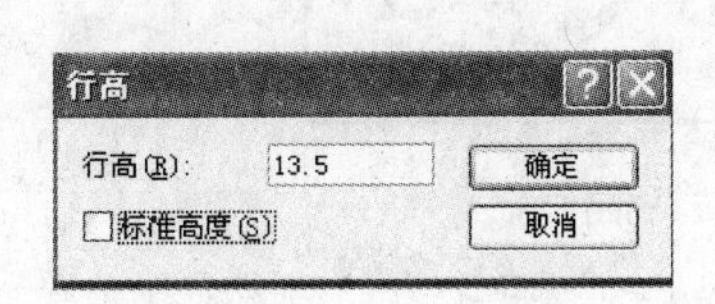

图2-47 “行高”对话框

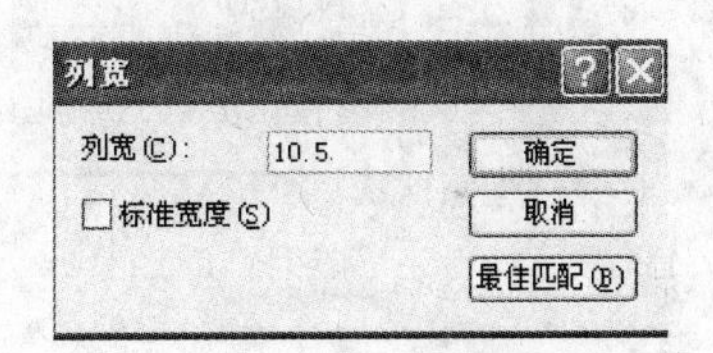

图2-48 “列宽”对话框

说明：

(1) 拖动鼠标选中几个相邻字段，可以同时改变几个字段的列宽。

(2) 勾选“标准宽度”复选框，系统将提供固定的列宽值，单击“最佳匹配”按钮，系统将根据字段数据宽度给出合适的列宽。

3. 调整数据表格式

数据表的默认格式为白色背景、银色网格线，水平和垂直网格线都显示。

调整数据表格式的方法如下：选择“格式”→“数据表”菜单项，打开“设置数据表格式”对话框，如图2-49所示。在对话框中更改数据表的背景色、网格线颜色、单元格效果、网格线显示方式等。

4. 调整字体、字号、字颜色

调整字体、字号、字颜色在“字体”对话框进行，方法如下：选择“格式”→“字体”菜单项，打开“字体”对话框，如图2-50所示。在对话框中更改字体、字形、字号、字颜色等。

图 2-49 “设置数据表格式”对话框

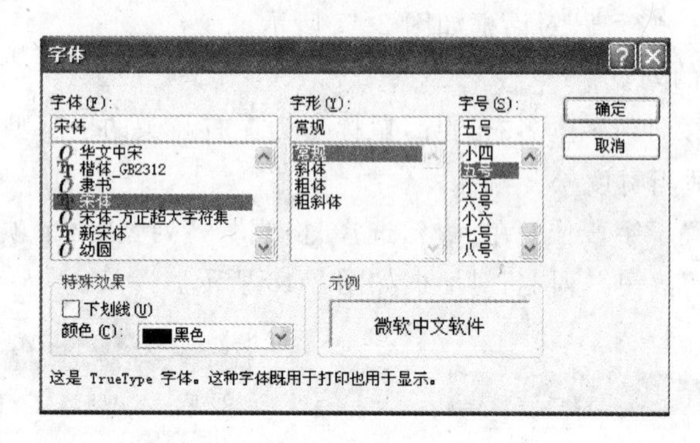

图 2-50 “字体”对话框

5. 隐藏列与取消隐藏列

如果不想显示数据表中某些字段，可以把字段隐藏起来，用“隐藏列”功能实现。“取消隐藏列”功能则使字段恢复显示。

(1) 隐藏列

方法 1：用鼠标拖动字段选择器左边界与前一个字段的右边界重合，该列被隐藏。

说明：用鼠标方法一次只能隐藏一列。

方法 2：选取一列或几列，选择“格式”→“隐藏列”菜单项，选中的列被隐藏。

方法 3：选取一列或几列，右击选中的列，从快捷菜单中选择“隐藏列”菜单项，选中的列被隐藏。

(2) 取消隐藏列

选择“格式”→“取消隐藏列”菜单项，在“取消隐藏列”对话框把没有对钩的字段重新打对钩，单击“关闭”按钮。“取消隐藏列”对话框如图 2-51 所示。

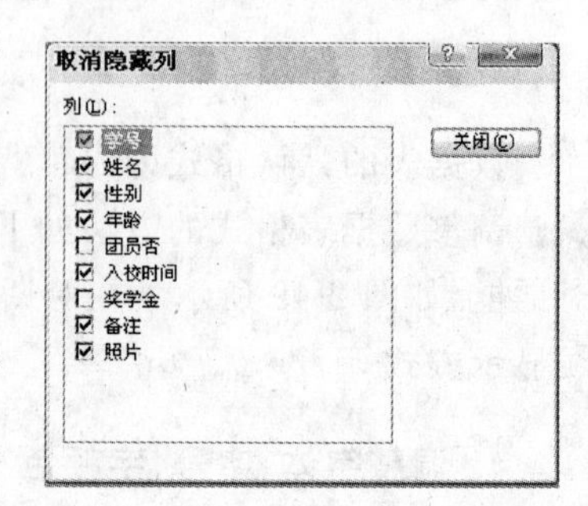

图 2-51 “取消隐藏列”对话框

说明：没有加对钩的列是被隐藏起来的列。

6. 冻结列与取消冻结列

如果数据表的列比较多，查看时需要水平滚动窗口内容，如果想让某个字段一直显示在窗口中，用“冻结列”功能实现。被冻结的列显示在所有字段最左边，不参与滚动，取消冻结后仍然是最左边的字段。

（1）冻结列

方法 1：选中一列或几列，选择“格式”→“冻结列”菜单项。

方法 2：选中一列或几列，右击选中的列，在快捷菜单中选“冻结列”菜单项。

（2）取消冻结列

选择“格式”→“取消对所有列的冻结”菜单项。

2.6 表之间的关系

每个表都是数据库中一个独立的部分，表的建立遵循“一事一地”的原则，应避免大而全。如果要使用分别放在不同表中的数据，应该在表与表之间建立关系。

2.6.1 认识表之间的关系

表之间的关系建立在公共字段基础上，一旦两个表建立了关系，使用两个表的数据就像使用一个表的数据一样。

在 Access 中表之间的关系有 3 种：一对一、一对多、多对多。其中，多对多关系都被拆分成几个一对多关系，所以，最常用的关系是一对多关系。

一对多关系要满足如下几点要求。

（1）两个表有公共字段，公共字段类型相同，公共字段是其中一个表的主键。

（2）建立一对多关系以后，“一”端表是主键所在表，是主表，“多”端表是相关表。

（3）相关表公共字段的值必须在主表中，相关表可以是空表。

一对一关系要满足如下几点要求。

（1）公共字段在两个表中都是主键。

（2）两个表的记录个数相同。

（3）两个表公共字段的类型相同，值也相同。

2.6.2 参照完整性

参照完整性是一个规则系统，在定义表之间关系时设立，用来约束记录的输入或删除，确保数据的完整性。

参照完整性在“编辑关系”对话框中设置，打开“编辑关系”对话框有以下 2 种方法。

方法 1：单击数据库窗口的“关系”按钮 。

方法 2：选择“工具”→“关系”菜单项。

“编辑关系”对话框如图 2-52 所示。

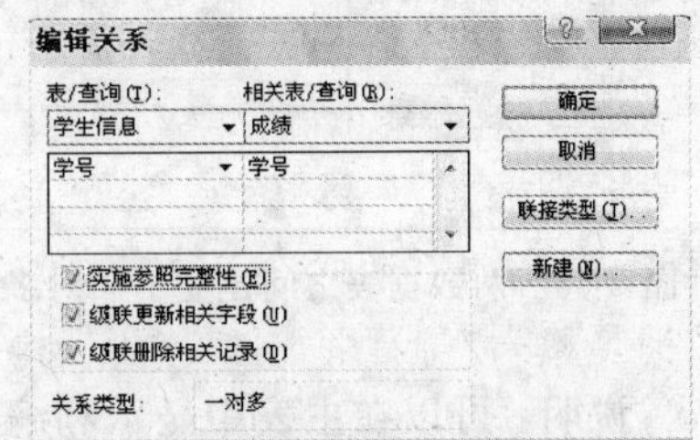

图 2-52 “编辑关系”对话框

如果对两个表实施了参照完整性，会产生以下约束：

(1) 主表中没有的记录，相关表不能添加。

(2) 相关表记录存在时，主表的关联记录不能删除。

(3) 勾选了“级联更新相关字段”复选框，主表中更改公共字段的值，相关表的关联值同时更改。

(4) 勾选了“级联删除相关记录”复选框，主表中删除某条记录，相关表关联记录同时删除。

另外，可以在主表中同时给子表输入数据，公共字段的值会自动加入到子表中。

2.6.3 建立与编辑表之间的关系

1. 建立表之间关系

在建立表之间关系之前，要先关闭所有定义关系的表。

下面用一个案例介绍建立表之间关系的方法。

案例 2.21 建立表之间关系

要求：建立“学生信息”表与“成绩”表的一对多关系，实施参照完整性。

操作步骤：

(1) 在“成绩管理”数据库窗口单击“关系”按钮 ，在显示表窗口选择“学生信息”表，单击“添加”按钮，选择“成绩”表，依次单击“添加”和“关闭”按钮。“关系”窗口显示“学生信息”表和“成绩”表。

(2) 用鼠标在“学生信息”表的“学号”字段到“成绩”表的“学号”字段之间画一条线，显示“编辑关系”对话框。

(3) 在“编辑关系”对话框勾选“实施参照完整性”、“级联更新相关字段”和“级联删除相关记录”复选框。

(4) 单击“创建”按钮，两数据表之间建立了一对多关系，“关系”窗口如图 2-53 所示。

(5) 关闭“关系”窗口，打开“学生信息”表，单击第一条记录前的加号，显示相关表对应数据，如图 2-54 所示。

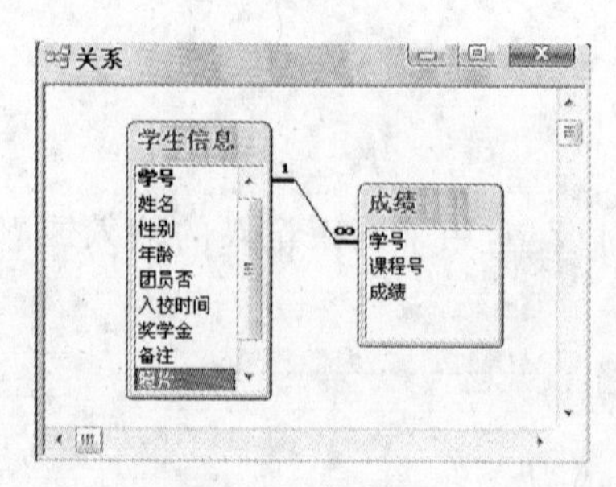

图 2-53 两数据表之间建立了一对多关系

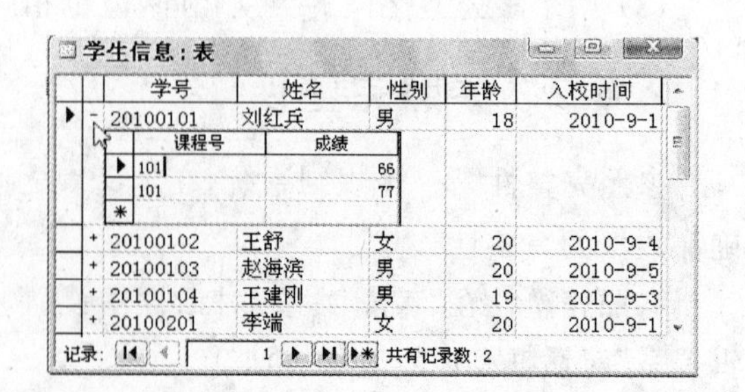

图 2-54 主表显示相关表数据

说明：可以在主表中显示和编辑相关表的数据。

2. 编辑表之间的关系

编辑修改已设置的关系仍然在“关系”窗口进行，有 2 种方法。

方法 1：在“关系”窗口单击关系连线，选择“关系”→“编辑关系”菜单项。

方法 2：在“关系”窗口右击关系连线，在快捷菜单中选择“编辑关系”菜单项。

2.6.4 拆分表

拆分表是将一个表拆分成两个新表，并建立两个表之间的关系，原始表保持不变。

下面用一个案例介绍拆分表的方法。

案例 2.22 拆分表

要求：将“员工”表拆分成两个新表，表名分别为“职工”和“单位”。

“员工”表如图 2-55 所示。

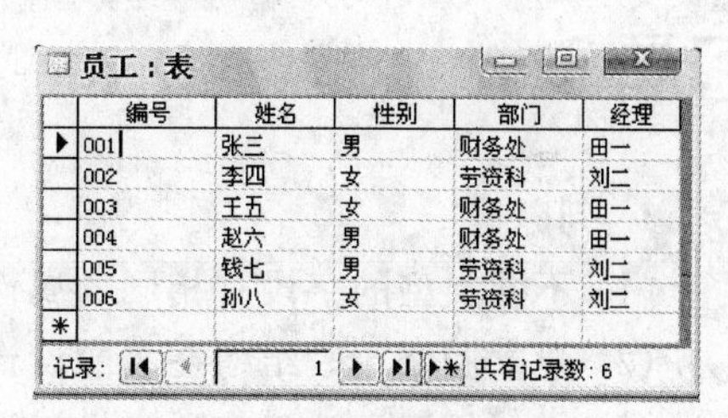
员工：表

编号	姓名	性别	部门	经理
001	张三	男	财务处	田一
002	李四	女	劳资科	刘二
003	王五	女	财务处	田一
004	赵六	男	财务处	田一
005	钱七	男	劳资科	刘二
006	孙八	女	劳资科	刘二

记录：1 共有记录数：6

图 2-55 “员工”表

操作步骤：

(1) 选择“工具”→“分析”→“表”菜单项，显示“表分析向导”窗口。

(2) 两次单击“下一步”按钮，选择“员工”表，单击“下一步”按钮，选择“自行决定”项。

(3) 单击“下一步”按钮，将“部门”字段拖到窗口空白处，在“表名”文本框中输入“单位”，如图 2-56 所示。

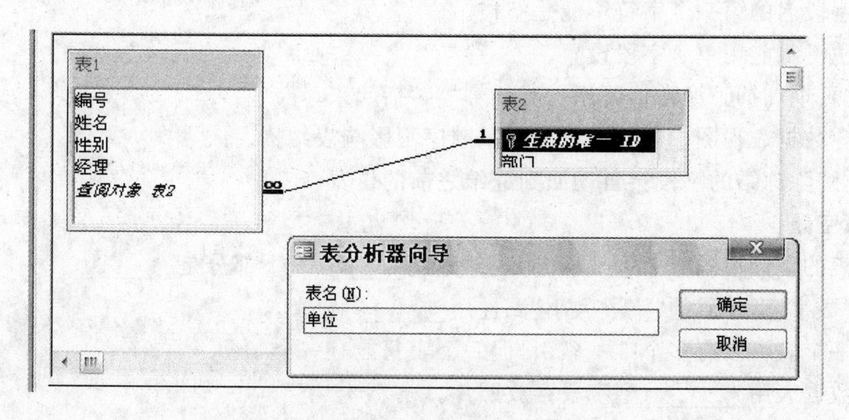

图 2-56 将“部门”字段拖到窗口空白处

(4) 拖动“经理”字段到“单位”表中，选中“部门”字段，单击“设置唯一标识符”按钮，“部门”字段被设为“单位”表的主键。

(5) 选中“表 1”，单击窗口右上方“重命名表”按钮，在“表名”文本框输入“职工”。

(6) 选中“编号”字段，单击“设置唯一标识符”按钮，“编号”字段被设为“职工”表的主键。拆分出来的两个新表如图 2-57 所示。

(7) 单击“下一步”按钮，选择“不创建查询”项，单击“完成”按钮，结束表的拆分。

(8) 用设计视图打开“职工”表，删除“部门”字段的标题“查阅对象单位”。可以看出，“部门”字段是公共字段，“单位”表是主表，“职工”表是相关表。

(9) 用数据表视图显示“单位”表，如图 2-58 所示。

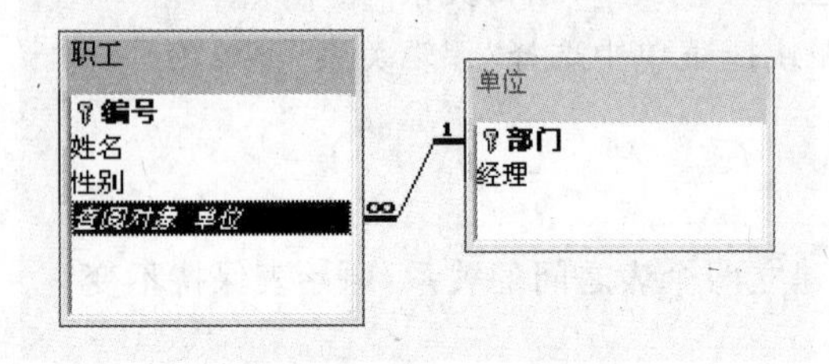

图 2-57 拆分出来的两个新表

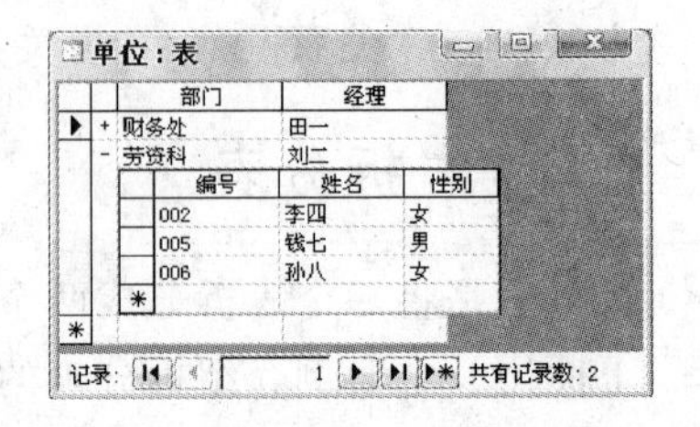

图 2-58 显示“单位”表

习题 2

1. 判断题

(1) 不同类型的字段有相同的属性集合。

(2) 建立和修改表结构在表的设计视图中完成。

(3) 表名是用户访问表的唯一标识。

(4) 在 Access 中一个汉字当作一个字符看待。

(5) 一个表可以有多个自动编号型字段。

(6) 字段名的第一个字符不能是空格。

(7) 主键只能用单个字段设置。

(8) “日期/时间”型常量要用一对井号“#”括起来。

(9) 在数据表视图中调整字段的显示顺序不影响表结构。

(10) 解除冻结的字段会自动回到冻结之前的位置。

2. 填空题

(1) 表的设计视图分上下 2 部分，上部分是________，下部分是________。

(2) “数字”型字段的“字段大小”属性用________定义。

(3) 一个表可以有多个唯一索引，但一个表只能有一个________。

(4) 数据表用________型字段存放照片。

(5) 逻辑运算符中优先级最高的是________。

(6) 多个字段排序按________顺序进行。

(7) 如果筛选标准为含“牛奶”二字，表达式写为________。

(8) 参照完整性是________。

(9) 改变数据表的一个列宽，其他列宽________。

(10) 被冻结的列显示在所有字段________。

3. 操作题

(1) 建立“工资管理”数据库。

（2）在数据库中建立“教师”表和“工资”表，其表结构分别如表2-15和表2-16所示。

表2-15 “教师”表字段

字段名	字段类型	字段名	字段类型
编号	文本	职称	文本
姓名	文本	系别	文本
性别	文本	照片	OLE对象
年龄	数字		

表2-16 “工资”表字段

字段名	字段类型	字段名	字段类型
编号	文本	奖金	数字
工资	数字	扣除	数字

（3）将“教师”表的“编号”字段设为主键。

（4）设置“性别”字段默认值为“男”，并设置有效性规则和有效性文本。

（5）将“工资”、“奖金”、“扣除”的字段大小设置为“单精度”，格式设置为“固定”，小数显示2位。

（6）建立两表之间关系，并实施参照完整性、级联更新、级联删除。

（7）打开主表，同时为主表和相关表输入4条记录。

（8）用菜单方式调整表的行高和列宽，并设置字体、字号、字颜色。

（9）筛选性别为“男”并且职称为“讲师”的记录，按“年龄”降序排序。

（10）隐藏“奖金”字段，再取消字段的隐藏。

（11）冻结“姓名”和“性别”字段，再取消字段的冻结。

（12）将“教师”表导出为文本文件，用分号做分隔符，包含标题。

（13）将“工资”表导出为Excel文件。

第3章 查询的设计与使用

建立数据库的最终目的是对数据库中的数据进行分析和处理，从中得到有用信息，查询正是能实现这方面功能的数据库对象。本章介绍查询的基础知识，包括基本操作、查询类型、统计函数、SQL 语句等内容。

3.1 查询概述

查询是数据库的重要对象，是处理和分析数据的工具，能从多个表中抽取数据，供用户查看、统计和分析。

3.1.1 认识查询对象

查询对象是操作的集合，查询的运行结果是一个动态集，每次打开查询都会显示数据源的最新变化情况，关闭查询，动态集就会自动消失。

创建查询只是在查询中保存了一些操作，只有运行查询才会从数据源中抽取数据并创建动态集。动态集看起来很像数据表，但实际上并没有存储在数据库中，所以，查询不是数据的集合。

查询中显示的数据通常源自一个或多个数据表，或源自已存在的查询，这些被称为查询的数据源。查询与数据源表是相通的，在查询中可以修改数据源表中的数据。

3.1.2 查询的设计视图

建立和修改查询在查询的设计视图中完成，在设计视图中确定查询的字段和条件。

1. 切换到查询的设计视图

切换到查询的设计视图可以用“视图”→“设计视图”菜单和“设计视图”工具按钮 2 种方法，如图 3-1 所示。

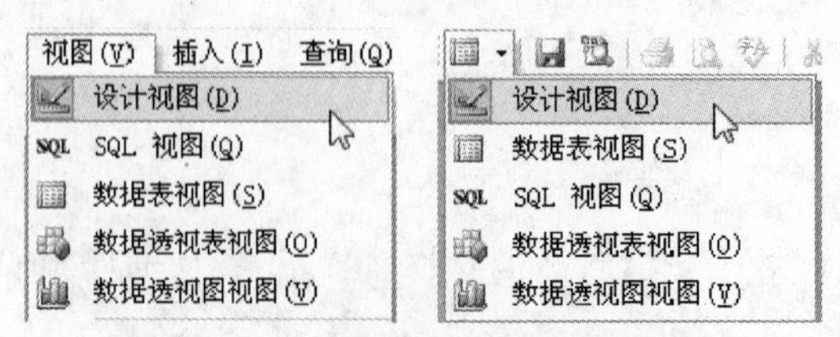

图 3-1 切换到查询的设计视图

2. 查询的设计视图窗口

查询的设计视图窗口分上下 2 部分，上部分是字段列表区，下部分是设计网格区。字段列表区显示查询数据源的所有字段，设计网格区放置组成查询的字段和查询条件。查询的设计视图窗口如图 3-2 所示。

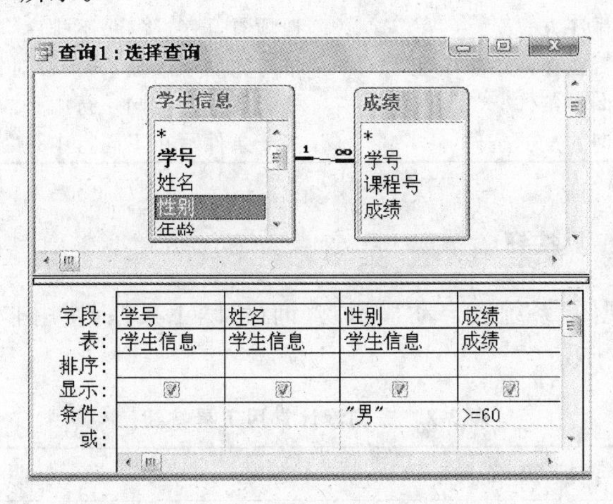

图 3-2　查询的设计视图窗口

3. 将数据源放入字段列表区

将数据源放入字段列表区，可以采用如下 2 种方法。

方法 1：在数据库窗口选中查询对象，选择“新建”→“设计视图”→“确定”，在“显示表”窗口选取数据源，单击“添加”按钮。

方法 2：右击字段列表区空白处，从快捷菜单中选择“显示表”，在“显示表”窗口选取数据源，单击“添加”按钮。

4. 将字段放入设计网格区

将字段放入设计网格区“字段”行中，可以采用如下 3 种方法。

方法 1：在字段列表区中拖动一个字段放在“字段”行中。

方法 2：在字段列表区中双击一个字段，字段会依次显示在“字段”行空白格中。

方法 3：单击“字段”行单元格的向下箭头，在值列表中选择一个字段。

说明：

(1) 不要放入与查询无关的数据源，否则会影响查询结果。

(2) 如果字段列表区有多个数据源，拖动鼠标在公共字段之间建立关联。如果是数据表，也可以提前建立表之间的关系。

5. 设计网格区的行

设计网格区的每一行对应字段的一个属性或要求，各行的作用如表 3-1 所示。

表 3-1 设计网格区的行

行的名称	行的作用	说明
字段	显示查询中使用的字段	可以定义新的字段名
表	显示字段所在的表或查询	对于计算字段此行空白
总计	定义对记录组或全体记录的计算	单击工具按钮$\sum$才显示此行，$\sum$是开关按钮
排序	定义字段的排序方式	选项有升序、降序、不排序
显示	定义字段是否在查询结果中显示	带对钩的字段显示，不带对钩的字段不显示
条件	定义字段查询的条件	多个条件写在同一行中是“与”操作
或	定义字段查询的“或”条件	多个条件写在不同行中是“或”操作

6. 设计视图中的工具按钮

打开查询的设计视图，系统会自动显示“查询设计”工具栏，使用非常方便。工具栏中的常用工具按钮如表 3-2 所示。

表 3-2 查询设计常用工具按钮

按钮	按钮名称	说明
	视图	单击向下箭头可以选择查询的其他视图
	保存	保存查询
	查询类型	单击向下箭头可以选择查询类型
!	运行	运行查询，生成并显示查询结果
	显示表	打开“显示表”对话框
Σ	总计	在设计网格区显示“总计”行，是开关按钮
	属性	打开字段的“属性”对话框
	生成器	打开表达式的“生成器”对话框
	数据库窗口	切换到数据库窗口

3.1.3 用查询向导建立简单查询

用查询向导可以建立简单查询，但无法设置查询条件。下面从一个案例出发了解用查询向导建立简单查询的方法。

案例 3.1 用查询向导建立简单查询

要求：以“学生信息”表为数据源，用查询向导建立查询，显示姓名、性别、年龄 3 个字段，将查询命名为“年龄查询”。

操作步骤：

(1) 打开数据库“成绩管理.mdb”。

(2) 在数据库窗口选中查询对象，单击“新建”按钮，选择“简单查询向导”，单击“确定”按钮，如图 3-3 所示。

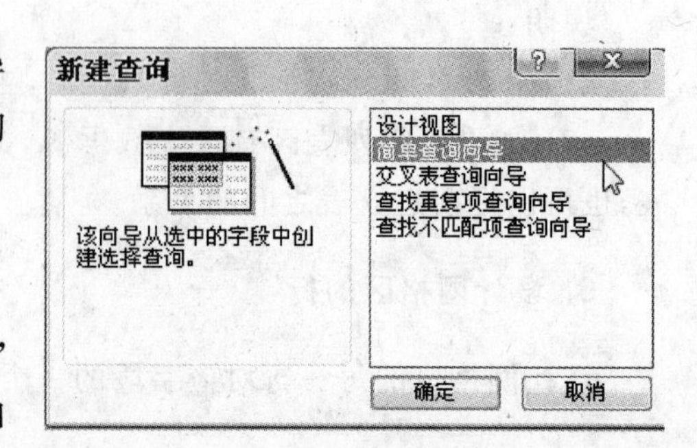

图 3-3 选择“简单查询向导”

(3) 在“表/查询”下拉列表框中选择“学生信息”表，在“可用字段”列表框中双击“姓名”、“性别”、“年龄”字段，这 3 个字段被添加到“选定的字段”列表框中，如图 3-4 所示。

表/查询(T)
表：学生信息
可用字段(A):
学号
团员否
入校时间
奖学金
备注
照片
选定的字段(S):
姓名
性别
年龄
取消
< 上一步(B)
下一步(N) >
完成(F)

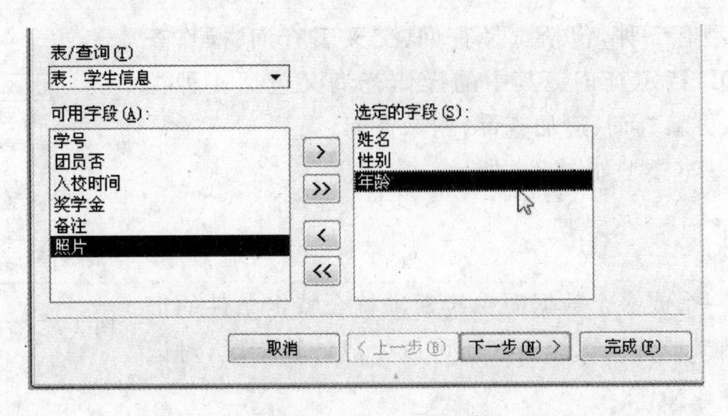

图 3-4 选定字段

说明：选定字段后单击 > 按钮，将字段移到右边列表框中。直接单击 >> 按钮，将左边全部字段移到右边列表框中。选定字段后单击 < 按钮，将右边字段移到左边列表框中。直接单击 << 按钮，将右边全部字段移到左边列表框中。

年龄查询：选择查询
姓名 性别 年龄
刘红兵 男 18
王舒 女 20
赵海滨 男 20
王建刚 男 19
李端 女 20
程鑫 男 20
郭薇薇 女 21
记录: 3 共有记录数: 13

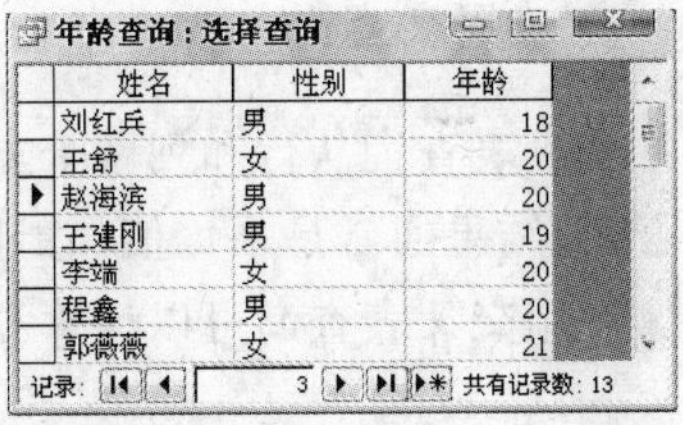

图 3-5 系统自动显示查询结果

(4) 依次单击“下一步”按钮，给查询命名“年龄查询”，单击“完成”按钮。

(5) 系统自动显示查询结果，如图 3-5 所示。

3.1.4 用设计视图建立带条件查询

各种复杂查询在查询的设计视图中建立，如设置查询条件、生成计算字段等。下面从一个案例出发讲解用设计视图建立带条件查询的方法。

案例 3.2 用设计视图建立带条件查询

要求：以“学生信息”表为数据源，显示“姓名”、“性别”、“年龄”3 个字段，显示“年龄大于 20”的记录，将查询命名为“年龄大于 20 的查询”。

操作步骤：

(1) 打开数据库“成绩管理. mdb”。

(2) 在数据库窗口选中查询对象，选择菜单“新建”→“设计视图”→“确定”。

(3) 在“显示表”对话框选择“学生信息”表，依次单击“添加”和“关闭”按钮。

(4) 分别将“姓名”、“性别”、“年龄”字段拖入设计网格区，在“年龄”字段的“条件”行输入条件“>20”。

(5) 单击“保存”按钮，给查询命名为“年龄大于 20 的查询”。

(6) 选择“视图”→“数据表视图”菜单项，显示查询结果，如图 3-6 所示。

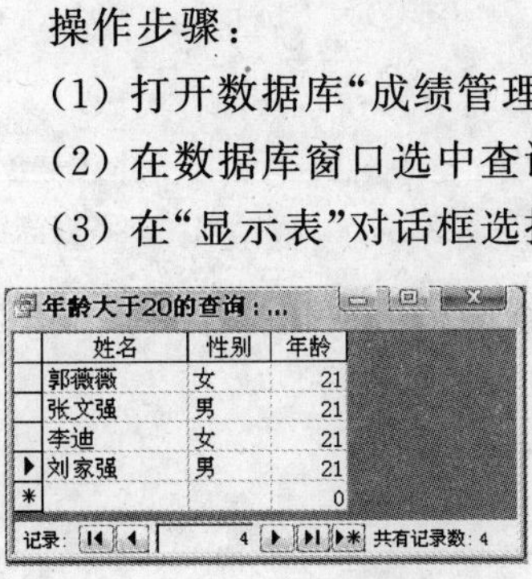

年龄大于20的查询：...
姓名 性别 年龄
郭薇薇 女 21
张文强 男 21
李迪 女 21
刘家强 男 21
0
记录: 4 共有记录数: 4

图 3-6 带条件的简单查询结果

3.1.5 查询对象的基本类型

查询对象类型有 5 种，包括选择查询、交叉表查询、操作查询、参数查询、SQL 特定查询。其中的操作查询又包括 4 种类型：生成表查询、更新查询、追加查询、删除查询。

查询对象的基本类型如图 3-7 所示。

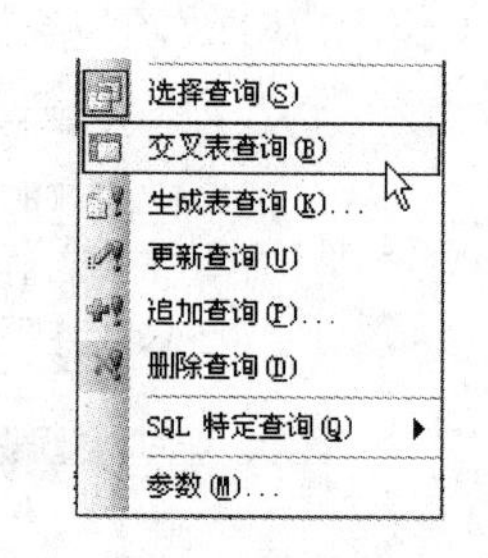

图 3-7 查询对象的基本类型

1. 选择查询

选择查询从一个或多个数据源中检索出符合特定条件的记录，并显示查询结果。使用选择查询还可以生成计算字段，对记录进行分组、总计等操作。

选择查询是最常用的查询类型。

2. 交叉表查询

交叉表查询从行和列两个方向同时对数据分组，在行与列交叉的单元格中显示汇总结果，汇总结果通常是平均值、总计、最大值、最小值等。

使用交叉表查询可以计算和重构数据源，简化数据分析。

3. 操作查询

操作查询能完成对数据的编辑、追加、删除等操作。操作查询有 4 种：生成表查询、更新查询、追加查询、删除查询。

(1) 生成表查询能把选择查询产生的动态集变成真正的数据表。

(2) 更新查询能一次更改一组符合条件的记录。

(3) 追加查询能将一组记录追加到另一个表的尾部。

(4) 删除查询能一次删除一组符合条件的记录。

说明：凡是操作查询都要执行一遍“运行”命令，才能使查询生效。

4. 参数查询

参数查询根据用户输入的参数或条件检索记录。执行参数查询时，屏幕会显示一个输入参数的对话框，输入不同的参数值会得到不同的查询结果。

参数查询提高了查询的灵活性。

5. SQL 特定查询

SQL 特定查询是用 SQL 语句创建的查询，前面介绍的查询是可视化操作，而 SQL 特定查询完全用命令实现。

3.1.6 查询的功能

利用查询可以实现许多功能，主要有以下几个方面。

（1）从一个或多个数据源中选择字段。

（2）按照一个或多个条件选择记录。

（3）利用函数和表达式建立计算字段。

（4）添加、修改、删除、更新记录。

（5）利用查询得到的结果建立新表。

（6）为窗体、报表或数据访问页提供数据源。

3.2 选择查询

选择查询是最常用的查询，主要在查询设计视图中进行，对记录的大多数查询操作都可以用选择查询完成。

3.2.1 “总计”选项

统计操作是选择查询的重要内容，包括计数、求和、求平均值、求最大值、求最小值等查询内容。

单击工具栏的 $\sum$ 按钮，在设计网格区中显示“总计”行，统计操作在“总计”行定义。单击“总计”行的向下箭头，显示系统提供的所有总计项，如图 3-8 所示。

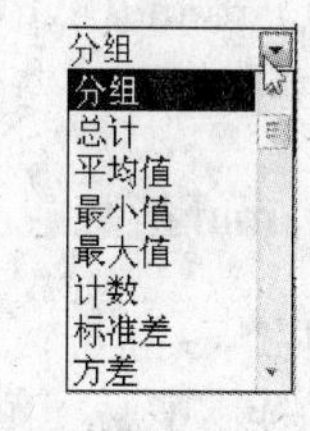

图 3-8　系统提供的总计项

各总计项及其功能如表 3-3 所示。

表 3-3　总计项

总计项	功能	说明
总计	对数字型字段求和	对应统计函数 sum()
平均值	求数字型字段的平均值	对应统计函数 avg()
最小值	求字段的最小值	对应统计函数 min()
最大值	求字段的最大值	对应统计函数 max()
计数	求字段非空值的个数	对应统计函数 count()
标准差	求字段值的标准偏差	
方差	求字段值的方差	
分组	按字段值相同与否给字段分组	分组后相同的值只显示一个
第一条记录	求第一条记录的字段值	
最后一条记录	求最后一条记录的字段值	
表达式	创建包含统计函数的计算字段	
条件	指定不用于分组的字段条件	

下面分别介绍统计函数。

1. sum 函数

格式：sum(数字型表达式)

功能：对数字型表达式求和。

说明：数字型表达式可以是字段名或包含字段名的表达式，字段名要用方括号括起来。

举例如下：

(1) sum([奖金])：对"奖金"字段求和。

(2) sum([工资]+[奖金])：对两个字段相加后的值求和。

2. avg 函数

格式：avg(数字型表达式)

功能：对数字型表达式求平均值。

举例如下：

(1) avg([奖金])：求"奖金"字段的平均值。

(2) avg([工资]+[奖金])：求两字段之和的平均值。

说明：平均值产生的小数通常用算术函数 round 处理。

例如：

(1) round(avg([奖金]),2)：得数四舍五入后保留 2 位小数。

(2) round(avg([奖金]),0)：得数四舍五入后取整。

3. min 函数

格式：min(数字型表达式)

功能：求数字型表达式的最小值。

举例如下：

min([奖金])：求"奖金"字段的最小值。

4. max 函数

格式：max(数字型表达式)

功能：求数字型表达式的最大值。

举例如下：

max([奖金])：求"奖金"字段的最大值。

5. count 函数

格式：count(表达式)

功能：对表达式统计个数。

说明：表达式通常是字段名，字段类型不限。

举例如下：

count([学号])：统计"学号"字段的个数。

3.2.2 以多个表为数据源建立查询

如果查询以多个表为数据源，要在字段列表区为多个表建立关联，或提前在表之间建立关联。

下面用一个案例介绍以多个表为数据源建立查询的方法。

案例 3.3 以多个表为数据源建立查询

要求：以“教师”表和“工资”表为数据源建立名为“工资 1”的查询，显示“姓名”、“性别”、“基本工资”3 个字段，并按“基本工资”字段的值降序排序。

操作步骤：

(1) 打开“工资管理.mdb”数据库。

(2) 在数据库窗口选中查询对象，单击“新建”按钮，选择“设计视图”，单击“确定”按钮。

(3) 在“显示表”对话框选择“教师”表，单击“添加”按钮，选择“工资”表，依次单击“添加”和“关闭”按钮。

(4) 拖动鼠标在两个表的“教师编号”字段之间连一条线。

说明：多个数据源之间必须建立关联，以确保数据正确对应。提前建立了关系的表在字段区会自动显示关系连线。

(5) 分别将“姓名”、“性别”、“基本工资”字段拖入设计网格区，在“基本工资”字段的“排序”行选“降序”。

(6) 单击“保存”按钮，给查询命名为“工资 1”，如图 3-9 所示。

(7) 单击“数据表视图”按钮，显示查询结果，结果中有 3 个字段，其中的“基本工资”字段降序排序。

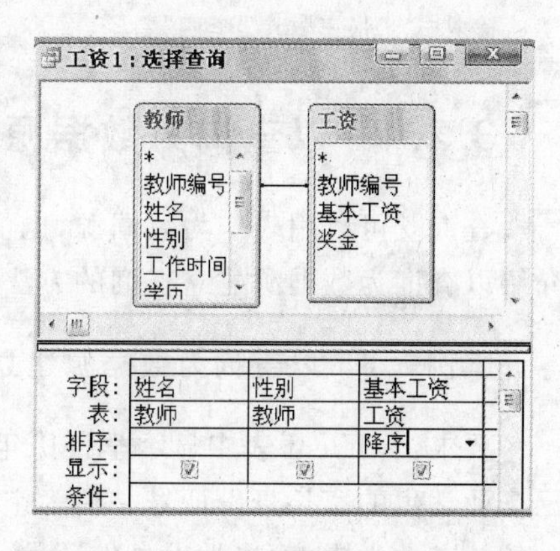

图 3-9 以多个表为数据源建立查询

3.2.3 设置查询条件

查询条件是一个表达式，定义了条件的查询只显示满足条件的记录。

如果定义了 2 个查询条件，并且都写在设计网格区的“条件”行中，说明对 2 个条件做“与”操作，2 个条件都要满足。如果 2 个查询条件分别写在设计网格区的“条件”行和“或”行，说明对 2 个条件做“或”操作，2 个条件中只要满足 1 个即可。

同一个查询条件可以用不同的表达式描述。下面是几个比较典型的查询条件：

(1) 在“姓名”字段中查找姓“李”的记录。

```
表达式 1:left([姓名],1) = "李"
表达式 2:like "李*"
表达式 3:instr([姓名],"李") = 1
表达式 4:mid([姓名],1,1) = "李"
```

以上 4 个表达式均能实现查找要求。

(2) 在“备注”字段中查找“有绘画爱好”的记录。

```
表达式 1:like "*绘画*"
表达式 2:instr([备注],"绘画")<>0
```

(3) 在“工作时间”字段中查找“年份是 2000 年”的记录。

```
表达式 1:>= #2000-1-1# and <= #2000-12-31#
```

表达式 2:between #2000-1-1# and #2000-12-31#
表达式 3:year([工作时间])=2000

(4) 在“入学日期”字段中查找“不为空”的记录。

表达式:is not null

(5) 在“婚否”字段中查找“已婚”的记录。

表达式:=true

(6) 在“姓名”字段中查找“姓名是张三或李四”的记录。

表达式:"张三" or "李四"

3.2.4 以查询为数据源建立查询

查询既可以用表作为数据源,也可以用已经建立的查询作为数据源。下面用一个案例介绍以查询为数据源建立查询的方法。

案例 3.4 以查询为数据源建立查询

要求:student 表中显示学校历年来招收的学生名单,有家长身份证号的是在读学生,已毕业学生的家长身份证号一栏为空。建立名为“校友”的查询,按身份证号码找出家长是本校校友的学生,输出学生身份证号、学生姓名及家长姓名。student 表如图 3-10 所示。

分析:先分别查找学生和家长,然后以 2 个查询为数据源得到最终查询。

操作步骤:

(1) 打开“成绩管理.mdb”数据库。

(2) 以 student 表为源建立查询,放入“身份证号”、“姓名”、“家长身份证号”3 个字段,给“家长身份证号”字段定义条件“Is Null”(该字段值为空的是家长),去掉“家长身份证号”字段的对钩(使该字段不显示),以“家长”为名保存查询,如图 3-11 所示。

student : 表

身份证号	姓名	家长身份证号
101101196001012370	张春节	
370706198011035670	李强	370707196201012370
370707196201012370	李永飞	
370707196410015670	王元国	
370707198011025660	王好一	370707196410015670
370708198001013760	王嫚	371101196001012370
370708198011015770	张天	370708196510015760
371101196001012370	王中华	

记录: 1 共有记录数: 8

图 3-10 学校历年来招收的学生名单

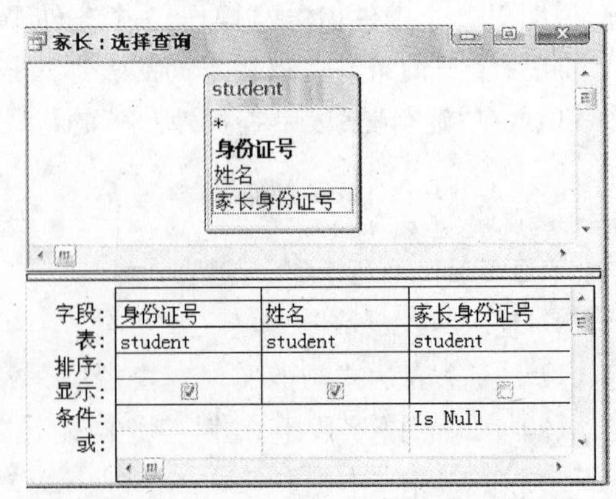

图 3-11 查找家长的身份证号与姓名

(3) 以 student 表为源建立查询,放入“身份证号”、“姓名”、“家长身份证号”3 个字段,给“家长身份证号”字段定义条件“Is Not Null”(该字段值不空的是学生),以“学生”为名保存查询。

(4) 以“家长”查询和“学生”查询为数据源建立查询，在“家长”的“身份证号”字段与“学生”的“家长身份证号”字段之间建立连线。

(5) 将“学生”的“身份证号”字段和“姓名”字段拖入设计网格区，将“家长”的“姓名”字段拖入设计网格区，在“家长”的“姓名”字段前添加“家长姓名：”。

说明：在字段前面添加字符串和冒号，该字符串成为新的字段名。

(6) 以“校友”为名保存查询，如图 3-12 所示。

(7) 单击“数据表视图”按钮，查询结果如图 3-13 所示。

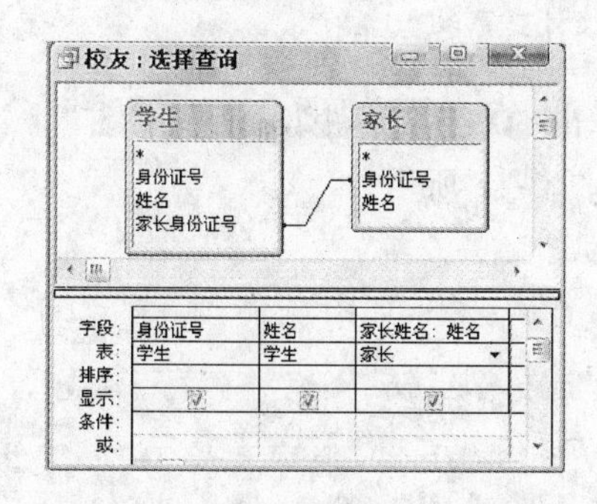

图 3-12　以查询为源建立查询

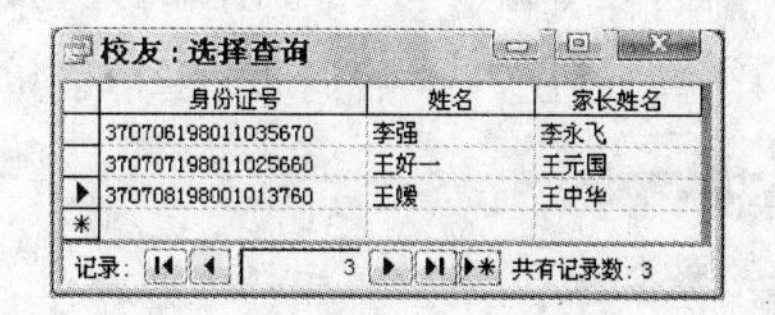

身份证号	姓名	家长姓名
370706198011035670	李强	李永飞
370707198011025660	王好一	王元国
370708198001013760	王媛	王中华

图 3-13　显示查询结果

3.2.5　在查询中建立自定义计算字段

在查询中可以执行 2 种类型的计算：自定义计算和预定义计算。

自定义计算字段在设计网格区添加一个新字段，计算字段的值来自于一个表达式，表达式由字段名、运算符以及标准函数组成。

下面用一个案例介绍在查询中建立自定义计算字段的方法。

案例 3.5　在查询中建立自定义计算字段

要求：以“教师”表和“工资”表为数据源建立“工资发放”查询，新建自定义计算字段“扣除”和“实发”。“扣除”字段的计算方法为：基本工资 * 5%；“实发”字段的计算方法为：基本工资＋奖金－扣除，得数显示 2 位小数。查询显示字段为教师编号、姓名、基本工资、奖金、扣除、实发。

操作步骤：

(1) 打开“工资管理.mdb”数据库。

(2) 以“教师”表和“工资”表为数据源建立查询，在 2 个表的“教师编号”字段之间建立连线。

(3) 将“教师编号”、“姓名”、“基本工资”、“奖金”字段拖入设计网格区。

(4) 在“字段”行第 5 个单元格输入“[基本工资] * 0.05”，新字段名为“扣除”。

说明：算术表达式中不能出现百分号。

(5) 在“字段”行第 6 个单元格输入“[基本工资]＋[奖金]－[扣除]”，新字段名为“实发”。

(6) 以“工资发放”为名保存查询，如图 3-14 所示。

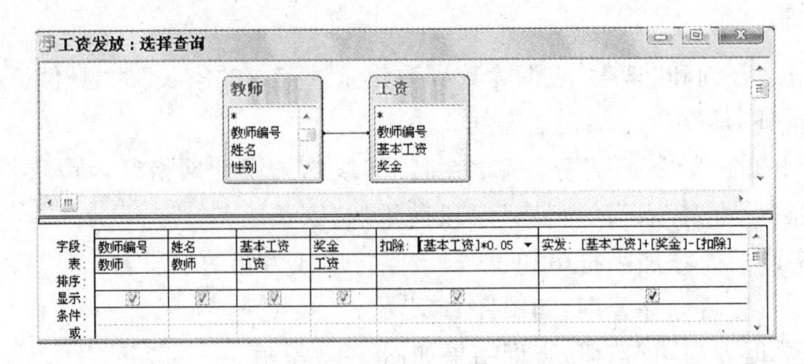

图 3-14 建立自定义计算字段

(7) 选中“扣除”字段，单击“属性”按钮，在弹出的“字段属性”对话框单击“常规”选项卡，在“格式”栏选“固定”，“小数位数”设为“2”，如图 3-15 所示。

(8) 用同样方法定义“实发”字段显示 2 位小数。

(9) 选择“视图”→“数据表视图”菜单项，显示查询结果，如图 3-16 所示。

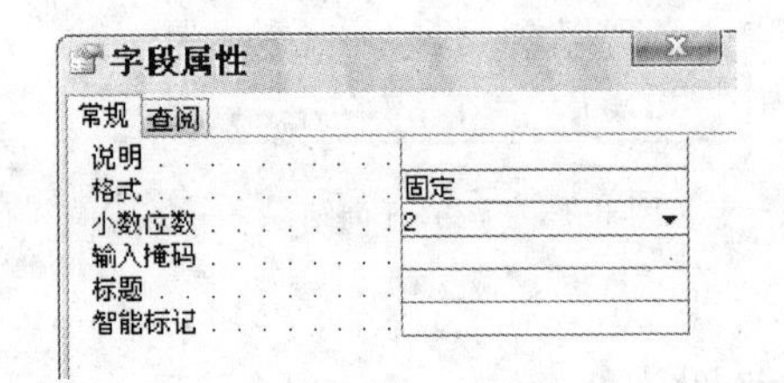

图 3-15 定义“扣除”字段显示 2 位小数

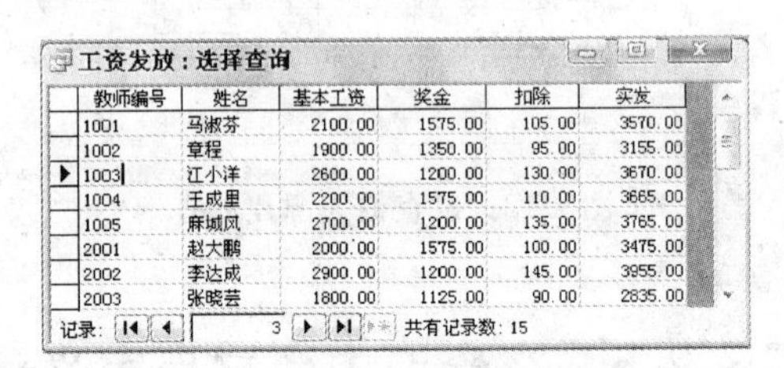
工资发放：选择查询

教师编号	姓名	基本工资	奖金	扣除	实发
1001	马淑芬	2100.00	1575.00	105.00	3570.00
1002	章程	1900.00	1350.00	95.00	3155.00
1003	江小洋	2600.00	1200.00	130.00	3670.00
1004	王成里	2200.00	1575.00	110.00	3665.00
1005	薛城风	2700.00	1200.00	135.00	3765.00
2001	赵大鹏	2000.00	1575.00	100.00	3475.00
2002	李达成	2900.00	1200.00	145.00	3955.00
2003	张晓芸	1800.00	1125.00	90.00	2835.00

记录：3 共有记录数：15

图 3-16 显示自定义计算字段的值

3.2.6 在查询中建立预定义计算字段

预定义计算字段是用“总计”操作产生的字段，“总计”操作是系统提供的对全体记录或记录组进行的计算，返回字段的统计值，包括总计、平均值、最大值、计数等。

下面用一个案例介绍在查询中建立预定义计算字段的方法。

案例 3.6 在查询中建立预定义计算字段

要求：以“工资”表为数据源建立名为“工资统计”的查询，统计人员个数、工资总额、平均工资和奖金最大差额。

操作步骤：

(1) 打开“工资管理.mdb”数据库，以“工资”表为数据源建立查询。

(2) 单击“总计”按钮 **Σ**，设计网格区显示“总计”行。

(3) 双击“教师编号”字段，“总计”行选“计数”，新字段名为“人员个数”。

(4) 双击“基本工资”字段，“总计”行选“总计”，新字段名为“工资总额”。

(5) 双击“基本工资”字段，“总计”行选“平均值”，新字段名为“平均工资”，单击“属性”按钮，在“字段属性”对话框“格式”栏选“固定”，“小数位数”选“2”。

(6) 在“字段”行第 4 个单元格输入表达式“max([奖金])－min([奖金])”，新字段名为“奖金最大差额”，“总计”行选“表达式”。

(7) 以“工资统计”为名保存查询，如图 3-17 所示。

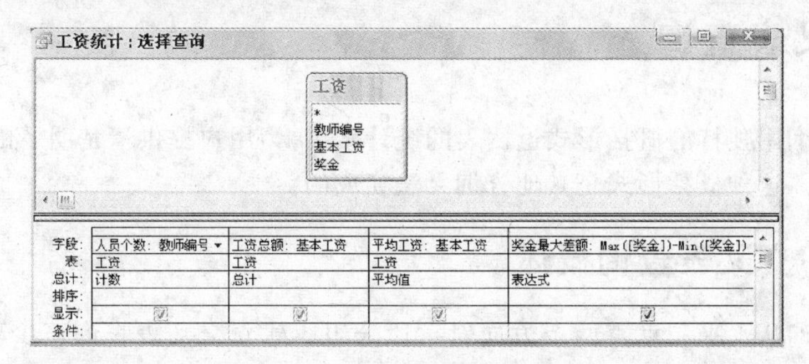

图 3-17　建立预定义计算字段

(8) 选择“视图”→“数据表视图”菜单项，显示查询结果，如图 3-18 所示。

工资统计：选择查询

人员个数	工资总额	平均工资	奖金最大差额
15	41000	2733.33	1125

记录：1　共有记录数：1

图 3-18　显示预定义计算字段

3.2.7　在查询中进行分组统计

如果需要在查询中对记录进行分类计算，可以用分组统计功能实现。具体操作时，首先选定用于分组的字段，然后在该字段的“总计”行选“分组”。

下面用一个案例介绍在查询中进行分组统计的方法。

案例 3.7　在查询中进行分组统计

要求：以“教师”表为数据源建立名为“各系职工人数”的查询，统计各系职工人数，显示字段为系别、人数。

操作步骤：

(1) 打开“工资管理.mdb”数据库，以“教师”表为数据源建立查询。

(2) 单击“总计”按钮 Σ，设计网格区显示“总计”行。

(3) 双击“系别”字段，“总计”行选“分组”。

(4) 双击“教师编号”字段，“总计”行选“计数”，新字段名为“人数”。

(5) 以“各系职工人数”为名保存查询，如图 3-19 所示。

(6) 选择“视图”→“数据表视图”菜单项，显示查询结果，如图 3-20 所示。

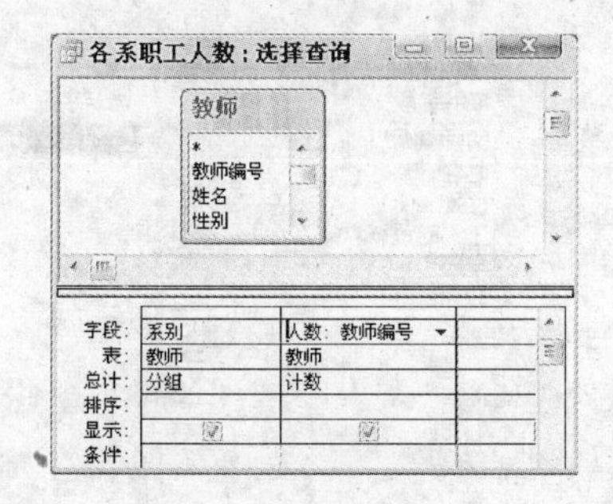

图 3-19　分组统计人数

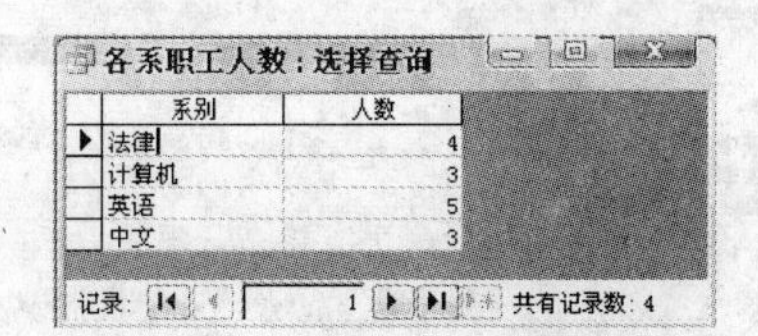

系别	人数
法律	4
计算机	3
英语	5
中文	3

图 3-20　显示各系职工人数

3.3 交叉表查询

交叉表查询用独特的概括形式返回表的统计结果，为用户提供清楚明了的汇总数据，便于分析和使用。这种概括形式是其他查询无法完成的。

3.3.1 交叉表查询概述

交叉表查询从水平和垂直两个方向对字段分组。建立交叉表查询至少要指定3个字段，一个分组字段做行标题，显示在交叉表左侧；一个分组字段做列标题，显示在交叉表顶部；一个字段放在行与列交叉位置做统计项。

行标题最多可以有3个，列标题只能有1个，统计项只能有1个。

创建交叉表查询可以用向导和设计视图2种方法。用向导创建交叉表查询时，其数据源只能是一个表或查询。用设计视图创建交叉表查询时，其数据源可以是多个表或查询。

3.3.2 用向导创建交叉表查询

用向导创建交叉表查询时，所有字段都出自于同一个数据表或查询。下面以一个案例介绍用向导创建交叉表查询的方法。

案例3.8 用向导创建交叉表查询

要求：以“教师”表为数据源建立交叉表查询，统计各系职称情况，查询命名为“各系职称情况”。

分析：以“系别”字段做行标题，以“职称”字段做列标题，以“教师编号”字段做统计项，统计内容选“计数”。

操作步骤：

(1) 打开“工资管理.mdb”数据库。

(2) 在数据库窗口选中查询对象，单击“新建”按钮，选择“交叉表查询向导”后单击“确定”按钮。

(3) 在向导对话框中选择“教师”表，单击“下一步”按钮，如图3-21所示。

(4) 在“可用字段”列表框中选“系别”字段，单击 > 按钮，则“系别”字段作为行标题，如图3-22所示。

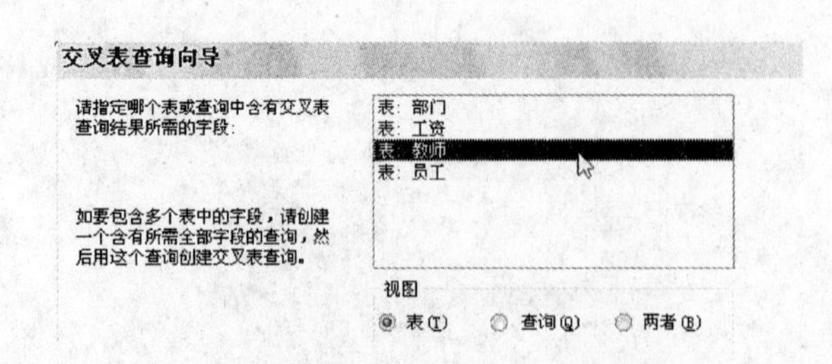

图3-21 选“教师”表作为数据源

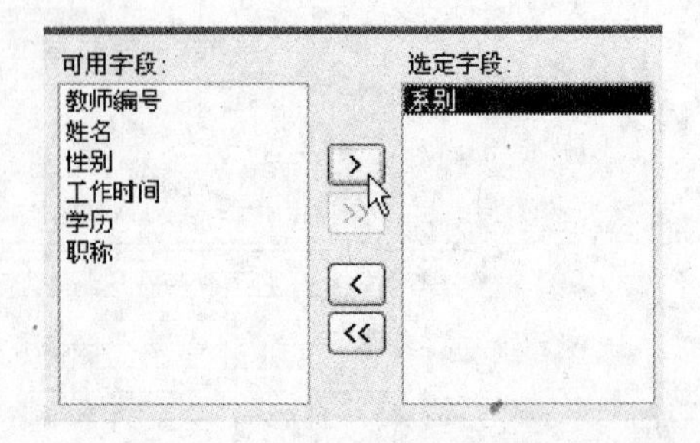

图3-22 “系别”字段作为行标题

（5）单击"下一步"按钮，用相似方法选"职称"字段作为列标题。

（6）单击"下一步"按钮，选择"教师编号"字段作为统计项，函数选"计数"，去掉"是，包括各行小计"的对钩，如图 3-23 所示。

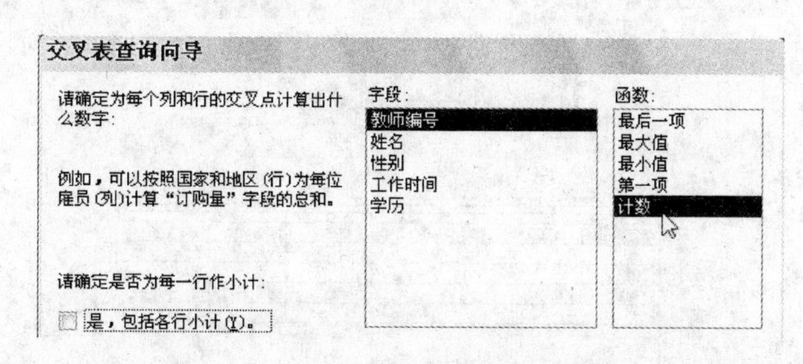

图 3-23　"教师编号"字段作为统计项

（7）单击"下一步"按钮，给交叉表命名为"各系职称情况"。

（8）单击"完成"按钮，显示交叉表查询结果，如图 3-24 所示。

各系职称情况：交叉表查询

系别	副教授	讲师	教授
法律	1	2	1
计算机	1	2	
英语	1	3	1
中文	1	1	1

记录：4　共有记录数：4

图 3-24　各系职称情况

3.3.3　数据源来自多个表的交叉表查询

如果交叉表查询用多个表或查询做数据源，只能在设计视图中完成。下面以一个案例介绍用多个表做数据源创建交叉表查询的方法。

案例 3.9　用多个表做数据源创建交叉表查询

要求：以"教师"表和"工资"表为数据源建立交叉表查询，分组统计各系男、女职工的平均工资。行标题有 2 个：单位编号、系别，其中，单位编号是教师编号的第 1 个字符。交叉表查询命名为"工资分析"。

操作步骤：

（1）打开"工资管理.mdb"数据库，以"教师"表和"工资"表为数据源建立查询，在 2 个表的"教师编号"字段之间连线，以"工资分析"为名保存查询。

（2）选择"查询"→"交叉表查询"菜单项，设计网格区显示"交叉表"行与"总计"行。

（3）在"字段"行第 1 个单元格输入表达式"Left([教师]![教师编号],1)"，新字段名为"单位编号"，"总计"行选"分组"，"交叉表"行选"行标题"。

说明：表达式中如果出现公共字段，要用表名加叹号给字段定界。

（4）将"系别"字段拖入设计网格区，"总计"行选"分组"，"交叉表"行选"行标题"。

（5）将"性别"字段拖入设计网格区，"总计"行选"分组"，"交叉表"行选"列标题"。

(6) 将"基本工资"字段拖入设计网格区,"总计"行选"平均值","交叉表"行选"值"。单击"属性"按钮,"格式"选"固定","小数位数"选"2",如图 3-25 所示。

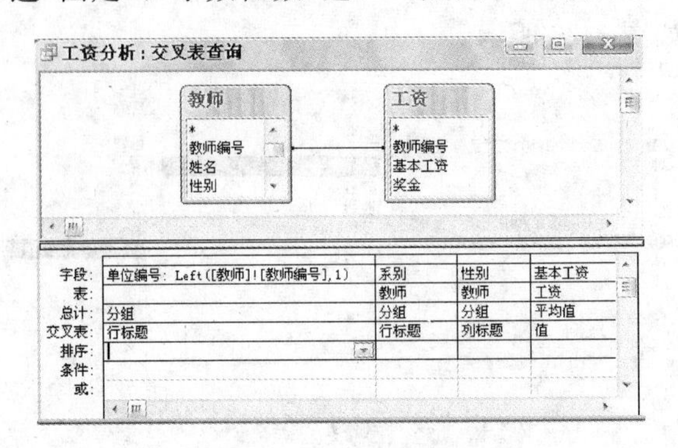

图 3-25　用多个表建立交叉表查询

(7) 转到数据表视图,显示结果如图 3-26 所示。

工资分析：交叉表查询

单位编号	系别	男	女
1	英语	2266.667	2350.000
2	计算机	2233.333	
3	中文	3000.000	3550.000
4	法律	3600.000	2750.000

记录: 4 共有记录数: 4

图 3-26　分组统计各系男、女职工的平均工资

3.3.4 带条件的交叉表查询

创建带条件的交叉表查询,要在设计视图中添加条件字段,做条件的字段不会显示在查询结果中。下面以一个案例介绍创建带条件的交叉表查询的方法。

案例 3.10　创建带条件的交叉表查询

要求:以"教师"表和"工资"表为数据源创建交叉表查询,统计中文系和法律系各职称的奖金总额,查询命名为"中文法律奖金"。

操作步骤:

(1) 打开"工资管理.mdb"数据库,以"教师"表和"工资"表为数据源建立查询,在 2 个表的"教师编号"字段之间连线,以"中文法律奖金"为名保存查询。

(2) 选择"查询"→"交叉表查询"菜单项,定义查询类型为交叉表查询。

(3) 将"系别"字段拖入设计网格区,"总计"行选"分组","交叉表"行选"行标题"。

(4) 将"职称"字段拖入设计网格区,"总计"行选"分组","交叉表"行选"列标题"。

(5) 将"奖金"字段拖入设计网格区,"总计"行选"总计","交叉表"行选"值"。

(6) 将"系别"字段拖入设计网格区,"总计"行选"条件","条件"行输入""中文"Or"法律"",如图 3-27 所示。

(7) 转到数据表视图,显示结果如图 3-28 所示。

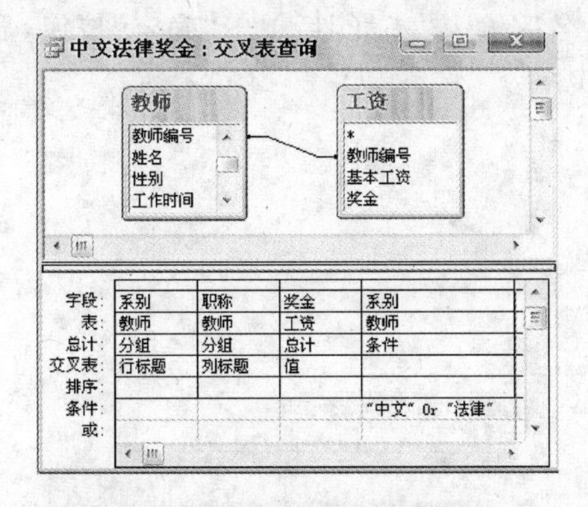

图 3-27　带条件的交叉表查询

中文法律奖金：交叉表查询

系别	副教授	讲师	教授
法律	1350	3375	2250
中文	1350	1912.5	1650

记录：1　共有记录数：2

图 3-28　中文系和法律系各职称的奖金总额

3.4　参数查询

参数查询提供了更加灵活的查询方法，输入的参数不同，显示的结果也不同。

创建参数查询在选择查询中完成，在字段的“条件”行中输入参数提示，执行时首先显示对话框，提示用户输入参数值，然后按用户给出的数据查找并显示符合条件的记录。

参数通常是完整的字段值，也可以是字段的部分值，或者窗体控件中的值。例如，参数是“学生信息”窗体中“xb”控件的值，在“条件”行中写表达式如下：

```
[forms]![学生信息]![xb]
```

其中，forms代表窗体类，“学生信息”是窗体名称，xb是控件名称。

参数查询分为单参数查询和多参数查询2种。

3.4.1　单参数查询

创建单参数查询，就是在字段中指定一个参数，执行查询时，输入一个参数值，查找并显示符合参数要求的记录。

下面用一个案例介绍单参数查询的创建方法。

案例3.11　创建单参数查询

要求：以姓名为参数，显示该记录的“姓名”、“性别”、“爱好”字段，其中，“爱好”是新字段名。查询命名为“用姓名查询”。

操作步骤：

(1) 打开“成绩管理.mdb”数据库，以“学生信息”表为数据源建立查询，以“用姓名查询”为名保存查询。

(2) 将“姓名”、“性别”、“备注”字段拖入设计网格区，给“备注”字段建立新字段名“爱好”。

(3) 在“姓名”字段的“条件”行写参数提示“请输入姓名：”，并将提示用方括号括起来，如图3-29所示。

(4) 转到数据表视图,对话框提示“请输入姓名”,输入“王舒”后单击“确定”按钮,显示结果如图 3-30 所示。

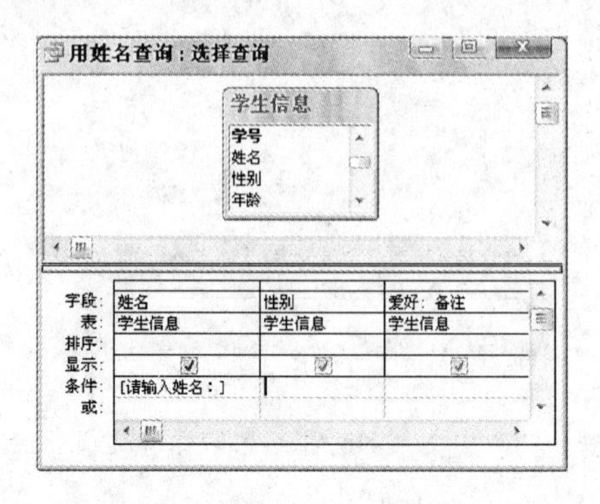

图 3-29 在“条件”行中写参数提示(1)

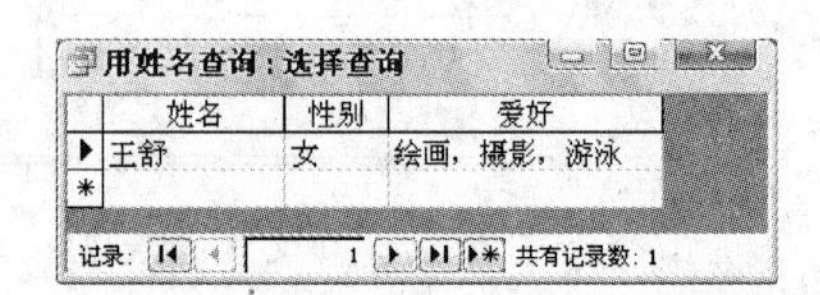

图 3-30 根据参数值显示查询结果

3.4.2 参数是字段部分值

前面案例中,输入的参数是字段中完整的值,如果用字段的部分值做参数,“条件”行中要输入特定表达式。

下面用一个案例介绍参数是字段部分值的参数查询创建方法。

案例 3.12 参数是字段的部分值

要求:用参数查询查找“有绘画爱好”的记录,显示字段为“姓名”、“性别”、“爱好”,其中,“爱好”是新字段。查询命名为“用爱好查询”。

操作步骤:

(1) 打开“成绩管理. mdb”数据库,以“学生信息”表为数据源建立查询,以“用爱好查询”为名保存查询。

(2) 将“姓名”、“性别”、“备注”字段拖入设计网格区,并给“备注”字段建立新字段名“爱好”。

(3) 在“爱好”字段的“条件”行输入表达式“Like" * "+[请输入爱好:]+" * "”,如图 3-31 所示。

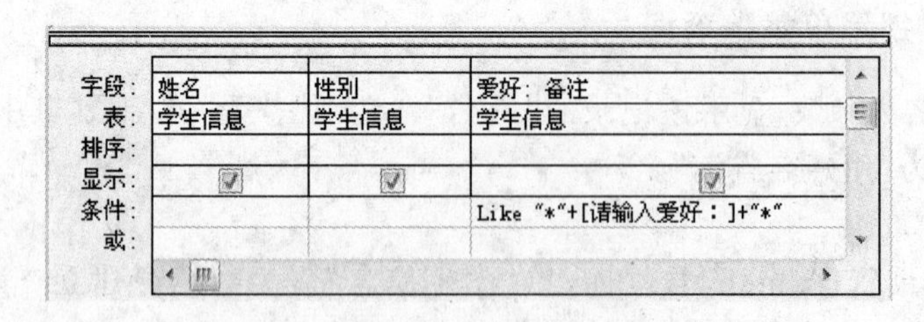

图 3-31 在“条件”行中写参数提示(2)

(4) 转到数据表视图,对话框提示“请输入爱好”,输入“绘画”后单击“确定”按钮,显示结果如图 3-32 所示。

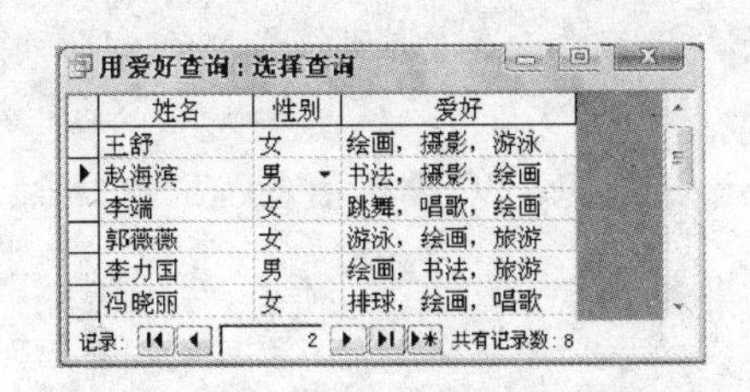

图 3-32 参数是字段部分值的查询结果

3.4.3 参数是条件表达式的值

条件表达式的值也可以用来做参数，根据不同的值查找不同的记录。下面介绍的案例中，参数是条件表达式的值。

案例 3.13 参数是条件表达式的值

要求：用参数查询查找“入校日期是 1 号”的记录，显示“姓名”和“入校时间”字段。查询命名为“用入校时间查询”。

操作步骤：

(1) 打开“成绩管理.mdb”数据库，以“学生信息”表为数据源建立查询，以“用入校时间查询”为名保存查询。

(2) 将“姓名”和“入校时间”字段拖入设计网格区。

(3) 在“入校时间”字段的“条件”行输入“Day([入校时间])=[请输入日期：]”，如图 3-33 所示。

(4) 转到数据表视图，对话框提示“请输入日期”，输入“1”，单击“确定”按钮，显示结果如图 3-34 所示。

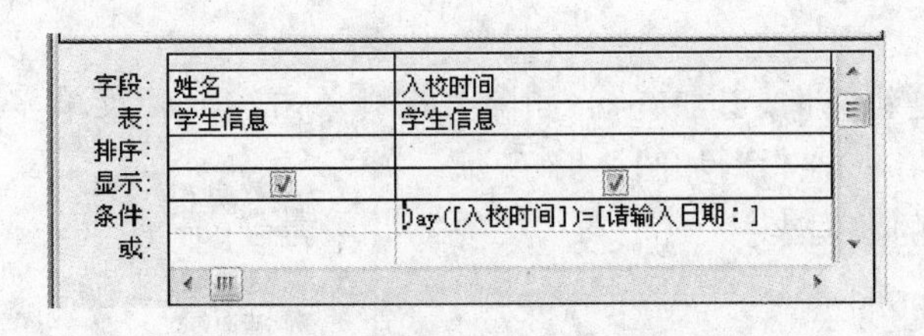

图 3-33 参数是条件表达式的值

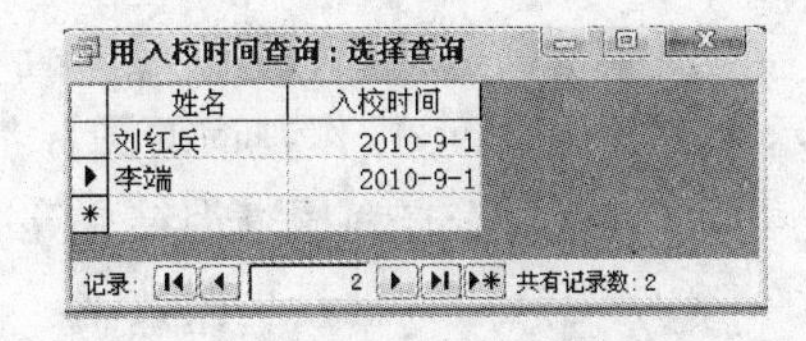

图 3-34 查找 1 号入校的记录

3.4.4 多参数查询

多参数查询在多个字段中指定参数，执行时提示对话框从左到右依次显示，用户则依次输入参数，最后根据多个参数的值显示查询结果。

下面用一个案例介绍多参数查询的创建方法。

案例 3.14 多参数查询

要求：以班级和性别为参数，显示“班级”、“姓名”、“性别”字段，其中，“班级”是新字段，取“学号”字段的第 6 个字符。查询命名为“用班级性别查询”。

操作步骤：

(1) 打开“成绩管理.mdb”数据库，以“学生信息”表为数据源建立查询，以“用班级性别查询”为名保存查询。

(2) 在“字段”行第 1 个单元格输入“Mid([学号],6,1) ”，写新字段名为“班级”，在“班级”字段“条件”行写参数提示“[请输入班级：]”。

(3) 将“姓名”字段拖入设计网格区。

(4) 将“性别”字段拖入设计网格区，“条件”行写参数提示“[请输入性别：]”，如图 3-35 所示。

(5) 转到数据表视图，“班级”参数输入“1”，“性别”参数输入“男”，查询结果如图 3-36 所示。

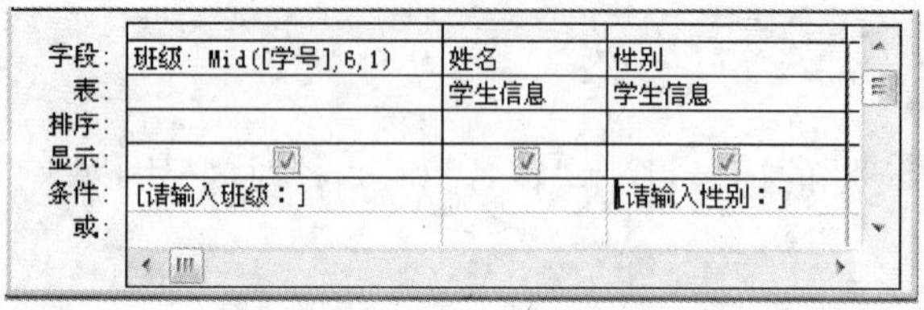

字段:	班级: Mid([学号],6,1)	姓名	性别
表:		学生信息	学生信息
排序:			
显示:	☑	☑	☑
条件:	[请输入班级：]		[请输入性别：]
或:			

图 3-35 多参数查询条件设置

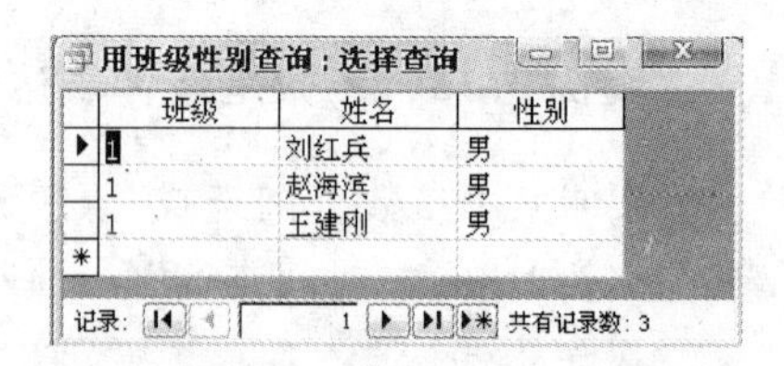
用班级性别查询：选择查询

班级	姓名	性别
1	刘红兵	男
1	赵海滨	男
1	王建刚	男

记录: 1 共有记录数: 3

图 3-36 用班级性别查询

3.5 操作查询

操作查询能对一个或多个记录进行更新和删除，还能生成表和向指定表中追加记录。

3.5.1 认识操作查询

操作查询包括 4 种：生成表查询、更新查询、追加查询、删除查询。单击“查询”菜单显示所有操作查询，操作查询的图标都带有一个叹号，如图 3-37 所示。

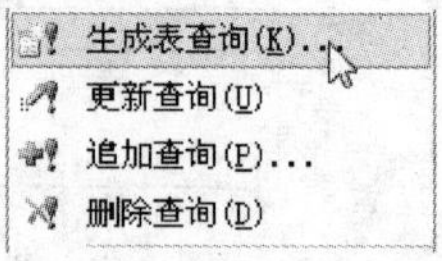

生成表查询(K)...
更新查询(U)
追加查询(P)...
删除查询(D)

图 3-37 操作查询的图标都带有一个叹号

(1) 生成表查询用查询结果建立新的数据表。

(2) 更新查询批量更改数据。

(3) 追加查询将一批记录追加到另一个表的尾部。

(4) 删除查询批量删除记录。

操作查询必须运行后才能生效。单击“运行”按钮 ! ，或用“查询”菜单的“运行”命令，都能使查询运行一遍。因为操作查询会引起数据的批量更改，并且不能撤销，所以执行操作查询时要特别慎重。

3.5.2 生成表查询

生成表查询将查询结果保存成数据表，使查询结果由一个动态数据集变为静态数据表。生成表查询的数据源可以来自几个表或查询，新数据表不继承数据源表的关键字属性。

生成表查询既能将新表生成在当前数据库中，也能将新表生成在其他数据库中。

1. 在当前数据库中将查询结果生成表

下面用一个案例介绍将查询结果在当前数据库中生成表的方法。

案例 3.15 在当前数据库中将查询结果生成表

要求：以“学生信息”表为数据源生成“男学生”数据表，数据表只包含性别为“男”的记录，字段有班级、姓名、性别、出生年。其中，“班级”字段取“学号”字段的第 6 个字符。

操作步骤：

(1) 打开“成绩管理.mdb”数据库，以“学生信息”表为数据源建立查询。

(2) 在“字段”行第 1 个单元格输入“Mid([学号],6,1) ”，写新字段名为“班级”。

(3) 双击“姓名”和“性别”字段，在“性别”字段的“条件”行写“男”。

(4) 在“字段”行第 4 个单元格输入“Year(Now())－[年龄]”，新字段名为“出生年”，如图 3-38 所示。

字段:	班级: Mid([学号],6,1)	姓名	性别	出生年: Year(Now())-[年龄]
表:		学生信息	学生信息	
排序:				
显示:	☑	☑	☑	☑
条件:			"男"	
或:				

图 3-38 选字段并设置条件

(5) 选择“查询”→“生成表查询”菜单项，在“生成表”对话框输入新表名称“男学生”，单击“确定”按钮，如图 3-39 所示。

图 3-39 “生成表”对话框

(6) 单击“运行”按钮 ，在系统提示对话框中单击“是”按钮，如图 3-40 所示。

(7) 当前查询保存为“查询 1”，关闭查询。

(8) 用 F11 键切换到数据库窗口，打开“男学生”表，如图 3-41 所示。

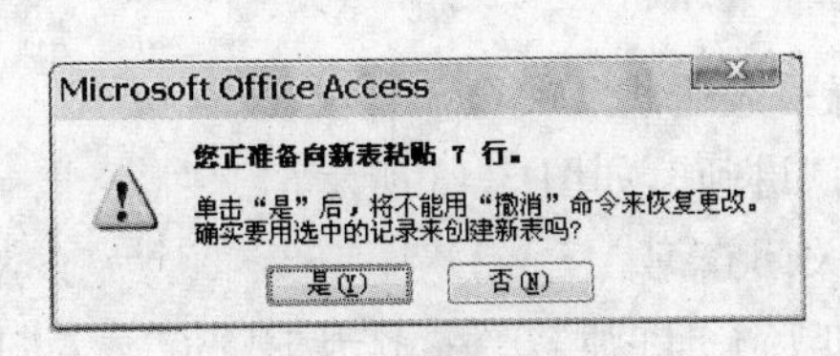

图 3-40 显示系统提示

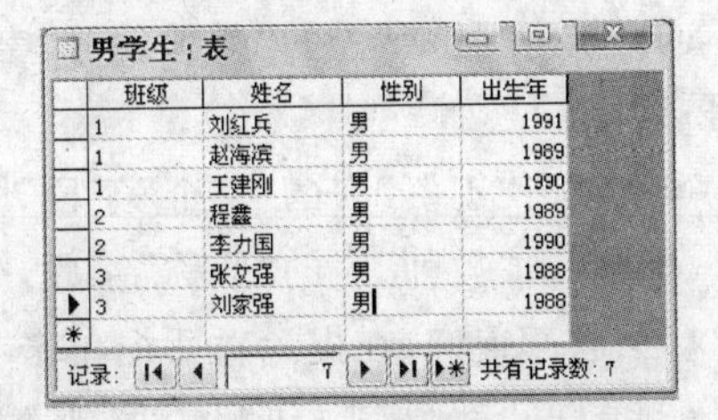
男学生：表

班级	姓名	性别	出生年
1	刘红兵	男	1991
1	赵海滨	男	1989
1	王建刚	男	1990
2	程鑫	男	1989
2	李力国	男	1990
3	张文强	男	1988
3	刘家强	男	1988

记录: 7 共有记录数: 7

图 3-41 新生成的“男学生”表

2. 将当前查询结果在其他数据库中生成表

下面用一个案例介绍将当前查询结果在其他数据库中生成表的方法。

案例 3.16 将当前查询结果在其他数据库中生成表

要求：将当前数据库“成绩管理.mdb”的“查询 1”在“工资管理.mdb”数据库中生成“男学生”表。

操作步骤：

(1) 打开“成绩管理.mdb”数据库，用设计视图打开“查询 1”。

(2) 单击“查询类型”按钮的向下箭头，选“生成表查询”，显示“生成表”对话框。

(3) 表名称输入“男学生”。选中“另一数据库”单选按钮，单击“浏览”按钮，选择“工资管理.mdb”数据库文件，单击“确定”按钮，则该文件及文件路径显示在“文件名”文本框中，如图 3-42 所示。

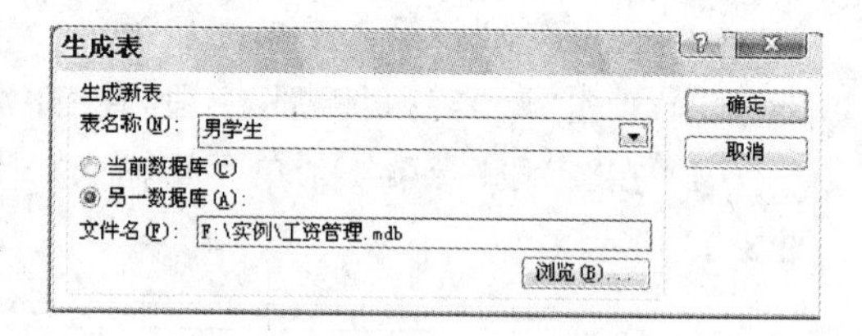

图 3-42 在另一库中生成新表

(4) 单击“运行”按钮，打开“工资管理.mdb”，“男学生”表在数据库中。

3.5.3 更新查询

更新查询是成批修改记录的查询，可以同时更新多个表和多个字段的值。执行更新查询以后，无法用“撤销”命令取消所做的更新。

在设计网格区，只放入做条件的字段和需要更新的字段。

下面用一个案例介绍更新查询的创建方法。

案例 3.17 创建更新查询

要求：以“教师”表和“工资”表为数据源建立更新查询，将职称为讲师的“教师编号”字段前加“讲师”二字，并将讲师的奖金增加 50%。

操作步骤：

(1) 打开“工资管理.mdb”数据库，以“教师”表和“工资”表为数据源建立查询。

(2) 给 2 个表的“教师编号”字段建立连线，以“讲师更新”为名保存查询。

(3) 选择“查询”→“更新查询”菜单项，设计网格区显示“更新到”行。

(4) 双击“教师”表的“教师编号”字段，“更新到”行写表达式“"讲师"+[教师]![教师编号]”。

(5) 双击“工资”表的“奖金”字段，“更新到”行写表达式“[奖金]+[奖金]*0.5”。

(6) 双击“教师”表的“职称”字段，“条件”行写“讲师”，如图 3-43 所示。

(7) 运行查询，在提示对话框单击“是”按钮，关闭查询。

(8) 打开“教师”表，讲师的“教师编号”字段加上了“讲师”二字，打开“工资”表，讲师的“奖金”字段数值增加了 50%。“教师”表如图 3-44 所示。

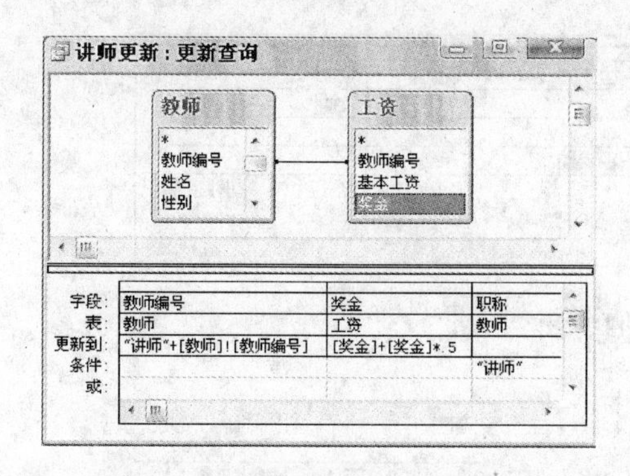

图 3-43 同时更新 2 个字段的值

教师：表

教师编号	姓名	性别	工作时间	学历	职称	系别
3001	赵大勇	女	1987-10-14	研究生	教授	中文
3002	刘立丰	女	1988-9-12	本科	副教授	中文
4002	张成	男	1980-5-23	本科	教授	法律
4003	李鹏举	男	1989-12-29	本科	副教授	法律
讲师1001	马淑芬	女	1997-2-12	本科	讲师	英语
讲师1002	章程	男	1999-11-13	研究生	讲师	英语
讲师1004	王成里	男	1996-4-23	本科	讲师	英语
讲师2001	赵大鹏	男	1998-12-1	本科	讲师	计算机
讲师2003	张晓芸	男	2000-12-13	研究生	讲师	计算机

记录：1 共有记录数：15

图 3-44 更新后的"教师"表

3.5.4 追加查询

追加查询能将一个或多个表中符合条件的记录追加到另一个表的尾部。

在追加查询的字段列表区只放提供字段的表，被追加的表不要放入字段列表区，否则影响操作结果。

追加字段与被追加表的对应字段要类型匹配。被追加的表既可以在当前数据库中，也可以在其他数据库中。

下面用一个案例介绍向当前数据库表追加记录的方法。

案例 3.18 向当前数据库表追加记录

要求：以"教师"表为数据源建立追加查询，将职称为教授或副教授的记录追加到空表 temp 中，temp 表有 3 个字段：姓、名、职称系别。

操作步骤：

(1) 打开"工资管理.mdb"数据库，以"教师"表为数据源建立查询，以"追加查询"为名保存查询。

(2) 选择"查询"→"追加查询"菜单项，打开"追加"对话框。"表名称"输入"temp"，单击"确定"按钮，如图 3-45 所示。

图 3-45 被追加的表 temp

(3) "字段"行第 1 个单元格写表达式"Left([姓名],1)"，"追加到"行选"姓"。

(4) "字段"行第 2 个单元格写表达式"Mid([姓名],2)"，"追加到"行选"名"。

(5) "字段"行第 3 个单元格写表达式"[职称]+[系别]"，"追加到"行选"职称系别"。

(6) 双击"职称"字段，"条件"行写""教授"Or"副教授""，如图 3-46 所示。

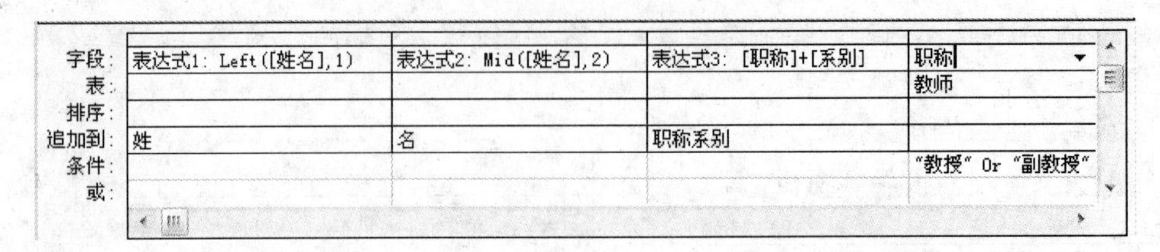

图 3-46　定义追加字段

(7) 运行查询，打开 temp 表，显示结果如图 3-47 所示。

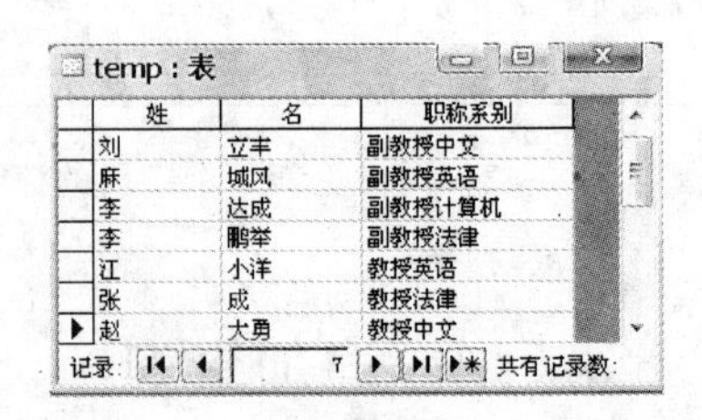

姓	名	职称系别
刘	立丰	副教授中文
麻	城风	副教授英语
李	达成	副教授计算机
李	鹏举	副教授法律
江	小洋	教授英语
张	成	教授法律
赵	大勇	教授中文

图 3-47　追加记录后的 temp 表

3.5.5　删除查询

删除查询能批量删除符合条件的记录。

在删除查询的设计网格区，只放入做删除条件的字段即可。一旦运行删除查询，被删除的记录不能用"撤销"命令恢复。

1. 附加条件的删除查询

下面的案例建立附加条件的删除查询。

案例 3.19　附加条件的删除查询

要求：将"员工"表"简历"字段为空的记录删除。

操作步骤：

(1) 打开"工资管理.mdb"，以"员工"表为数据源建立查询，保存为"删除练习 1"。

(2) 选择"查询"→"删除查询"菜单项，设计网格区显示"删除"行。

(3) 双击"简历"字段，"条件"行中输入"is null"，如图 3-48 所示。

(4) 运行查询，在系统提示框中单击"是"按钮，系统提示框如图 3-49 所示。

(5) 打开"员工"表查看，"简历"字段值为空的记录已被删除。

图 3-48　附加条件的删除查询

图 3-49　删除查询提示框

2. 带参数提示的删除查询

下面的案例建立带参数提示的删除查询。

案例 3.20 带参数提示的删除查询

要求：将姓“王”的记录删除，其中“姓”用参数提示框输入。

操作步骤：

(1) 打开“工资管理.mdb”，以“员工”表为数据源建立查询，保存为“删除练习 2”。

(2) 选择“查询”→“删除查询”菜单项，设计网格区显示“删除”行。

(3) 双击“姓名”字段，“条件”行中输入“Like [请输入姓：]+" * "”，如图 3-50 所示。

(4) 运行查询，输入参数值“王”，在系统提示框中单击“是”按钮。

(5) 打开“员工”表查看，所有姓“王”的记录均被删除。

3. 删除全部记录的删除查询

在删除查询中把字段列表的 * 号拖入设计网格区，运行后就可以删除全部记录，如图 3-51 所示。

图 3-50 带参数提示的删除查询

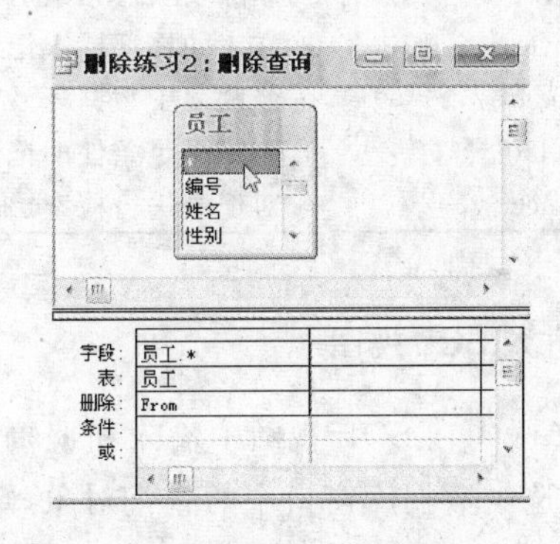

图 3-51 删除全部记录

3.6 SQL 查询

虽然前面介绍的查询都在设计视图中建立，但实际上 Access 最终用 SQL 来完成这些处理，Access 查询中的设计视图只不过是建立在 SQL 查询基础上的一个漂亮界面。

3.6.1 认识 SQL 语言

SQL(Structured Query Language)是结构化查询语言，几乎所有关系型数据库都支持 SQL。有些用查询设计视图无法实现的操作，如联合查询、数据定义查询、传递查询等，只能用 SQL 语句创建。

需要指出的是，SQL 不是通用的编程语言，不能设计“分支”、“选择”等结构。

1. SQL 语言的特点

SQL 查询语言是关系型数据库数据处理的规范，独立于平台，有以下主要特点。

(1) SQL 是一体化语言，包括数据定义、数据操纵、数据查询、数据控制等功能。

(2) SQL 是非过程化语言，只解决“做什么”的问题。

(3) SQL 是共享语言，全面支持客户机/服务器模式。

(4) SQL 易学易用，非常接近于自然语言。

2. SQL 语言的动词

SQL 语言非常简单，只需要很少动词就能完成数据定义、数据查询、数据操纵、数据控制等核心功能，主要动词如表 3-4 所示。

表 3-4 SQL 语言的主要动词

动　词	功　能	说　明
create	定义表结构、视图、索引	属于数据定义
alter	修改表结构、视图、索引	属于数据定义
drop	删除表、视图、索引	属于数据定义
insert	在表的尾部插入记录	属于数据操作
update	修改表中数据	属于数据操作
delete	删除满足条件的记录	属于数据操作
select	对记录进行检索、统计、分组、排序	属于数据查询

3. 进入 SQL 视图

SQL 语句在 SQL 视图中输入和编辑，进入 SQL 视图的步骤如下。

(1) 选中数据库窗口中的查询对象，单击“新建”按钮，选择“设计视图”，在“显示表”对话框直接单击“关闭”按钮。

(2) 单击左上方的 SQL 视图按钮 SQL ▾，显示 SQL 视图窗口。

说明：用设计视图建立的查询都有对应的 SQL 语句，单击 SQL 视图按钮切换到 SQL 视图，就能查看由系统给出的 SQL 语句。SQL 语句必须运行才生效。

4. SQL 的数据类型

SQL 支持的数据类型如表 3-5 所示。

表 3-5 SQL 支持的数据类型

类 型 名	类　型	类 型 名	类　型
byte	字节型	text(n)或 char(n)	文本型，n 表示字段长度
smallint	整型	memo	备注型
integer 或 int	长整型	date	日期型，YYYY-MM-DD 格式
single	单精度型	time	时间型

3.6.2 数据定义语句

用 SQL 数据定义语句可以建立表结构，修改或删除表中的字段，为表建立索引，如表 3-6 所示。

表 3-6 表的数据定义语句

语　句	功　能	语　句	功　能
create table	定义表	drop table	删除表
alter table	修改表	create index	创建索引

1. 定义表

定义表的主要内容是确定表中的字段及字段约束条件，格式如下：

```
create table 表名(字段名 1 类型 约束条件,…,字段名 n 类型 约束条件)
```

说明：常用的字段约束条件如表 3-7 所示。

表 3-7 常用的字段约束条件

约束条件	功　能	说　明
primary key	主键约束，设置字段为主键	写在字段后或单独列出
not null	空值约束，字段值不允许为空	默认允许空值

下面以一个案例介绍如何用 SQL 语句建立表结构。

案例 3.21　用 SQL 语句建立表结构

要求：建立"学籍"表，字段有学号、姓名、年龄。其中，"学号"字段为文本型，长度是 6，是主键；"姓名"字段为文本型，长度是 4，不能为空；"年龄"字段为整型。

操作步骤：

(1) 打开"成绩管理.mdb"，选中查询对象，单击"新建"按钮，选择"设计视图"，在"显示表"对话框直接单击"关闭"按钮。

(2) 单击左上方"SQL 视图"按钮 SQL ▾，显示 SQL 视图窗口。

(3) 在 SQL 视图窗口写语句如下：

```
create table 学籍(学号 text(6) primary key,姓名 text(4) not null,年龄 smallint)
```

对应的 SQL 视图窗口如图 3-52 所示。

(4) 单击"运行"按钮，在设计视图打开"学籍"表，表结构如图 3-53 所示。

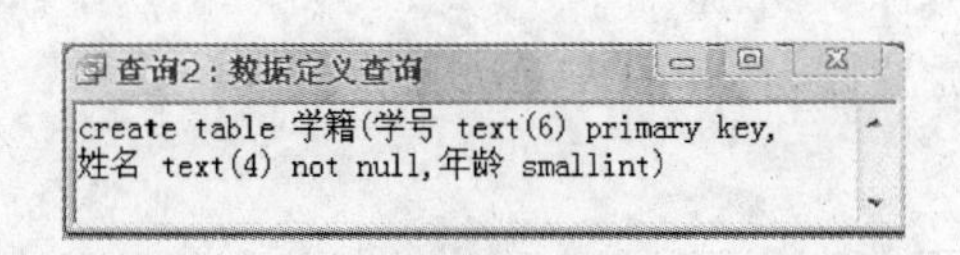

图 3-52　在 SQL 视图窗口输入 SQL 语句

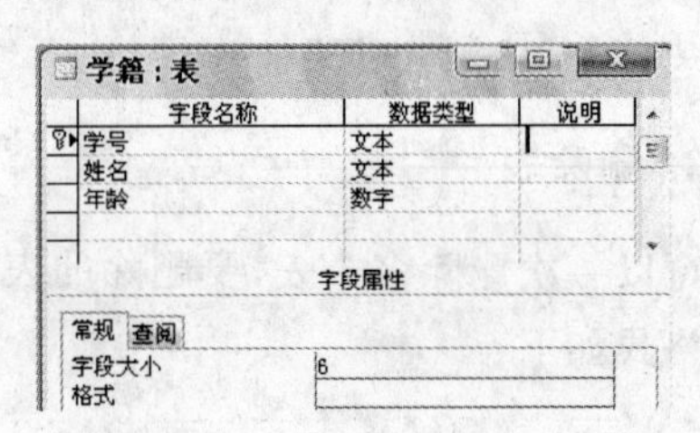

图 3-53　用 SQL 语句建立表结构

说明：主键可以在语句尾部单独定义，如下面的语句所示。

```
create table 学籍(学号 text(6),姓名 text(4) not null,年龄 smallint,primary key(学号))
```

2. 修改表

修改表是针对字段的操作，主要包括添加字段、修改字段属性、删除字段等，但不能更改字段名。在实际使用中，表结构一旦建好就不要轻易变动。

修改表用 alter table 语句实现，对字段的不同操作用不同动词体现，如表 3-8 所示。

表 3-8　用 alter table 语句修改表

动　词	功　能
add	添加字段
alter	修改字段属性
drop	删除字段

(1) 添加字段

向表中一次可以添加多个字段。

格式如下：

```
alter table 表名 add 字段名 1 类型 约束,
                     ⋮
                     字段名 n 类型 约束
```

例如，给“学籍”表添加“成绩”字段和“爱好”字段，类型分别为“单精度”型和“备注”型，语句如下：

```
alter table 学籍 add 成绩 single,爱好 memo
```

(2) 修改字段

一次只能修改一个字段，只能修改字段类型和约束，不能修改字段名。

格式如下：

```
alter table 表名 alter 字段名 类型
```

例如，将“学籍”表的“年龄”字段改为“字节”型，“学号”字段的长度改为 10。语句如下：

```
alter table 学籍 alter 年龄 byte
alter table 学籍 alter 学号 text(10)
```

说明：一次只能运行一个修改语句。

(3) 删除字段

一次可以删除多个字段，但不能删除主键字段。

格式如下：

```
alter table 表名 drop 字段名 1, … ,字段名 n
```

例如，删除“学籍”表的“成绩”字段和“爱好”字段，语句如下：

```
alter table 学籍 drop 成绩,爱好
```

3. 删除表

可以一次删除多个表，要删除的表必须先关闭，打开的表无法删除。

格式如下：

```
drop table 表 1, … ,表 n
```

例如，将“学籍”表和“员工”表删除，语句如下：

```
drop table 学籍,员工
```

4. 给字段建立索引

索引是在数据库表中对一个或多个列的值进行排序的结构，建立索引是加快数据查询的有效手段。记录较多的大表有必要建立索引，便于快速查找和排序记录。

格式如下：

```
create index 索引名 on 表名(字段名 asc|desc)
```

说明：asc是升序，desc是降序，默认值是asc。

例如，给“教师”表的“教师编号”字段建立名为bb的索引，语句如下：

```
create index bb on 教师(教师编号 desc)
```

3.6.3 数据操作语句

数据操作语句是针对记录的，包括插入记录、更新记录、删除记录。

1. 插入记录

用insert语句可以把新记录插入到表的尾部，如果用常量给字段赋值，一次只能插入一条记录。

格式如下：

```
insert into 表名(字段列表) values(值列表)
```

说明：字段列表与值列表要个数相同，类型匹配。

举例如下：

(1) “学生”表有“学号”、“姓名”、“性别”、“入校日期”4个字段，插入一条记录，给记录的全部字段赋值。

```
insert into 学生 values("20100407","张三","男",#2008-9-10#)
```

说明：如果给记录的全体字段赋值，可以省略字段列表部分，只写值列表。

(2) “学生”表有“学号”、“姓名”、“性别”、“入校日期”4个字段，插入一条记录，只给“学号”字段和“姓名”字段赋值，其余为空。

```
insert into 学生(学号,姓名) values("20100408","李四")
```

说明：如果只给记录的部分字段赋值，字段列表部分不能省略。

2. 更新记录

用update语句实现更新记录的操作，可更新全体记录或只更新满足条件的记录。更新操作执行后不可撤销。

格式如下：

```
update 表名 set 字段 1 = 值 1, 字段 2 = 值 2, … where 条件
```

说明：使用 where 短语只更新满足条件的记录，不使用 where 短语则更新全体记录。

举例如下：

(1) 将“学生”表姓名为张三的记录的“入校日期”字段更新为 2010-9-10。

```
update 学生 set 入校日期 = #2010 - 9 - 10# where 姓名 = "张三"
```

(2) 将“学生”表全体记录的“年龄”字段增加 1，“奖学金”字段增加 10%。

```
update 学生 set 年龄 = 年龄 + 1,奖学金 = 奖学金 + 奖学金 * 0.1
```

3. 删除记录

用 delete 语句实现记录的删除操作，可删除全体记录或只删除满足条件的记录。删除操作执行后不可撤销。

格式如下：

```
delete from 表名 where 条件
```

说明：使用 where 短语只删除满足条件的记录，不使用 where 短语则删除全体记录。

举例如下：

(1) 删除“学生”表中“入校日期”字段为空的记录。

```
delete from 学生 where 入校日期 is null
```

(2) 删除“学生”表中“姓李并且性别为男”的记录。

```
delete from 学生 where 姓名 like "李 * " and 性别 = "男"
```

(3) 删除“学生”表中全体记录。

```
delete from 学生
```

3.6.4 数据查询语句

数据查询用 select 语句实现，包括检索记录、统计记录、分组记录、排序记录等。select 语句是 SQL 语言中功能最强大、使用最灵活的语句。

1. select 语句的格式

```
select 字段列表 from 表名列表
where 查询条件
order by 排序项
group by 分组项
```

说明：

(1) 字段列表是显示在查询中的字段，之间用逗号分隔。如果字段列表用 * 号代替，则显示数据表中全体字段。字段列表中可以有统计字段，还可以用 as 指定新字段名。

(2) 表名列表是查询的数据源。如果数据源是 2 个或 2 个以上表,则表名之间用逗号分隔,并在 where 短语中指定表之间的联系。

(3) where 短语用来指定查询条件和表之间的联系。

(4) order by 短语对查询结果排序,排序项是字段名。如果排序项多于一个,之间用逗号分隔。第一排序项排好以后,值相同处按第二排序项排序。desc 为降序,asc 为升序,默认为升序。

(5) group by 短语对字段值分组,用于分组统计。

2. select 语句的应用举例

用设计视图建立的查询都对应一个 select 语句,单击“SQL 视图”按钮就可以看到与当前查询对应的 select 语句,如图 3-54 所示。

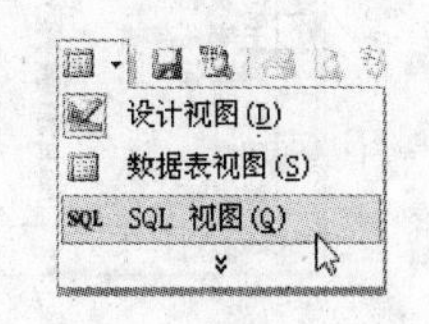

图 3-54　转到 SQL 视图

下面以“学生信息”表和“成绩”表为例,介绍 select 语句的使用方法。

(1) 显示全部字段和全体记录

例如,数据源为“学生信息”表,显示全部字段,显示全体记录。

```
select * from 学生信息
```

(2) 显示部分字段和部分记录

例如,数据源为“学生信息”表,显示字段为姓名、性别、备注,显示有“足球”爱好的记录。

```
select 姓名,性别,备注 from 学生信息 where instr(备注,"足球")<>0
```

运行结果如图 3-55 所示。

(3) 建立新字段

例如,数据源为“学生信息”表,显示字段为班级、姓名、团员否,显示全体团员。

```
select left(学号,6) as 班级,姓名,团员否 from 学生信息 where 团员否 = true
```

运行结果如图 3-56 所示。

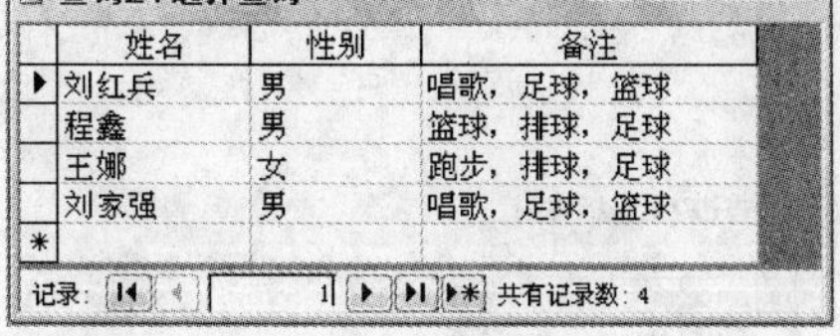

查询2:选择查询

姓名	性别	备注
刘红兵	男	唱歌, 足球, 篮球
程鑫	男	篮球, 排球, 足球
王娜	女	跑步, 排球, 足球
刘家强	男	唱歌, 足球, 篮球

记录: 1 共有记录数: 4

图 3-55　显示有“足球”爱好的记录

查询3:选择查询

班级	姓名	团员否
201001	刘红兵	☑
201001	王建刚	☑
201002	李端	☑
201002	程鑫	☑
201002	李力国	☑
201002	王娜	☑

记录: 1 共有记录数: 8

图 3-56　建立新字段“班级”

(4) 记录排序

例如,数据源为“学生信息”表,显示字段为姓名、性别、年龄。第一排序项为“性别”字段,降序排序;第二排序项为“年龄”字段,降序排序。

```
select 姓名,性别,年龄 from 学生信息 order by 性别 desc,年龄 desc
```

运行结果如图 3-57 所示。

(5) 分组统计

例如,数据源为“学生信息”表,统计男女人数,按“性别”字段分组,显示“性别”字段和“人数”字段。

```
select 性别,count([学号]) as 人数 from 学生信息 group by 性别
```

运行结果如图 3-58 所示。

查询4:选择查询

姓名	性别	年龄
王舒	女	20
冯晓丽	女	19
王娜	女	18
刘家强	男	21
张文强	男	21
程鑫	男	20
赵海滨	男	20

记录: 1 共有记录数: 13

图 3-57 记录排序

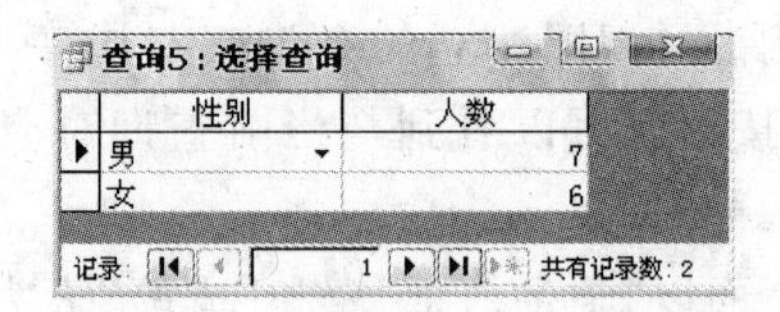
查询5:选择查询

性别	人数
男	7
女	6

记录: 1 共有记录数: 2

图 3-58 分组统计男女人数

说明:本例按字段值分组。

又如,统计每个班的平均年龄,显示“班级”字段和“平均年龄”字段,按“班级”字段分组,按“平均年龄”降序显示。

```
select left(学号,6) as 班级,avg(年龄) as 平均年龄 from 学生信息
group by left(学号,6)
order by avg(年龄) desc
```

运行结果如图 3-59 所示。

说明:本例按表达式的值分组,并按表达式的值排序。

(6) 数据源是多个表

例如,数据源是“学生信息”表和“成绩”表,显示“学号”、“姓名”、“成绩”字段,显示成绩大于等于 80 的记录,按“成绩”字段降序排序。

```
select 学生信息.学号,姓名,成绩 from 学生信息,成绩
where 学生信息.学号 = 成绩.学号 and 成绩> = 80
order by 成绩 desc
```

运行结果如图 3-60 所示。

查询6:选择查询

班级	平均年龄
201003	20.5
201002	19.6
201001	19.25

记录: 1 共有记录数: 3

图 3-59 分组统计各班平均年龄

查询7:选择查询

学号	姓名	成绩
20100204	李力国	90
20100203	郭薇薇	89
20100301	冯晓丽	88
20100304	刘家强	80
20100202	程鑫	80

记录: 1 共有记录数: 5

图 3-60 数据源是多个表

说明:

① 使用多个表要用 where 短语指定连接表的条件。

② 公共字段名前加表名和圆点(.)，称为给字段定界，非公共字段不用定界。

3.6.5　创建子查询

有些查询使用其他查询返回的值作为条件，建立在查询条件中的查询称为子查询。子查询必须放在其他查询中，不能单独作为一个查询。

1. 用子查询返回的值作为条件

下面以一个案例介绍使用子查询的方法。

案例 3.22　用子查询返回的值做条件

要求：以"学生信息"表为数据源，显示"年龄小于平均年龄"的记录，显示字段为姓名、性别、年龄。

操作步骤：

(1) 打开"成绩管理.mdb"，用"学生信息"表为数据源建立选择查询。

(2) 将"姓名"、"性别"、"年龄"字段拖入设计网格区，以"小于平均年龄的人"为名保存查询。

(3) 在"年龄"字段的"条件"行输入"＜(select avg(年龄) from 学生信息)"，如图 3-61 所示。

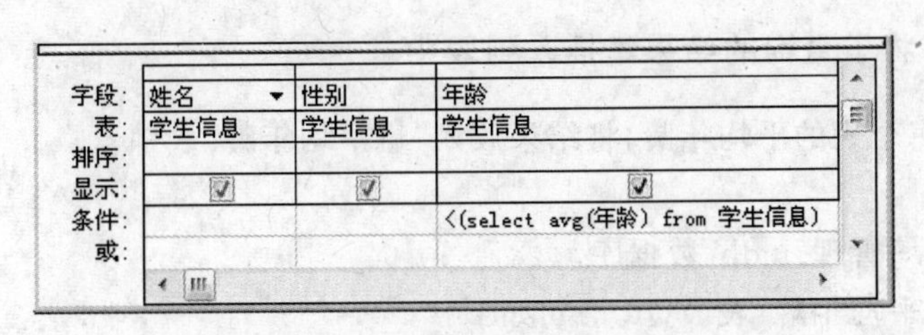

图 3-61　用子查询返回的值做条件

说明：子查询的 select 语句必须用括号括起来。

(4) 转到数据表视图，显示的都是年龄小于平均年龄的记录。

(5) 转到 SQL 视图查看，对应的 SQL 语句如下：

```
SELECT 姓名,性别,年龄 FROM 学生信息
WHERE 年龄<(select avg(年龄) from 学生信息)
```

2. 用子查询检索记录

下面以一个案例介绍用子查询检索记录的方法。

案例 3.23　用子查询检索记录

要求：以"学生信息"表为数据源，检索在"学生信息"表但不在"成绩"表中的记录。

操作步骤：

(1) 打开"成绩管理.mdb"，用"学生信息"表为数据源建立选择查询。

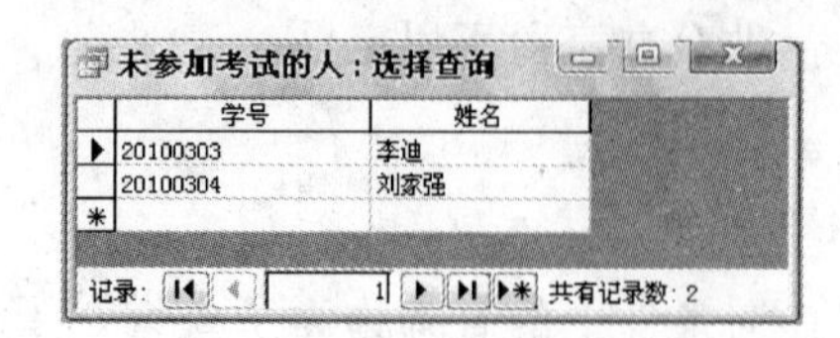

图 3-62 用子查询检索记录

（2）将“学号”和“姓名”字段拖入设计网格区，以“未参加考试的人”为名保存查询。

（3）在“学号”字段的“条件”行输入“not in (select 学号 from 成绩)”。

（4）转到数据表，显示的记录都不在“成绩”表中，如图 3-62 所示。

（5）转到 SQL 视图查看，对应的 SQL 语句如下：

```
SELECT 学号,姓名 FROM 学生信息
WHERE 学号 Not In (select 学号 from 成绩)
```

3. 在表中插入子查询的结果集

前面介绍了用 insert 语句插入记录，但用常量只能一次插入一条记录。如果用子查询，可以一次插入一批记录。

含有子查询的 insert 语句格式如下：

```
insert into 表名(字段列表) 子查询
```

说明：如果对记录的全体字段赋值，可以省略字段列表项。

下面以一个案例介绍将子查询的结果集插入到表中的方法。

案例 3.24 将子查询的结果集插入到表中

要求：计算每个班的平均年龄，将结果放入“班平均年龄”表中。

操作步骤：

（1）打开“成绩管理.mdb”数据库。

（2）建立“班平均年龄”表，SQL 语句如下：

```
create table 班平均年龄(班级 char(6),平均年龄 smallint)
```

（3）运行 SQL 查询，数据库中生成“班平均年龄”表，表中有“班级”和“平均年龄”2 个字段。

（4）清空 SQL 视图窗口，重新输入语句如下：

```
insert into 班平均年龄
select left(学号,6) as 班级,avg(年龄) as 平均年龄 from 学生
信息
group by left(学号,6)
```

图 3-63 将子查询的结果集插入到表中

（5）运行 SQL 查询，子查询结果集插入到“班平均年龄”表中。

（6）打开“班平均年龄”表，如图 3-63 所示。

3.6.6 创建联合查询

联合查询将两个或更多个数据表合并在一起显示，联合查询是集合的并运算。

1. 联合查询的语句结构

```
select 字段列表 1 from 表 1
union all
select 字段列表 2 from 表 2
```

说明：

(1) 使用 all 允许返回重复记录，省略 all 不允许返回重复记录。

(2) 字段列表 1 与字段列表 2 字段个数相同，对应字段类型匹配。

(3) 如果使用 order by 短语，只能放在语句最后，对最终结果排序。

(4) 字段列表中不能包含“OLE 对象”型字段和“备注”型字段。

2. 用联合查询将两个表内容合并显示

下面用一个案例介绍联合查询的使用方法。

案例 3.25 合并显示两个表

要求：将“一班”表中的男同学与“二班”表中的女同学显示在一个查询结果中，显示字段为班级、姓名、性别、年龄，查询结果按“班级”字段降序显示。

操作步骤：

(1) 打开“成绩管理.mdb”数据库。

(2) 在查询的 SQL 视图窗口输入如下语句：

```
select mid(学号,6,1) as 班级, 姓名, 性别, 年龄 from 一班
where 性别 = "男"
union
select mid(学号,6,1) as 班级, 姓名, 性别, 年龄 from 二班
where 性别 = "女"
order by 班级 desc
```

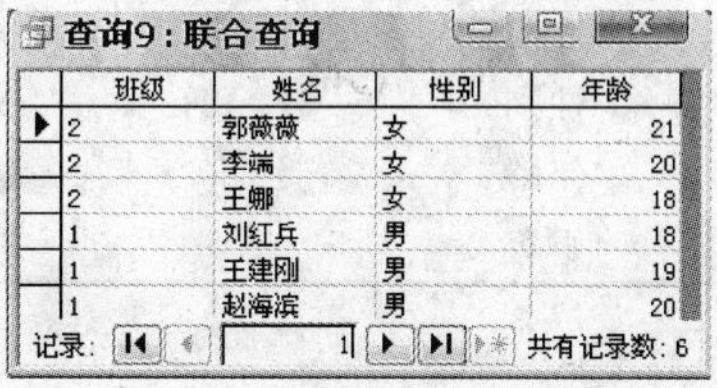

查询9：联合查询

班级	姓名	性别	年龄
2	郭薇薇	女	21
2	李端	女	20
2	王娜	女	18
1	刘红兵	男	18
1	王建刚	男	19
1	赵海滨	男	20

记录: 1 共有记录数: 6

图 3-64 合并显示两个表

(3) 以“查询 9”为名保存查询。

(4) 运行 SQL 查询，显示结果如图 3-64 所示。

习题 3

1. 判断题

(1) 查询也可以用查询做数据源。

(2) 交叉表查询不属于操作查询。

(3) 在追加查询中，可以将被追加的表放入字段列表区。

(4) 默认情况下，选择查询的设计网格区会显示“总计”行。

(5) 操作查询必须运行才能生效。

(6) 查询设计视图窗口的上部分是字段列表区。

(7) 用“向导”建立交叉表查询时，数据源可以是多个表。

(8) 用 alter table 语句可以建立表结构。

(9) 可以在查询中编辑数据源表中的数据。

(10) 删除查询对表的操作是可以撤销的。

2. 填空题

(1) 操作查询包括生成表查询、________查询、追加查询、删除查询。

(2) 用来计数的统计函数的名称是________。

(3) 常用的查询视图有________视图、数据表视图、SQL 视图。

(4) 查询的设计视图窗口分上下两部分，下部分称为________区。

(5) 交叉表查询从________两个方向对字段分组。

(6) 生成表查询将查询结果保存成________。

(7) SQL 的含义是________语言。

(8) 词组 primary key 用来实现字段的________约束。

(9) 用 insert 语句可以把新记录插入到表的________。

(10) 在 order by 短语中用 desc 使排序字段值________显示。

3. 操作题

“工资管理”数据库中有“教师”表和“工资”表，分别如表 3-9 和表 3-10 所示。

表 3-9 “教师”表结构

字 段 名	字 段 类 型	字 段 名	字 段 类 型
教师编号	文本	工作时间	日期/时间
姓名	文本	学历	文本
性别	文本	职称	文本
年龄	数字	系别	文本
婚否	是/否	照片	OLE 对象

表 3-10 “工资”表结构

字段名	字段类型	字段名	字段类型
教师编号	文本	奖金	数字
基本工资	数字	扣除	数字

完成如下操作：

(1) 以 2 个表为数据源建立选择查询，显示字段为姓名、性别、奖金，显示记录为全体记录，查询命名为“查询 1”。

(2) 将“查询 1”改为生成表查询，新表生成在当前数据库中，表名为 teacher。

(3) 以“教师”表为数据源建立选择查询，统计各系人数，显示字段为系别、人数，查询命名为“查询 2”。

(4) 以“工资”表为数据源建立选择查询，建立计算字段“应发”和“实发”，查询命名为“查询 3”。

(5) 以 teacher 表为数据源建立删除查询，删除性别为男的记录，查询命名为“查询 4”，运行查询。

(6) 建立新表 temp，有 3 个字段：姓、名、出生年。以“教师”表为数据源建立追加查询，将处理后的相应值追加到新表 trmp 中，查询命名为“查询 5”。

(7) 以“教师”表为数据源建立交叉表查询，统计并显示各系各职称的人数，查询命名为“查询 6”。

(8) 以“教师”表为数据源建立选择查询，显示年龄小于平均年龄的记录，显示字段为姓名、性别、年龄，平均年龄用子查询求得。

(9) 用 SQL 语句建立“职工”表，该表含有字段如下：

① 编号，文本型，长度为 4，主键。

② 姓名，文本型，长度为 4，不能为空。

③ 性别，文本型，长度为 1。

④ 年龄，整型。

(10) 用 SQL 语句修改“职工”表，增加 2 个字段如下：

① 工作时间，日期型。

② 工资，单精度型。

(11) 用 SQL 语句给“职工”表添加 4 条记录。

(12) 用 SQL 语句给“职工”表的“年龄”字段增加 1。

(13) 用 SQL 语句删除“职工”表中性别为男的记录。

(14) 用 SQL 语句删除“职工”表。

第4章 窗体的设计与使用

窗体是 Access 最主要的操作界面对象，Access 无须编写任何代码就能设计出功能完备的各种窗体。本章主要介绍窗体对象的基本知识与操作方法，包括建立窗体、使用窗体控件、建立计算控件、建立主/子窗体等。

4.1 认识窗体

窗体是应用程序与用户之间的接口，数据库中的对象通过窗体组织起来，成为风格统一、功能全面的数据库应用系统。

4.1.1 窗体的功能

开发一个数据库应用系统，通常用窗体集成数据库所有操作。窗体中显示的数据和可执行的操作都由设计者安排，用户只能通过窗体实现数据维护、人机交互等，大大增加了数据操作的安全性和便捷性。

1. 窗体的主要功能

窗体的主要功能包括以下几方面。

(1) 输入和编辑数据。窗体的数据源是表或查询，通过窗体的输入界面，实现对基本表的输入和编辑操作。

(2) 显示和打印数据。通过窗体的输出界面，以更加灵活的方式显示数据源信息，以及警告和解释信息。

(3) 控制应用程序流程。通过调用函数、过程和宏，完成各种复杂的控制功能。

2. 窗体中信息的种类

窗体中的信息大体分 2 类：一类与数据源绑定，随记录改变；另一类与数据源无关，不随记录改变。

4.1.2 窗体的视图

窗体设计中最常用视图有设计视图、窗体视图、数据表视图。可以采用以下 2 种方法实现不同视图的切换。

方法 1：单击窗口左上角的“视图”按钮，选择一种视图，如图 4-1 所示。

方法 2：单击“视图”菜单，选择一种视图，如图 4-2 所示。

图 4-1　“视图”按钮

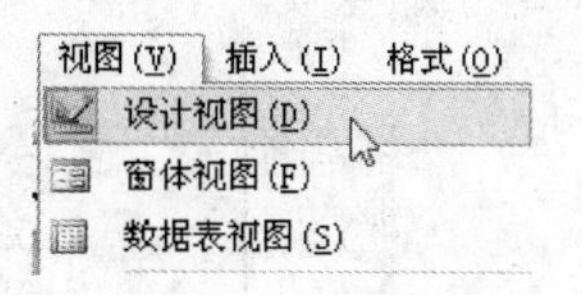

图 4-2　“视图”菜单

(1) 设计视图

设计视图用来创建和修改窗体，调整窗体版面和布局，用工具箱在窗体内添加各种控件，定义数据来源。

(2) 窗体视图

窗体视图用来查看窗体设计的显示效果，并进行输入、编辑、查看数据的操作。

(3) 数据表视图

数据表视图以表格形式显示数据源，显示效果与表对象的数据表视图相似，用来添加、编辑、查找、删除数据。

4.1.3　窗体的类型

Access 的窗体类型共有 7 种，分别是纵栏式窗体、表格式窗体、数据表窗体、主/子窗体、图表窗体、数据透视表窗体、数据透视图窗体。

(1) 纵栏式窗体

纵栏式窗体将一条记录的字段纵向排列，左侧显示字段名。一个窗体在同一时刻只显示一条记录的内容。纵栏式窗体如图 4-3 所示。

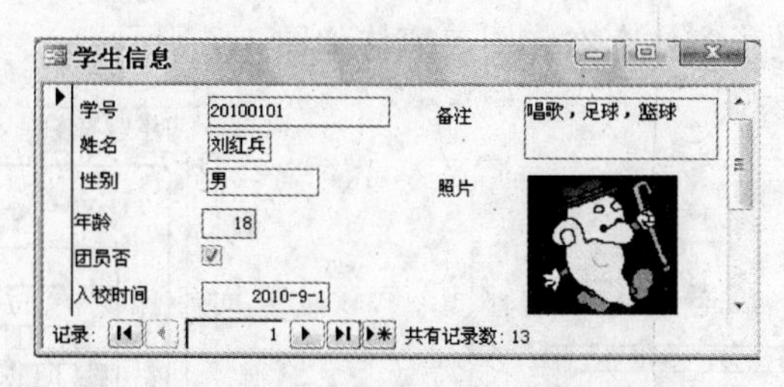

图 4-3　纵栏式窗体

(2) 表格式窗体

表格式窗体将一条记录的字段排成一行显示，一个窗体同一时刻可显示多条记录。表格式窗体如图 4-4 所示。

(3) 数据表窗体

数据表窗体从外观上看与表和查询的显示界面完全相同，一个窗体同一时刻显示多条记录。数据表窗体不能显示“OLE 对象”型字段的内容，通常用来作为一个窗体的子窗体。数据表窗体如图 4-5 所示。

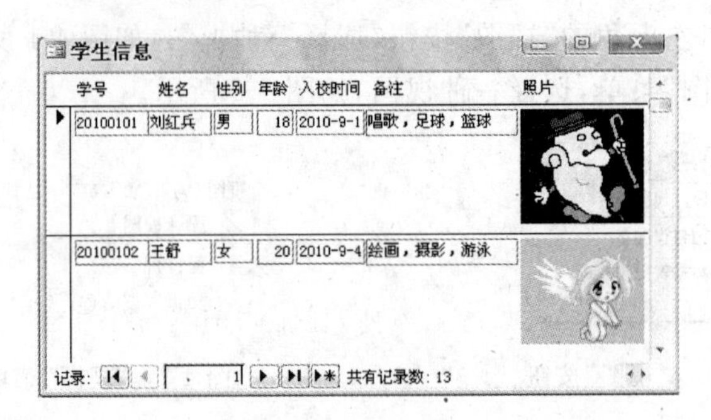

图 4-4 表格式窗体

学生信息

学号	姓名	性别	年龄	团员否	入校时间	备注	照片
20100101	刘红兵	男	18	☑	2010-9-1	唱歌，足球，篮球	位图图像
20100102	王舒	女	20	☐	2010-9-4	绘画，摄影，游泳	位图图像
20100103	赵海滨	男	20	☐	2010-9-5	书法，摄影，绘画	位图图像
20100104	王建刚	男	19	☑	2010-9-3	诗歌，书法，旅游	位图图像
20100201	李端	女	20	☑	2010-9-1	跳舞，唱歌，绘画	位图图像
20100202	程鑫	男	20	☑	2010-9-5	篮球，排球，足球	位图图像
20100203	郭薇薇	女	21	☐	2010-9-3	游泳，绘画，旅游	位图图像

记录: 1 共有记录数: 13

图 4-5 数据表窗体

(4) 主/子窗体

主/子窗体用来显示多个表或查询的内容，窗体中的窗体称为子窗体，包含子窗体的窗体称为主窗体。主/子窗体的 2 个表之间具有一对多关系，“一”端在主窗体显示，“多”端在子窗体显示。当主窗体显示一条记录时，子窗体就会显示该记录的关联信息。主/子窗体如图 4-6 所示。

(5) 图表窗体

图表窗体用图表方式显示数据源，直观地反映数据之间的关系。图表窗体既可以单独存在，也可以作为窗体的子窗体存在。图表窗体如图 4-7 所示。

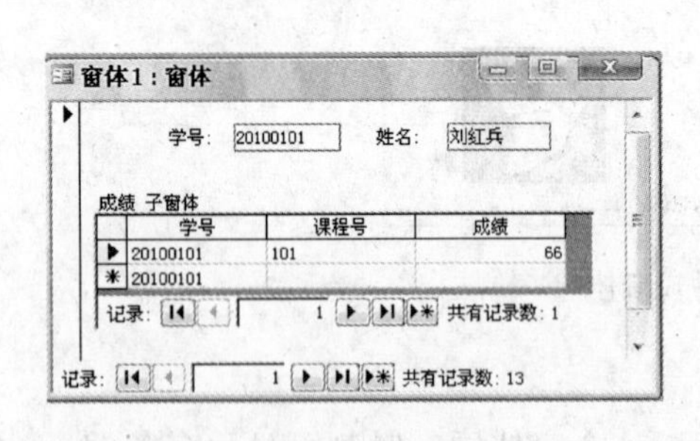

图 4-6 主/子窗体

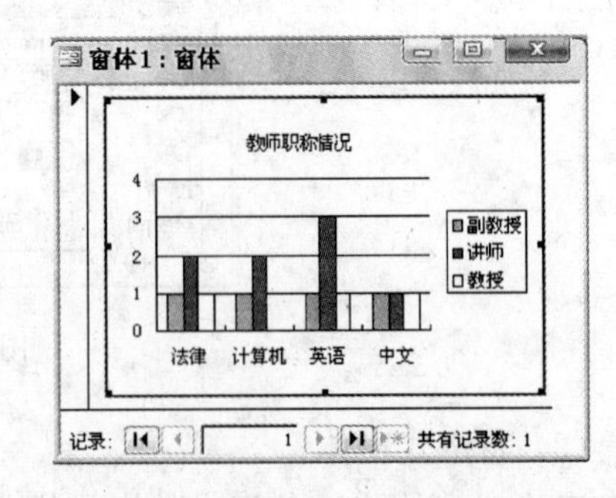

图 4-7 图表窗体

(6) 数据透视表窗体

数据透视表窗体在窗体内显示指定数据源的数据分析表，是专门为 Excel 分析表而建立的窗体形式，它对数据进行的处理是 Access 其他工具无法完成的。

(7) 数据透视图窗体

数据透视图窗体显示数据表的图形分析，与图表窗体有相似之处。

4.1.4 用向导建立简单窗体

下面用一个案例介绍用向导建立简单窗体的方法。

案例 4.1 用向导建立简单窗体

要求：以“学生信息”表为数据源建立窗体，显示表的部分字段。

操作步骤：

(1) 打开“成绩管理.mdb”数据库。

(2) 选中窗体对象，单击“新建”按钮，打开“新建窗体”对话框。选择“窗体向导”，数据源选择“学生信息”表，如图 4-8 所示。

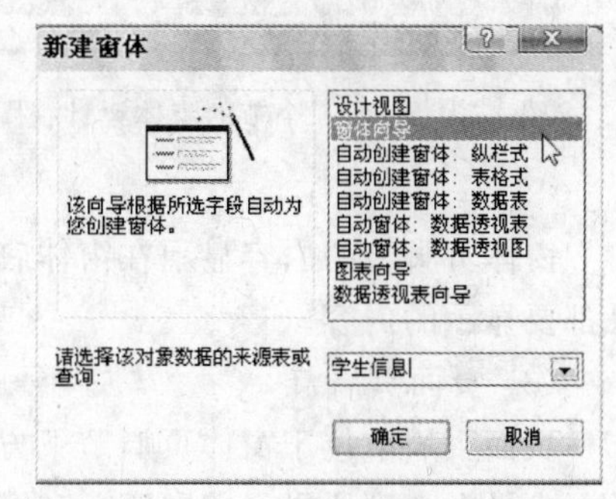

图 4-8 选择“窗体向导”和数据源

(3) 单击“确定”按钮，显示“窗体向导”对话框。

(4) 在“可用字段”列表框选“学号”字段，单击 > 按钮使该字段进入“选定的字段”列表框中，用同样方法将“姓名”、“性别”、“照片”字段加入到“选定的字段”，如图 4-9 所示。

(5) 单击“下一步”按钮，窗体布局选择“纵栏表”，单击“下一步”按钮，窗体样式选择“标准”，单击“下一步”按钮，窗体命名为“学生信息”。

(6) 单击“完成”按钮，显示纵栏式窗体效果，如图 4-10 所示。

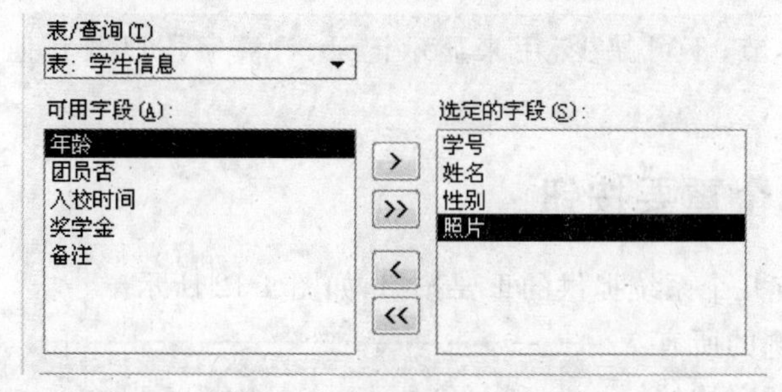

图 4-9 为窗体选定字段

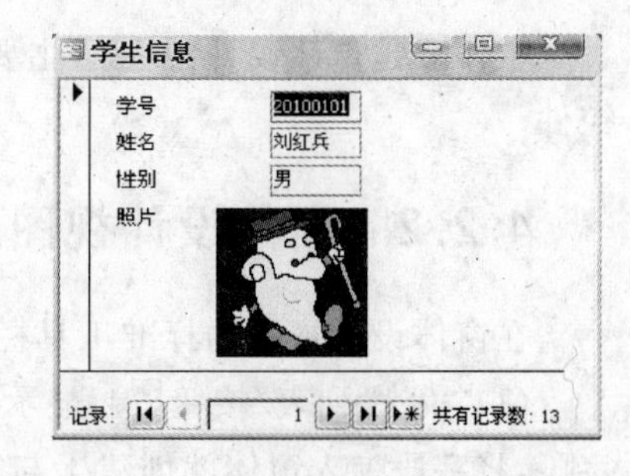

图 4-10 用纵栏式窗体显示记录

说明：窗体下方为记录导航按钮，在窗体中可以查看、添加、修改记录。

4.2 窗体设计视图

创建窗体主要用窗体设计视图，在窗体设计视图中可以按用户需求布局窗体，定义窗体外观，建立控件和确定控件位置。所以，用设计视图创建窗体具有方便直观的特点。

4.2.1 窗体设计视图中的节

完整的窗体设计视图共有 5 个节，包括窗体页眉、页面页眉、主体、页面页脚和窗体页

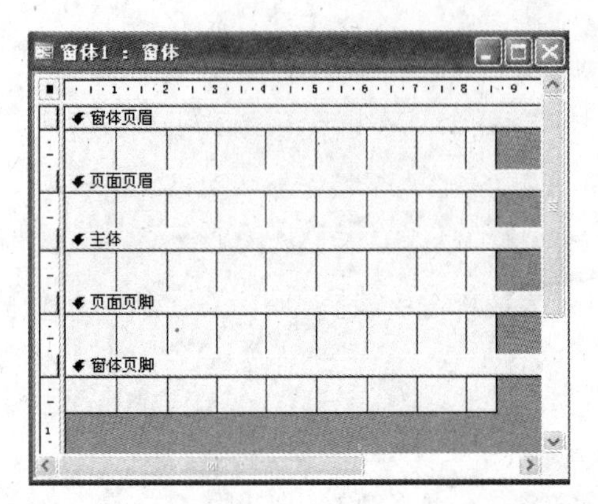

图 4-11 显示 5 个节的窗体设计视图

脚。新建窗体的设计窗口默认只显示“主体”节，可通过以下操作显示/隐藏其他节。

选择“视图”→“页面页眉/页脚”菜单项，显示或隐藏“页面页眉”节和“页面页脚”节。

选择“视图”→“窗体页眉/页脚”菜单项，显示或隐藏“窗体页眉”节和“窗体页脚”节。

显示 5 个节的窗体设计视图如图 4-11 所示。

(1) 窗体页眉节

窗体页眉节的内容显示在窗体顶部，主要用来显示窗体的主题、窗体的使用说明、日期时间等。

(2) 窗体页脚节

窗体页脚节的内容显示在窗体底部，主要用来显示窗体操作的说明信息，以及对所有记录都要显示的内容。

(3) 页面页眉节

页面页眉节位于窗体页眉节下方，主要用来显示窗体打印时的页头信息，包括页标题以及每一页上方都要显示的内容。在窗体设计中很少使用。

(4) 页面页脚节

页面页脚节位于窗体页脚节上方，主要用来显示窗体打印时的页脚信息，包括页码、日期时间以及每一页下方都要显示的内容。在窗体设计中很少使用。

(5) 主体节

主体节是窗体设计视图的主要窗体节，不可缺少，用来显示记录、计算字段以及其他控件。

4.2.2 窗体设计视图的几个重要按钮

在窗体设计视图的标准工具栏中，有几个系统提供的重要按钮，如图 4-12 所示。

图 4-12 窗体设计的几个重要按钮

(1) “字段列表”按钮，显示数据源的所有字段，将字段拖入窗体就创建了与字段绑定的控件，再次单击该按钮关闭字段列表。如果窗体没有数据源，则该按钮不可用。

(2) “工具箱”按钮，显示窗体设计工具箱，窗体的所有控件都由工具箱中的工具生成，再次单击该按钮关闭工具箱。

(3) “自动套用格式”按钮。单击该按钮打开对话框，显示系统提供的窗体自动套用格式，选中其中一个格式，单击“确定”按钮，窗体将自动被格式化。

(4) “代码”按钮。单击该按钮打开编程窗口，显示和编辑窗体包含的程序代码。

(5) “属性”按钮。单击该按钮显示当前控件的属性窗口，窗体及所有控件的属性都在该窗口设置，再次单击该按钮关闭属性窗口。

(6) “生成器”按钮。单击该按钮显示系统提供的生成器。生成器有 3 种：表达式生成器、宏生成器、代码生成器，选定一种生成器将打开相应窗口，输入代码或表达式。

(7)“数据库窗口”按钮。单击该按钮显示数据库窗口。

(8)“新对象”按钮。单击向下按钮选择对象类型，可以打开该类型对象的新建窗口。

4.2.3　窗体设计视图的网格和标尺

窗体设计视图默认显示网格和标尺，给窗体布局提供参考。网格和标尺仅在设计视图中显示。标尺显示在设计窗口左边和上边，网格显示在设计视图中，如图 4-13 所示。

打开“视图”菜单，可以看到“网格”项和“标尺”项前面有对钩，如图 4-14 所示。

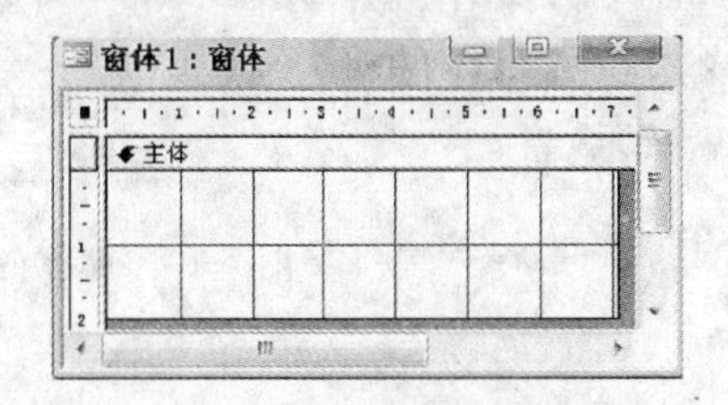

图 4-13　显示网格和标尺的设计视图

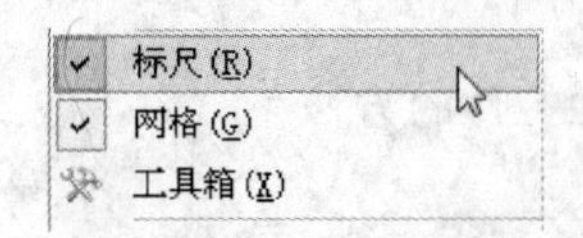

图 4-14　“网格”和“标尺”项前带有对钩

再次单击“网格”项和“标尺”项，取消对钩，设计视图将不再显示网格和标尺。为看得清楚起见，以下的窗体设计多数不显示网格。

不显示网格和标尺的窗体设计视图如图 4-15 所示。

4.2.4　窗体视图

窗体视图用来查看设计效果。窗体视图中有 3 个显示内容是系统默认提供的，它们是记录选定器、导航按钮、分隔线，如图 4-16 所示。

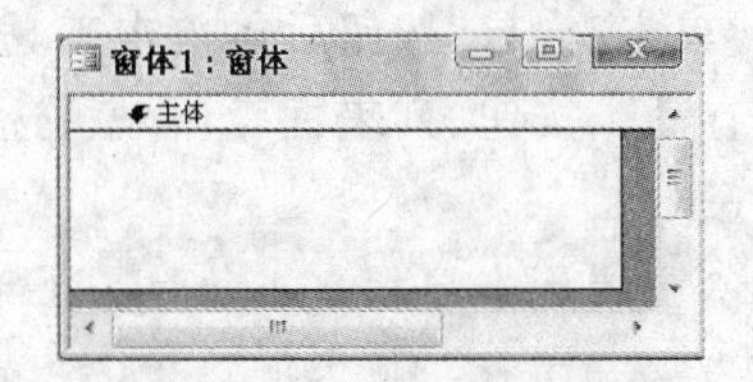

图 4-15　不显示网格和标尺的窗体设计视图

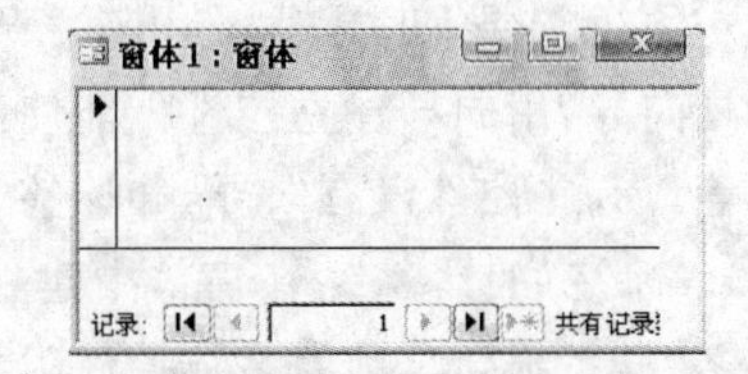

图 4-16　显示记录选定器、导航按钮、分隔线

(1) 记录选定器

记录选定器是窗体左边的纵向直线，直线旁用不同符号标注窗体中当前记录的状态。标注符号 ▶ 表示当前记录已保存，标注符号 ✎ 表示当前记录正在编辑，尚未保存。

(2) 导航按钮

导航按钮是位于窗体最下方的一排按钮，作用与表的数据表视图导航按钮相同。按钮从左到右依次为：第一条记录、上一条记录、下一条记录、最后一条记录、添加新记录。按钮中间有一个文本框，输入数字可直接跳转到指定记录。

(3) 分隔线

分隔线是窗体中的一条水平直线,将窗体主体节内容与其他内容分隔开。

4.2.5 窗体的工具箱

1. 认识工具箱

窗体是容器对象,窗体内包含的对象称为控件,控件由工具箱里的工具生成。工具箱是工具按钮的集合,不同工具生成不同种类的窗体控件。熟练使用工具箱是可视化程序设计的基本技能。

通常情况下,工具箱显示在窗体旁边,将工具箱拖放到设计窗体上方就成为工具栏。工具箱与窗体设计窗口是一体的,隐藏窗体的设计视图窗口,工具箱也同时被隐藏。工具箱如图 4-17 所示。

图 4-17 窗体的工具箱

2. 建立控件的方法

(1) 建立一个控件

单击工具箱中的一个工具,拖动鼠标在设计窗口中画出一块区域,设计窗口生成与工具对应的控件。

(2) 建立多个相同控件

双击一个工具将其锁定,在设计窗口重复画出多个区域,生成多个相同控件。再次单击该工具,或按 Esc 键,可解除锁定。也可以不用锁定方法,逐个生成每一个控件。

3. 工具箱各工具的功能

工具箱中各工具的功能如下。

(1)"选择对象"工具:用来选取对象,包括窗体、节、控件。

(2)"控件向导"工具:用来打开或关闭向导。单击"向导"按钮后再单击工具按钮,打开工具向导,用向导建立控件。能使用向导的控件有命令按钮、列表框、组合框、选项组、子窗体等。有些控件没有向导,如标签、文本框、直线等。

(3)"标签"工具:在窗体中建立标签控件,标签主要用来显示文本。除了手工添加的标签之外,系统会自动为多数控件附加一个标签。

(4)"文本框"工具:在窗体中生成文本框控件,包括绑定文本框、未绑定文本框、计算文本框,用来显示、输入和修改记录。其中,绑定文本框可以从字段列表中直接拖入到设计窗口中生成。

(5)"选项组"工具:在窗体中生成选项组控件,一次操作只能有一个选项值被选中。通常与切换按钮、单选按钮和复选框搭配使用,显示一组可选值。

(6)"切换"工具:在窗体中生成切换按钮控件,通常绑定到"是/否"型数据,用"按下"和"抬起"两种状态显示真和假。

(7)"选项"工具:在窗体中生成单选按钮控件。通常绑定到"是/否"型数据,用"选中"和"未选中"两种状态显示真和假,选中后控件中显示圆点。

(8)"复选"工具:在窗体中生成复选框控件,通常绑定到"是/否"型数据,用"勾选"

和"未勾选"两种状态显示真和假,选中后控件中显示对钩。

(9)"组合框"工具：在窗体中生成组合框控件。使用时单击组合框下拉按钮在值列表中选择。组合框既能选择数据,也能输入数据,通常只显示一行,占用窗体面积较小。

(10)"列表框"工具：在窗体中生成列表框控件。使用时单击列表框中的值列表进行选择。列表框只能选择数据,不能输入数据,通常显示多行,占用窗体面积较大。

(11)"命令按钮"工具：在窗体中生成命令按钮控件,将代码或宏附加到命令按钮的单击事件中,单击命令按钮可完成指定操作。

(12)"图像"工具：在窗体中生成图像控件,用来显示静态图片。

(13)"未绑定对象框"工具：在窗体中生成未绑定对象框控件,显示未绑定的 OLE 对象,如 Excel 表格。

(14)"绑定对象框"工具：在窗体中生成绑定对象框控件,显示绑定的 OLE 对象,如数据表中的照片字段。

(15)"分页符"工具：插入一个分页符控件。窗体中很少使用,主要用在报表中,强制从插入点开始新的一页。

(16)"选项卡控件"工具：在窗体中创建选项卡控件。每个选项卡都是容器,可以放入其他控件。使用选项卡极大地增加了窗体的显示内容。

(17)"子窗体/子报表控件"工具：在窗体中插入子窗体,建立"主/子"窗体,在同一时刻显示多个数据表的数据。如果用于报表,则建立"主/子"报表。

(18)"直线"工具：在窗体或报表中画一条直线,使直线上方的信息显得突出。

(19)"矩形"工具：在窗体或报表中画一个矩形,使矩形里面的信息显得集中。

(20)"其他控件"工具：单击后弹出控件列表,显示其他控件,选择控件后可插入该类型控件到当前窗体,如"日历"控件。

4.2.6 窗体对象的属性窗口

1. 认识属性

属性决定了窗体和控件的外观、数据特性、位置等。每个控件都有一系列属性,不同控件的属性集合也不相同,设置或修改控件的属性在属性窗口完成。

窗体对象的属性窗口如图 4-18 所示。

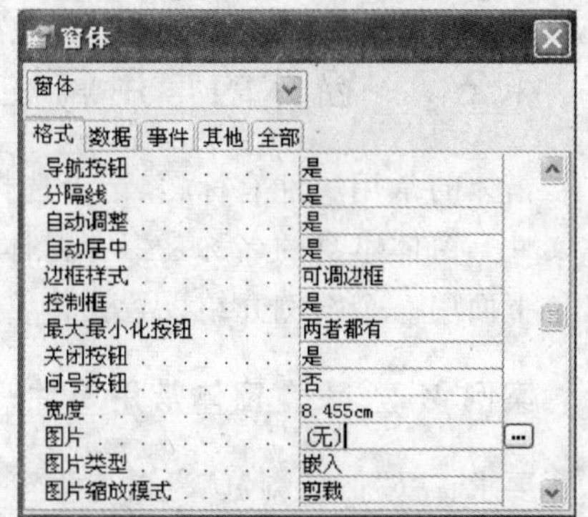

图 4-18 窗体对象的属性窗口

2. 属性窗口

属性窗口上方有一个对象框,单击对象框的向下按钮显示当前窗体所有对象的名称,按名称选取对象,然后在属性窗口设置该对象的属性。

属性窗口提供 5 个选项卡(也称为选项页),包括格式、数据、事件、其他、全部。前 4 个选项卡分别对应属性的 4 个类别,名为"全部"的选项卡则包含全部属性。

定义属性时，首先单击选项卡选定属性类别，然后在类别中选定具体属性，最后给属性赋值。

下面简单介绍各选项卡包含的属性。

(1) “格式”选项卡

“格式”选项卡用来定义控件的显示格式和外观样式。例如，标签控件的格式属性主要有标题、名称、前景色、背景色、宽度、高度、上边界、左边界、字体、字号、字颜色等。其中，“特殊效果”属性用于定义控件显示效果，有6种：平面、凸起、凹陷、蚀刻、阴影、凿痕。

不同控件有不同的格式属性，例如，文本框控件就没有“标题”属性。

(2) “数据”选项卡

“数据”选项卡用来定义控件的数据来源和数据操作的规则。例如，文本控件的数据属性主要有控件来源、输入掩码、有效性规则、默认值等。

有数据输入功能的控件，数据属性比较多。没有数据输入功能的控件，数据属性比较少或没有。例如，标签控件没有数据输入功能，只有一个数据属性。

(3) “事件”选项卡

所谓事件，是系统预先定义好的、能被对象识别的动作。“事件”选项卡中显示当前控件所能识别的动作，例如单击、双击等。

选定事件，在事件右边的输入框中选择宏或过程，当事件发生时会执行宏或过程中的代码，实现预期结果。例如，单击按钮打开指定窗体。

控件拥有事件的多少由控件类型决定。例如，文本框控件的事件比标签控件的事件多。

(4) “其他”选项卡

“其他”选项卡用来定义控件的附加属性，其中最重要的属性是“名称”。名称是一个字符串，每个控件都有“名称”属性，窗体中所有控件的名称都是唯一的，不允许重名。在VBA程序设计中，通过名称来调用控件。

给属性赋值有以下3种方法。

方法1：直接把属性值写在属性右边的输入框中。

方法2：如果属性输入框有向下箭头，单击箭头在值列表中选择。

方法3：如果属性输入框右边有生成器按钮…，单击该按钮，在生成器窗口写表达式。

4.2.7 窗体的常用属性

窗体的常用属性有标题、记录选择器、导航按钮、分隔线、图片、记录源等，子窗体还有名称属性。窗体本身的名称是保存窗体时起的名字，不在属性中设置。

下面用一个案例介绍设置窗体常用属性的方法。

案例4.2 设置窗体常用属性

要求：以“信息浏览”为名建立窗体，在属性窗口选择“学生信息”表为记录源，隐藏窗体的记录选择器和分隔线，窗体标题为“学生信息浏览”。在窗体中显示姓名、性别字段。

操作步骤：

(1) 打开“成绩管理.mdb”数据库，选中窗体对象，单击“新建”按钮，打开“新建窗体”对话框，选择“设计视图”，单击“确定”按钮。

(2) 打开属性窗口，在“对象”框中选“窗体”。

(3) 单击“数据”选项卡，选中“记录源”属性，单击输入框的向下按钮，选择“学生信息”表，如图 4-19 所示。

(4) 单击“格式”选项卡，在“标题”属性框中输入“学生信息浏览”。

图 4-19　在属性窗口选择数据源

(5) “记录选择器”属性选“否”，“分隔线”属性选“否”。

(6) 打开字段列表，将“姓名”和“性别”字段拖入窗体，以“学生信息浏览”为名保存窗体，如图 4-20 所示。

(7) 转到窗体视图，显示结果如图 4-21 所示。

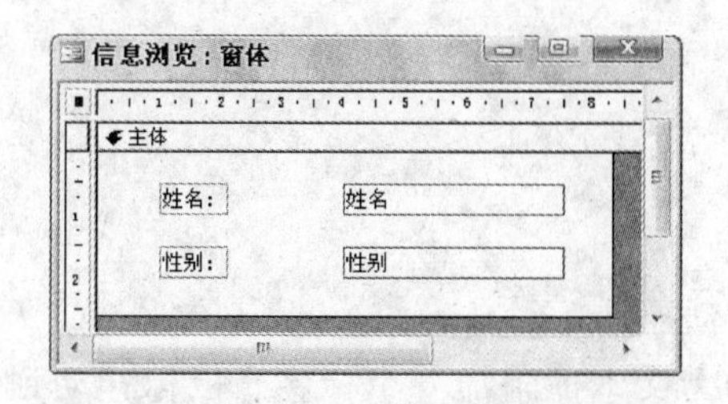

图 4-20　将“姓名”和“性别”字段拖入窗体

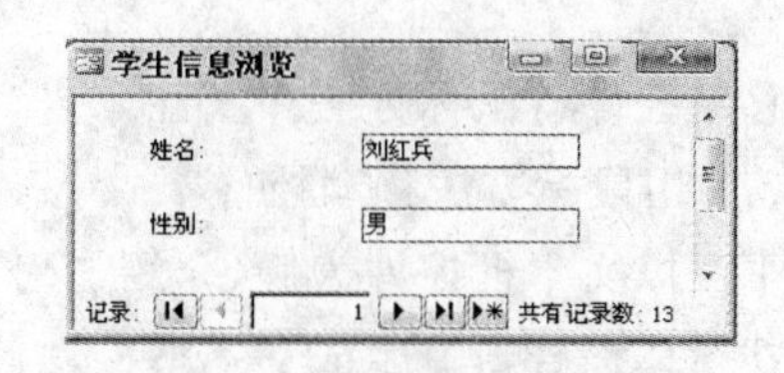

图 4-21　设置窗体属性结果

4.2.8　为窗体添加背景图片

为窗体添加背景图片的方法是：在属性窗口的“对象”框中选择“窗体”，单击“格式”选项卡，选“图片”属性，单击该属性的“生成器”按钮，在磁盘中选择图片，“图片平铺”属性选“是”，效果如图 4-22 所示。

4.2.9　为窗体选择自动套用格式

系统为窗体提供一些固定样式，这些样式就是窗体的自动套用格式。下面的案例介绍为窗体选取自动套用格式的方法。

案例 4.3　用自动套用格式设置窗体样式

要求：用自动套用格式将“学生信息浏览”窗体格式化。

操作步骤：

(1) 在窗体设计窗口打开“学生信息浏览”窗体。

(2) 选择“格式”→“自动套用格式”菜单项，在列表中选“混合”样式，单击“确定”按钮。

(3) 转到窗体视图，显示结果如图 4-23 所示。

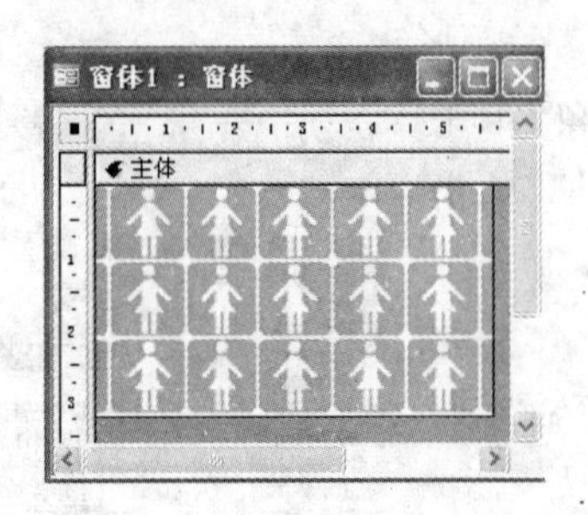

图 4-22 为窗体添加背景图片

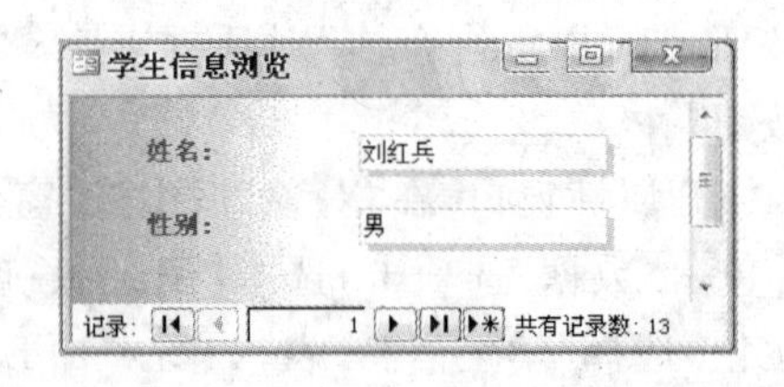

图 4-23 窗体的自动套用格式

4.2.10 控件的布局

控件的布局包括移动控件、调整控件大小、将多个控件对齐、使多个控件大小相同、使多个控件的间距相同,等等。

1. 移动控件

移动控件有鼠标方法和属性方法 2 种。

(1) 用鼠标方法移动控件

下面以文本框控件为例,介绍如何用鼠标移动控件。

在窗体设计窗口生成文本框控件,系统自动为文本框附加一个标签。鼠标移动到控件上方,当鼠标变成手掌形状时拖动控件,文本框与附加标签同时移动,如图 4-24 所示。

把鼠标移动到附加标签的左上角,当鼠标变成手指形状时拖动控件,只移动标签控件。同样方法可以只移动文本框。单独移动标签如图 4-25 所示。

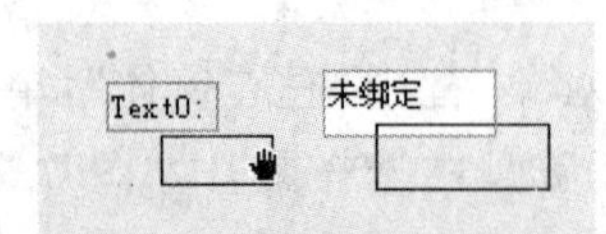

图 4-24 文本框与附加标签同时移动

图 4-25 只移动标签

(2) 用属性方法移动控件

在窗体设计窗口中选定控件,打开属性窗口,单击“格式”选项卡,设置“左边距”属性和“上边距”属性。

2. 调整控件大小

调整控件大小有鼠标方法和属性方法 2 种。

(1) 用鼠标方法调整控件大小

单击一个控件,控件四周显示调节柄,用鼠标拖动边线的调节柄,调整控件的长或宽,用鼠标拖动边角的调节柄,同时调整控件的长和宽,如图 4-26 所示。

(2) 用属性方法调整控件大小

在窗体设计窗口中选定控件,打开属性窗口,单击“格式”选项卡,设置“宽度”属性和“高度”属性。

3. 选取多个控件

选取多个控件有 2 种方法。

方法 1：用鼠标拖出一个矩形，被矩形覆盖或与矩形相交的所有控件都被选中。

方法 2：单击一个控件，按住 Shift 键同时依次单击其他控件，单击的控件都被选中。

4. 对齐多个控件

对齐多个控件有 2 种方法。

方法 1：选取多个控件，选择“格式”→“对齐”菜单项，选一种对齐方式，如图 4-27 所示。

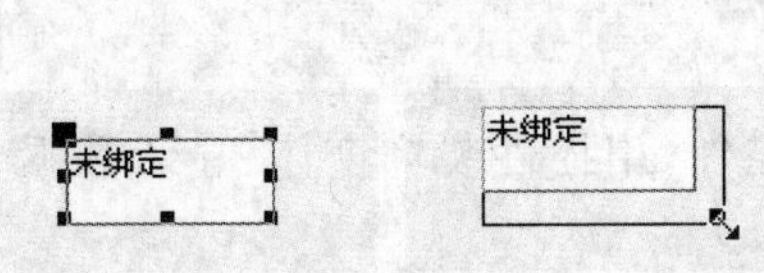

图 4-26 用鼠标拖动边角的调节柄

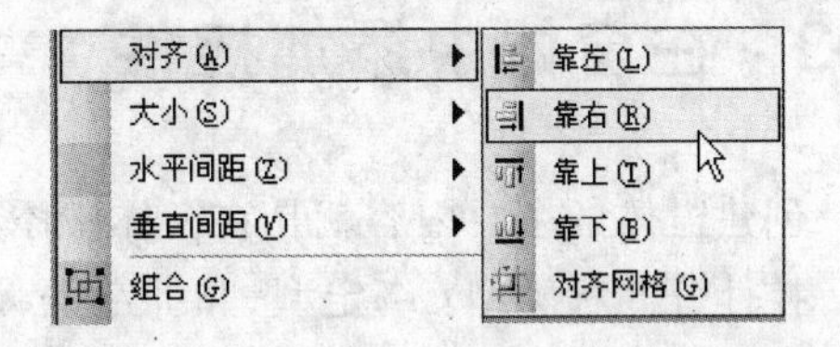

图 4-27 “格式”菜单的“对齐”子菜单

方法 2：用控件的“左边距”和“上边距”属性设置。

5. 使多个控件大小相同

使多个控件大小相同有 2 种方法。

方法 1：选取多个控件，选择“格式”→“大小”菜单项，选一个调整控件大小的方式，如图 4-28 所示。

方法 2：用控件的“宽度”和“高度”属性设置。

6. 设置多个控件的水平间距或垂直间距相同

设置多个控件的水平间距或垂直间距相同可以采用 3 种方法。

方法 1：选取多个控件，选择“格式”→“水平间距”→“相同”菜单项，使多个控件水平间距相同。同理，选取多个控件，选择“格式”→“垂直间距”→“相同”菜单项，使多个控件垂直间距相同，如图 4-29 所示。

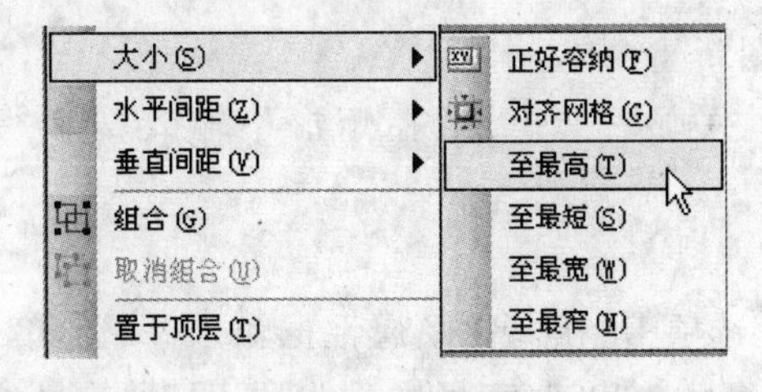

图 4-28 “格式”菜单的“大小”子菜单

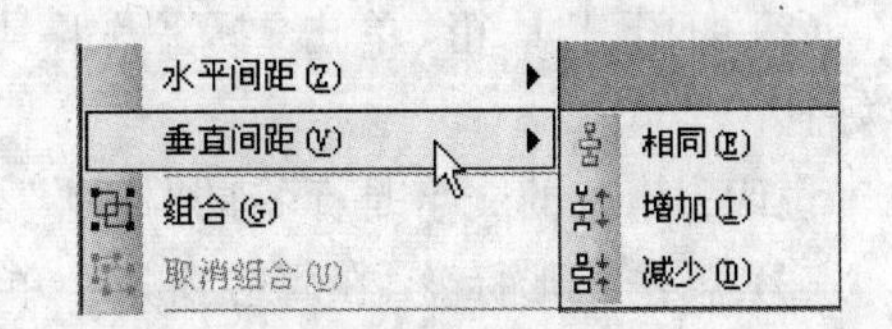

图 4-29 使多个控件垂直间距相同

方法 2：选取多个控件，右击选取的控件，在快捷菜单中选择相应操作。

方法 3：在属性窗口设置控件的“左边距”和“宽度”属性、“上边距”和“高度”属性，也能使多个控件水平间距或垂直间距相同，但这样设置不如菜单方式方便。

7. 复制和删除控件

复制和删除控件用如下方法。

(1) 用键盘。选取控件，按 Ctrl+C 键复制控件，按 Ctrl+X 键剪切控件，按 Ctrl+V 键粘贴控件，按 Del 键删除控件。

(2) 用快捷菜单。右击控件，在快捷菜单中选择“剪切”、“复制”、“粘贴”等操作，删除操作可以用剪切操作代替。

(3) 用菜单。选取控件，在“编辑”菜单中选择“剪切”、“复制”、“粘贴”、“删除”操作。

4.3 在窗体中添加控件

创建窗体的主要内容就是在窗体中添加各种控件，用控件装饰窗体、显示数据、执行操作。控件分 3 种类型：绑定型、非绑定型、计算型。

- 绑定型控件：有控件来源，通常是表或查询的字段。如绑定型文本框控件。
- 未绑定型控件：没有控件来源。如标签控件、直线控件、图像控件等。
- 计算型控件：用表达式作为控件来源，控件显示表达式的结果。计算型控件主要用未绑定型文本框生成，如用未绑定型文本框控件计算并显示“应发工资”。

下面逐一介绍窗体中常用控件。

4.3.1 标签

标签是非绑定控件，主要用来显示文字，没有控件来源。标签显示的内容不随记录的更换而变化。系统会为某些控件自动附加标签。

标签的常用属性包括名称、标题、背景色、前景色、背景样式、字体、字号等。

下面用一个案例介绍建立标签的方法。

案例 4.4 建立标签控件

要求：用标签控件制作立体字。

操作步骤：

(1) 打开“成绩管理.mdb”数据库，用设计视图新建窗体。

(2) 打开工具箱，单击“标签”工具，在窗体中画一个矩形，在矩形中输入文字“新年好!”。

说明：输入的文字是标签的“标题”。

(3) 单击矩形标签，在属性窗口中单击“其他”选项卡，在“名称”属性框输入“b1”；单击“格式”选项卡，“字体名称”属性选“黑体”，“字号”属性选“28”，背景样式选“透明”，“前景色”属性输入“255”。

说明：单击“前景色”属性框右边的生成器按钮，在颜色盒中选红色，属性框中显示 255。如果知道颜色值，可以直接输入。

(4) 在属性窗口的“对象”框中选“窗体”,单击“格式”选项卡,“记录选择器”、“导航按钮”、“分隔线”属性均选“否”,“标题”属性输入“新年好!”,以“标签练习”为名保存窗体。

(5) 单击矩形标签,选择“格式”→“大小”→“正好容纳”菜单项,使标签大小与放大后的字相匹配。

(6) 选中矩形标签,按 Ctrl+C、Ctrl+V 快捷键,建立第二个标签。

(7) 选中第二个标签,“名称”属性设为“b2”,“前景色”属性输入“65280”。说明,65280 是淡绿色的颜色值。

(8) 移动标签 b2 与标签 b1 重叠,选择“格式”→“置于底层”菜单项,使 b2 在 b1 的下方。

(9) 选中 b2,用方向键微调 b2 位置,使两标签的字重叠,产生立体效果,如图 4-30 所示。

图 4-30 标签控件

4.3.2 文本框

文本框是交互式控件,用来显示、输入和编辑数据。文本框有 3 种类型:绑定型、未绑定型、计算型。其中,计算型文本框由未绑定型文本框生成。

文本框控件的常用属性包括名称、控件来源、文本对齐、格式、输入掩码等。

1. 绑定型文本框

绑定型文本框与表或查询中字段绑定,总是显示当前记录的内容,是文本框控件的主要用途。在设计视图中,绑定型文本框中显示绑定字段的名称。

用绑定型文本框可以修改原记录、输入新记录,操作结果会保存到表的相应字段中。

建立绑定型文本框最常用的方法是从字段列表中将字段直接拖入设计窗口,也可以先建立未绑定型文本框,然后给未绑定型文本框设置“控件来源”属性。

下面用一个案例介绍绑定型文本框控件的使用方法。

案例 4.5 绑定型文本框控件

要求:用 2 种方法建立绑定型文本框,显示“学生信息”表的“学号”、“姓名”、“性别”、“年龄”字段。

操作步骤:

(1) 打开“成绩管理.mdb”数据库,在数据库窗口选择窗体对象,单击“新建”按钮,打开“新建窗体”对话框,选择“设计视图”,数据来源选择“学生信息”表,单击“确定”按钮,如图 4-31 所示。

(2) 从字段列表向设计窗口拖入“学号”和“姓名”字段。

(3) 在设计窗口生成未绑定型文本框,附加标签的标题改为“性别”;选取文本框,在属性窗口单击“数据”选项卡,“控件来源”属性选择“性别”,将文本框绑定到“性别”字段。

(4) 用同样方法建立未绑定型文本框,将文本框绑定到“年龄”字段。

(5) 调整各控件大小和布局,以“绑定型文本框”为名保存窗体。

(6) 转到窗体视图,显示结果如图 4-32 所示。

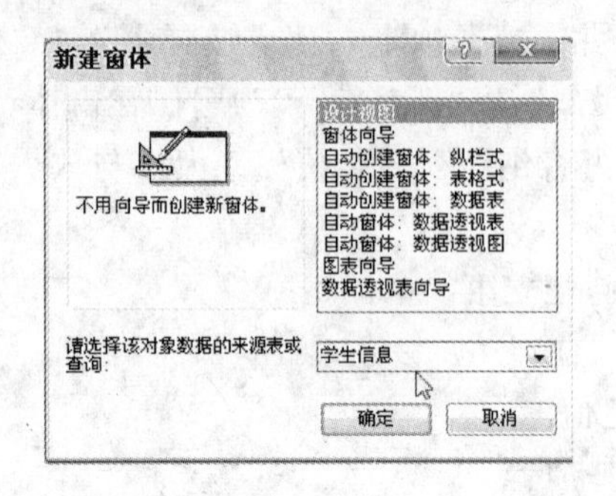

图 4-31 数据来源选择“学生信息”表

图 4-32 绑定型文本框

2. 未绑定型文本框

未绑定型文本框没有控件来源，主要用于接收用户输入的数据。在设计视图中，未绑定型文本框中显示“未绑定”字样。

下面用一个案例介绍未绑定型文本框控件的用法。

案例 4.6 未绑定型文本框控件

要求：建立 2 个未绑定型文本框，用来输入姓名和密码。

操作步骤：

(1) 打开“成绩管理.mdb”数据库，用设计视图新建窗体，以“未绑定型文本框”为名保存窗体。

(2) 建立未绑定型文本框，附加标签标题改为“请输入姓名”，文本框名称为“t1”。

(3) 建立未绑定型文本框，附加标签标题改为“请输入密码”，文本框名称为“t2”。

(4) 选中文本框 t2，单击属性窗口“数据”选项卡，“输入掩码”属性输入“密码”。

(5) 转到窗体视图，输入姓名和密码，显示结果如图 4-33 所示。

图 4-33 未绑定型文本框

3. 计算型文本框

计算型文本框用来显示表达式的计算结果，表达式可以包含字段名、控件名、函数。计算型文本框中的表达式要从等号(=)开始。

计算型文本框必须用未绑定型文本框建立，删除文本框中“未绑定”字样，写入表达式。下面用一个案例介绍计算型文本框控件的建立方法。

案例 4.7 计算型文本框控件

要求：建立计算型文本框，显示实发工资。

操作步骤：

(1) 打开"工资管理.mdb"数据库,以"工资"表为数据源新建窗体,以"计算文本框"为名保存窗体。

(2) 从字段列表中拖入"教师编号"、"基本工资"、"奖金"3个字段。

(3) 建立未绑定型文本框,附加标签的标题改为"实发工资",文本框名称为"t1",删除文本框中"未绑定"字样,在文本框中输入表达式"=[基本工资]+[奖金]"。

(4) 布局窗体,如图4-34所示。

(5) 转到窗体视图,显示结果如图4-35所示。

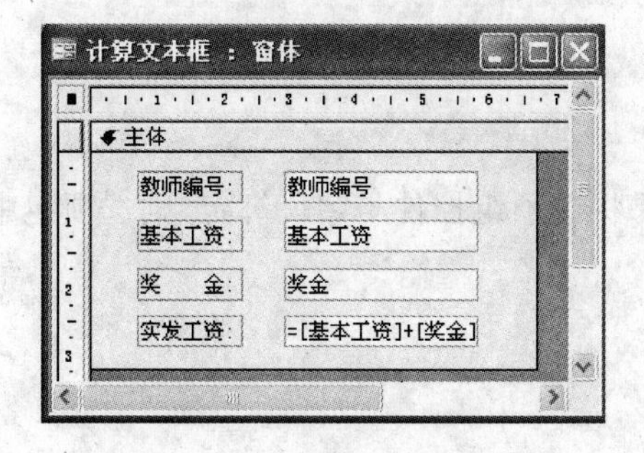

图4-34 计算型文本框

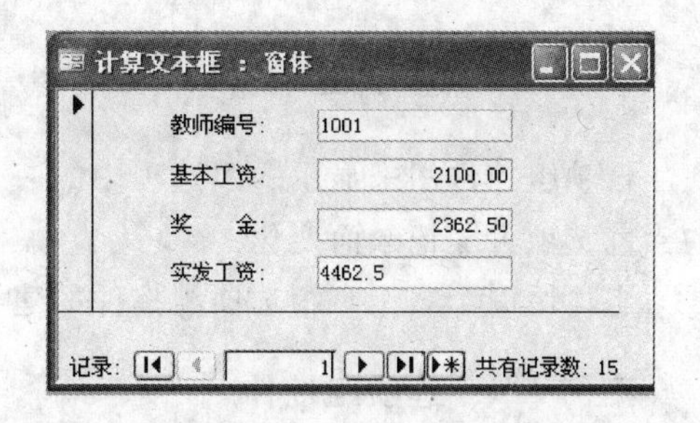

图4-35 计算实发工资

4. 用条件格式显示文本框内容

文本框中的值可以按照某个条件定义相应的显示格式。下面用一个案例介绍用条件格式显示文本框值的方法。

案例4.8 用条件格式显示文本框内容

要求:将"成绩"表中70分以下的分数用粗体倾斜显示。

操作步骤:

(1) 打开"成绩管理.mdb"数据库,以"成绩"表为数据源新建窗体,以"条件格式"为名保存窗体。

(2) 从字段列表中拖入"学号"、"课程号"、"成绩"3个字段。

(3) 单击"成绩"文本框,选择"格式"→"条件"菜单项,显示"条件格式"对话框。

(4) 在"条件"的3个框中分别输入"字段值为"、"小于"、"70",单击粗体和倾斜按钮,单击"确定"按钮,如图4-36所示。

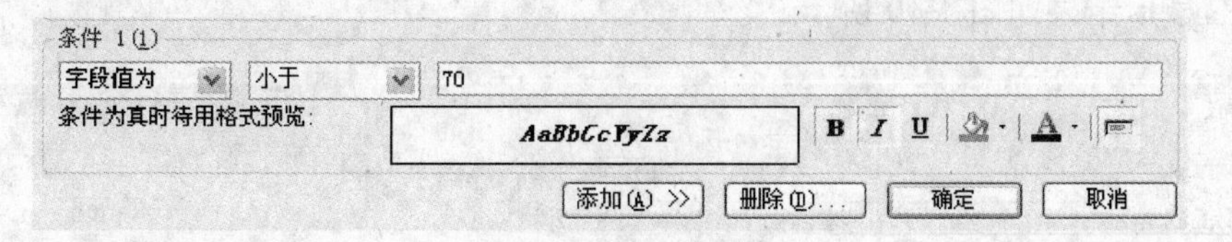

图4-36 设置条件格式

(5) 转到窗体视图,70分以下的成绩粗体倾斜显示,如图4-37所示。

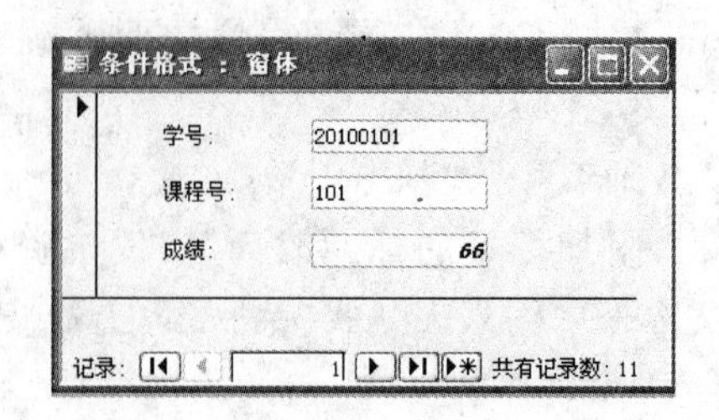

图 4-37　70 分以下的成绩粗体倾斜显示

4.3.3　选项组控件

选项组控件用来显示一组选项中的一个值，如果将选项组控件与字段绑定，则选项组中的当前选项可随记录而变化。

下面用一个案例介绍选项组控件的建立方法。

案例 4.9　选项组控件

要求：用选项组控件显示“团员否”字段的值。

操作步骤：

(1) 打开“成绩管理.mdb”数据库，以“学生信息”表为数据源新建窗体，以“选项组”为名保存窗体，设置窗体的“记录选择器”和“分隔线”都不显示。

(2) 从字段列表向设计窗口拖入“姓名”字段。

(3) 单击工具箱中“控件向导”按钮，单击“选项组”按钮，在窗体中画一个矩形，在对话框中依次输入“团员”和“非团员”，输入的内容是各选项附加标签的标题。

(4) 单击“下一步”按钮，选择“不需要默认选项”，单击“下一步”按钮，“团员”对应的值填“－1”，“非团员”对应的值填“0”，如图 4-38 所示。

说明：Access 用数字－1 代表“真”，用数字 0 代表“假”。

(5) 单击“下一步”按钮，选择“在此字段中保存该值”，字段选“团员否”，将选项组控件与“团员否”字段绑定。

(6) 单击“下一步”按钮，按钮类型选“选项按钮”，样式选“蚀刻”，单击“下一步”按钮，指定选项组附加标签的标题“团员否”，单击“完成”按钮。选项组控件如图 4-39 所示。

(7) 重新布局选项组中各控件的位置，转到窗体视图，“团员否”的当前选项随记录的更换而变化，显示结果如图 4-40 所示。

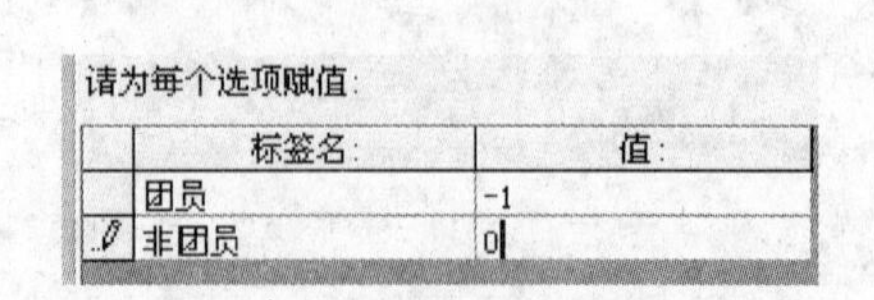

图 4-38　给选项写对应的值

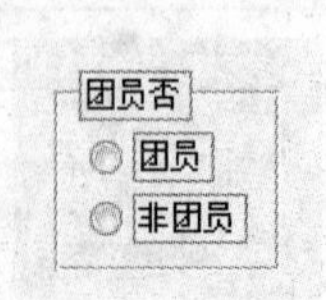

图 4-39　选项组控件

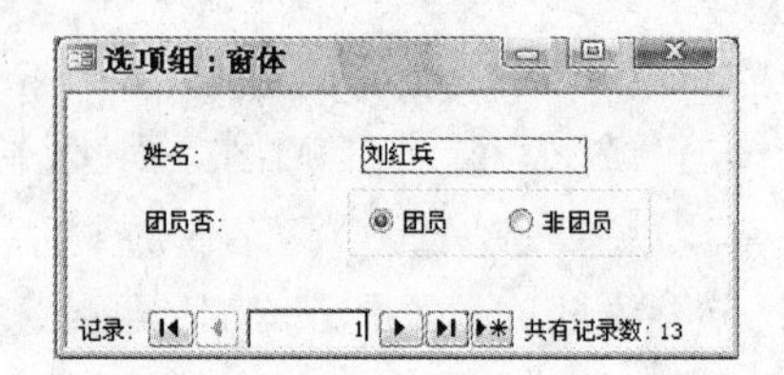

图 4-40　用选项组控件显示“团员否”字段

说明：本例中的选项组有 2 个选项，整个选项组全部加起来共有 6 个控件，包括 1 个选项组控件、2 个选项控件和 3 个标签控件。

4.3.4 切换按钮

切换按钮控件用来显示"是/否"型数据，按钮的按下状态代表"真"，按钮的抬起状态代表"假"。切换按钮控件的常用属性主要有名称、标题、控件来源。

下面用一个案例介绍切换按钮控件的建立方法。

案例 4.10 切换按钮控件

要求：用切换按钮控件显示"团员否"字段的值。

操作步骤：

(1) 打开"成绩管理.mdb"数据库，以"学生信息"表为数据源新建窗体，以"切换按钮"为名保存窗体，设置窗体的"记录选择器"和"分隔线"都不显示。

(2) 从字段列表向设计窗口拖入"姓名"字段。

(3) 在设计窗口生成切换按钮，单击属性窗口"格式"选项卡，标题写"团员否"，单击"数据"选项卡，"控件来源"选"团员否"。

(4) 转到窗体视图，切换按钮随记录的更换而变化，显示结果如图 4-41 所示。

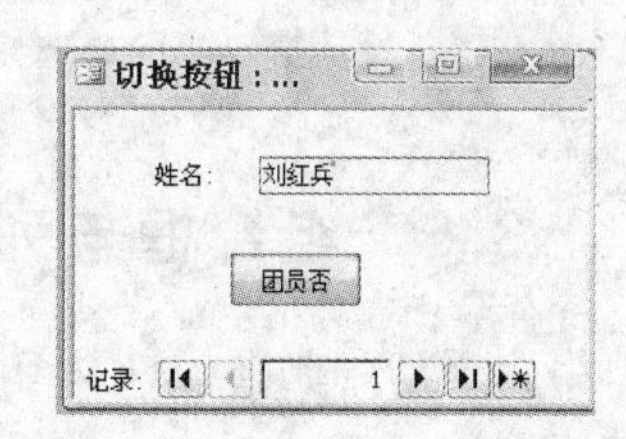

图 4-41 用切换按钮显示"团员否"

4.3.5 单选按钮和复选框

单选按钮和复选框用来显示"是/否"型数据，如果数据为"真"，单选按钮中有圆点，复选框中有对钩，如果数据为"假"，单选按钮和复选框中都是空的。单选按钮和复选框的常用属性主要有名称、控件来源。

下面用一个案例介绍单选按钮和复选框控件的建立方法。

案例 4.11 单选按钮和复选框控件

要求：用单选按钮和复选框显示"系别"和"职称"字段的值。

操作步骤：

(1) 打开"工资管理.mdb"数据库，以"教师"表为数据源新建窗体，以"单选按钮和复选框"为名保存窗体，设置窗体的"记录选择器"和"分隔线"都不显示。

(2) 从字段列表向设计窗口拖入"姓名"字段。

(3) 在设计窗口生成第 1 个单选按钮，附加标签写"中文"，单击单选按钮，单击属性窗口"数据"选项卡，"控件来源"中输入表达式"=iif([系别]="中文",true,false)"。

说明：iif()是系统提供的条件函数，函数中包括 1 个条件和 2 个表达式，如果条件为真，函数返回第一个表达式的值；如果条件为假，函数返回第二个表达式的值。

(4) 在设计窗口生成第 2 个单选按钮，附加标签写"英语"，单击单选按钮，单击属性窗口"数据"选项卡，"控件来源"中输入表达式"=iif([系别]="英语",true,false)"。

(5) 同样方法再生成 2 个单选按钮，分别对应“法律”和“计算机”。

(6) 在设计窗口生成第 1 个复选框，附加标签写“教授”，单击复选框，单击属性窗口“数据”选项卡，“控件来源”中输入表达式“=iif([职称]="教授",true,false)”。

(7) 在设计窗口生成第 2 个复选框，附加标签写“副教授”，单击复选框，单击属性窗口“数据”选项卡，“控件来源”中输入表达式“=iif([职称]="副教授",true,false)”。

(8) 同样方法再生成 1 个复选框，对应“讲师”，如图 4-42 所示。

(9) 转到窗体视图，单选按钮和复选框的内容随记录而变化，如图 4-43 所示。

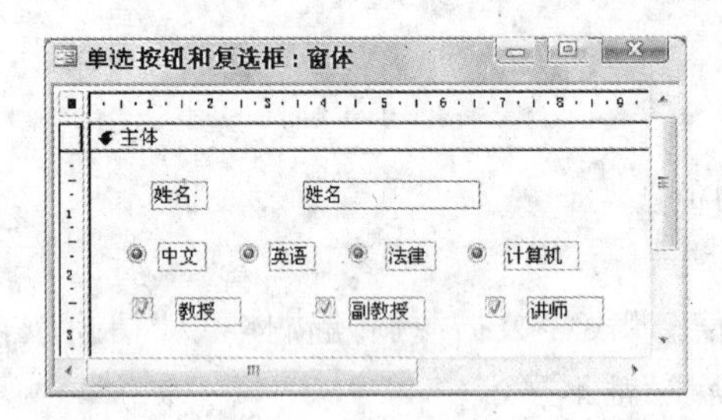

图 4-42 设计窗口中的单选按钮和复选框

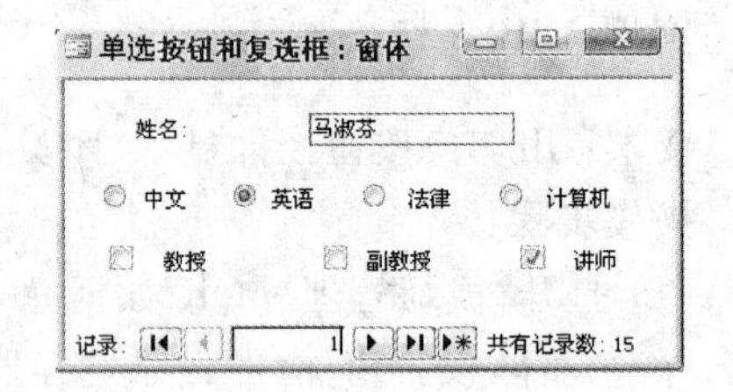

图 4-43 显示“系别”和“职称”字段的值

4.3.6 组合框与列表框

组合框和列表框控件都属于界面对象，能提供一组数据供用户选择，实现用户与应用程序的交互。

组合框和列表框控件的常用属性主要有名称、控件来源、行来源类型、行来源。

1. 组合框与列表框的主要区别

组合框既能选择数据，又能输入新数据，通常只显示一行数据，在窗体中占的区域较小。列表框只能选择数据，不能输入新数据，通常显示多行数据，在窗体中占的区域较大。

2. 控件的类别

组合框和列表框都分为绑定型与非绑定型 2 种，绑定型组合框和列表框与一个字段相关联，显示当前记录的字段值，使用频率较高。

3. 控件的行来源

组合框和列表框有 2 个相同的属性：行来源类型和行来源。

(1) 行来源类型：用来定义列表数据来源的类型，包括表/查询、值列表、字段列表。

(2) 行来源：根据行来源类型设置控件显示的数据。

(3) 行来源类型与行来源设置：如果类型为“表/查询”，行来源必须是表、查询或 SQL 语句；如果类型为“值列表”，行来源必须是一组用分号分隔的数据；如果类型为“字段列表”，行来源必须是表、查询或 SQL 语句。

下面用一个案例介绍组合框和列表框控件的建立方法。

案例 4.12 组合框和列表框控件

要求：用组合框和列表框显示“职称”和“系别”字段的值。

操作步骤：

(1) 打开“工资管理.mdb”数据库，以“教师”表为数据源新建窗体，以“组合框和列表框”为名保存窗体，设置窗体的“记录选择器”和“分隔线”都不显示。

(2) 从字段列表向设计窗口拖入“姓名”字段。

(3) 单击“控件向导”按钮，单击“组合框”工具，在窗口画一个矩形，在对话框中选择“自行键入所需值”，单击“下一步”按钮，依次输入“教授”、“副教授”、“讲师”，如图4-44所示。

(4) 单击“下一步”按钮，选择“将该数值保存在这个字段中”单选按钮，字段选择“职称”，将组合框与“职称”字段绑定，如图4-45所示。

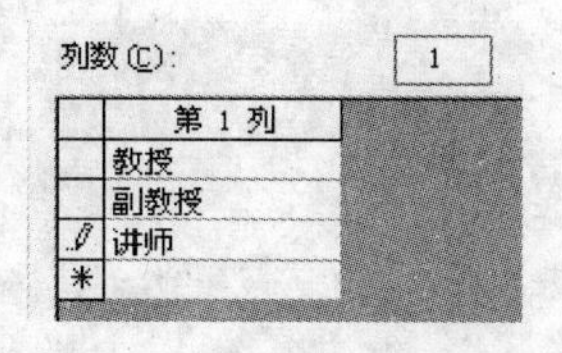

图4-44 依次输入职称值

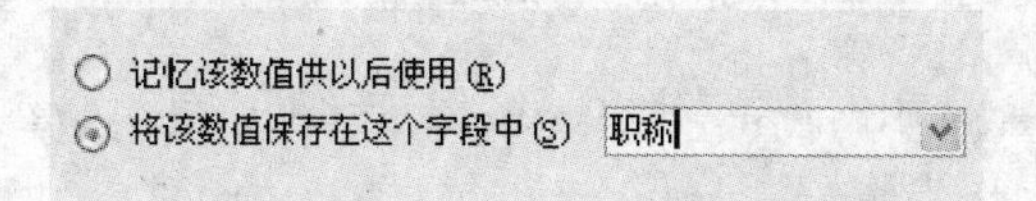

图4-45 将组合框与职称字段绑定

(5) 单击“下一步”按钮，给组合框指定标签为“职称：”，单击“完成”按钮。

(6) 单击“控件向导”按钮，单击“列表框”工具，在窗口画一个矩形，对话框中选择“自行键入所需值”，单击“下一步”按钮，依次输入“计算机”、“英语”、“中文”、“法律”。

(7) 单击“下一步”按钮，选择“将该数值保存在这个字段中”单选按钮，字段选择“系别”，将列表框与“系别”字段绑定，单击“下一步”按钮，指定列表框标签为“系别：”。

(8) 布局窗体各控件，转到窗体视图，控件值随记录的更换而改变，如图4-46所示。

说明：可以在属性窗口的“行来源”属性中给控件增加选项值，方法如下：

选中控件，单击属性窗口“数据”选项卡，为“行来源”属性添加新的选项值，选项值之间用分号隔开，如图4-47所示。

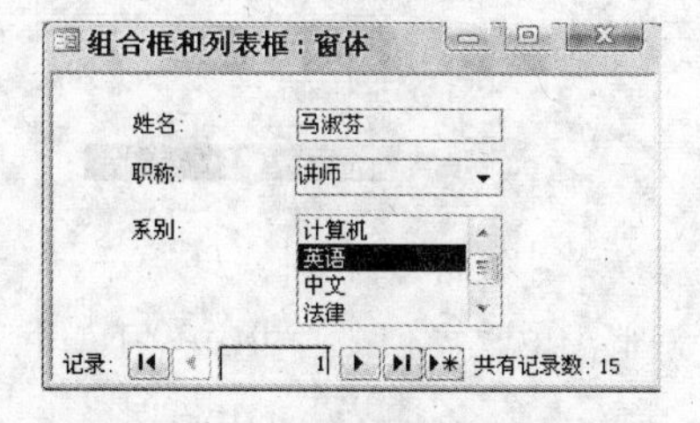

图4-46 控件值随记录而变化

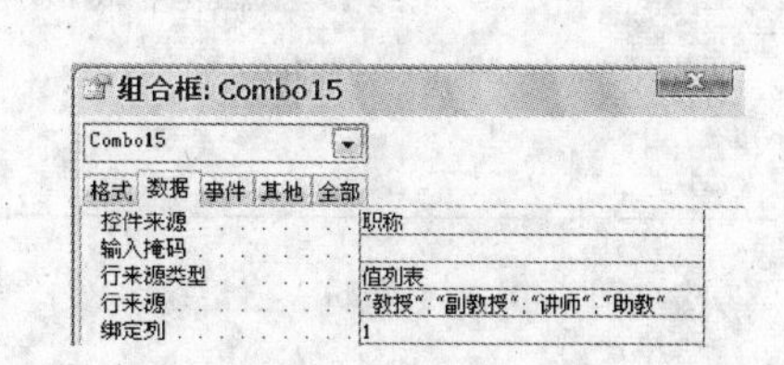

图4-47 在属性窗口给控件增加选项值

4.3.7 命令按钮

命令按钮用来完成特定的操作，给命令按钮的单击事件附加一段VBA代码或一个宏，单击按钮就能执行指定的操作。例如，单击命令按钮关闭窗体。如果用“向导”建立命令按钮，可以给命令按钮附加一些系统提供的特殊操作。

命令按钮的常用属性主要有名称、标题。命令按钮的常用事件主要有单击、双击。

1. 用“向导”建立命令按钮控件

用“向导”建立命令按钮，可以直接调用系统提供的操作完成特定任务。系统提供的常用操作分 6 类。

- 记录导航，用于记录的查找，如查找下一个、转到第一项记录等。
- 记录操作，用于记录的操作，如添加新记录、保存记录等。
- 窗体操作，用于窗体的操作，如关闭窗体、刷新窗体数据等。
- 报表操作，用于报表的操作，如预览报表、打印报表等。
- 应用程序，用于应用程序的操作，如运行应用程序、运行 Word 等。
- 杂项，用于以上操作以外的事项，如打印表、运行宏等。

下面的案例介绍用“向导”建立命令按钮的方法。

案例 4.13 用“向导”建立命令按钮控件

要求：用“向导”建立一组记录导航按钮。

操作步骤：

(1) 打开“成绩管理.mdb”数据库，以“学生信息”表为数据源新建窗体，以“向导按钮”为名保存窗体，设置窗体的“记录选择器”、“分隔线”、“导航按钮”都不显示。

(2) 从字段列表向设计窗口拖入“姓名”、“性别”、“年龄”字段。

(3) 选择“视图”→“窗体页眉/页脚”菜单项，显示窗体页眉和窗体页脚。

(4) 在窗体页眉建立标签控件，标签的标题为“学生信息一览表”，定义标签属性(如字大小、字颜色等)。

(5) 在工具箱中单击 “控件向导”按钮，再单击“命令按钮”，在窗口画一个矩形区域，向导对话框“类别”选择“记录导航”，“操作”选“转至下一项记录”，如图 4-48 所示。

(6) 单击“下一步”按钮，“文本”选项中输入“下一个”，如图 4-49 所示。

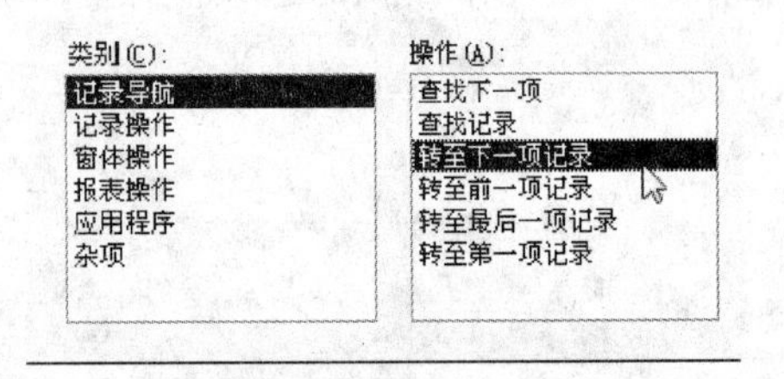

图 4-48 转至下一项记录

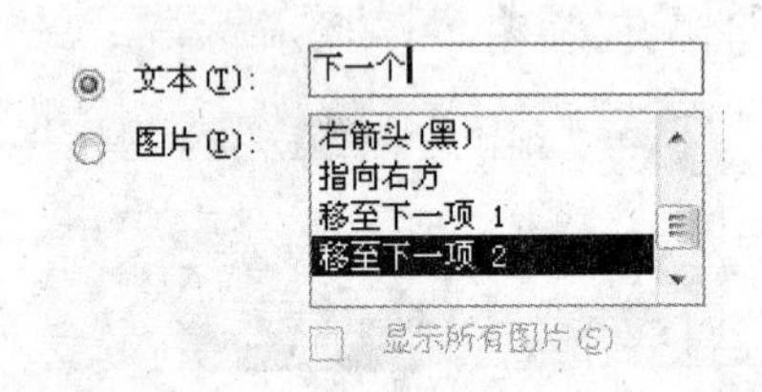

图 4-49 “文本”选项中输入“下一个”

(7) 依次单击“下一步”按钮和“完成”按钮，窗口生成标题为“下一个”的命令按钮。

(8) 用类似方法建立其他命令按钮“上一个”、“第一个”、“末一个”。

(9) 用“向导”建立第 5 个命令按钮，“类别”选中“记录操作”，“操作”选中“添加新记录”，如图 4-50 所示。

(10) 单击“下一步”按钮，“文本”项输入“添加记录”，依次单击“下一步”按钮和“完成”按钮，建立了“添加记录”命令按钮。

(11) 用类似方法建立“保存记录”命令按钮。

(12) 用“向导”建立第 7 个命令按钮，“类别”选择“窗体操作”，“操作”选择“关闭窗体”，如图 4-51 所示。

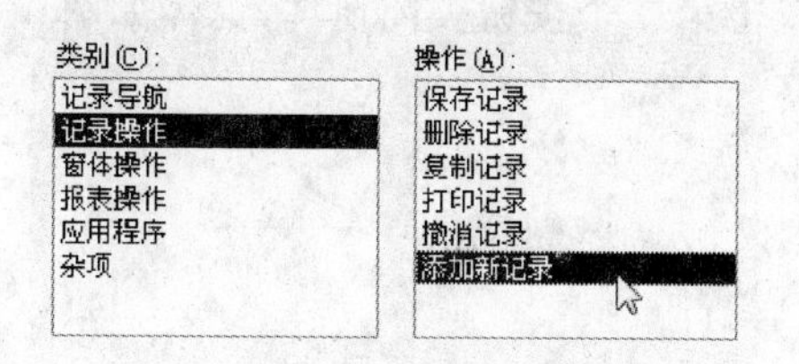

图 4-50　建立"添加新记录"命令按钮

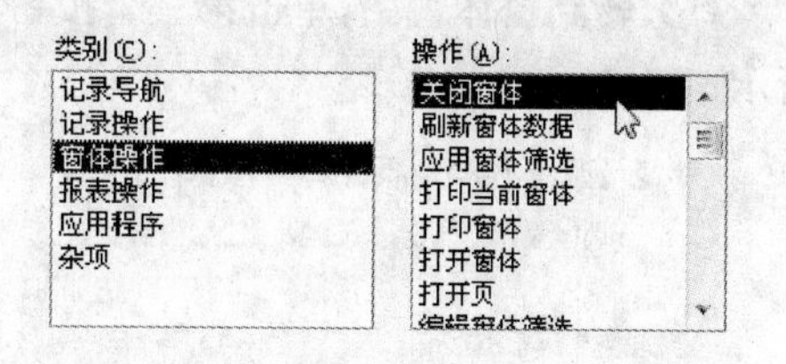

图 4-51　建立"关闭窗体"命令按钮

(13) 布局窗体各控件,如图 4-52 所示。

(14) 转到窗体视图,单击命令按钮,产生相应操作,结果如图 4-53 所示。

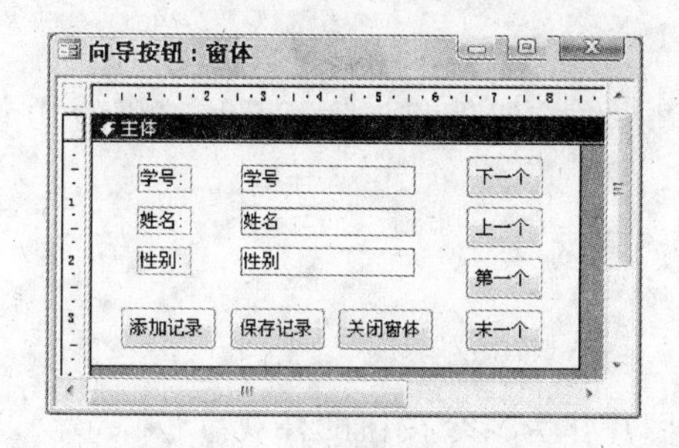

图 4-52　布局窗体各控件

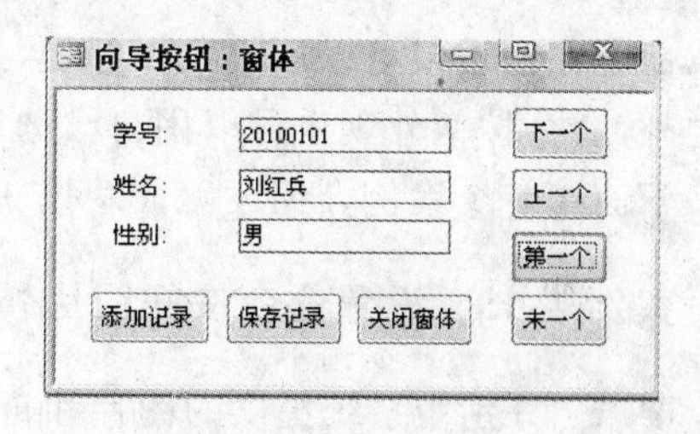

图 4-53　用向导建立命令按钮

2. 命令按钮的"事件"属性

事件是由系统提供的控件能够识别的动作,命令按钮与事件密不可分,最常用的事件是单击事件。如果仅仅建立了命令按钮而没有定义按钮的事件属性,则命令按钮几乎没有作用。属性窗口中命令按钮的"事件"选项卡如图 4-54 所示。

下面用一个案例介绍设置命令按钮事件属性的方法。

图 4-54　命令按钮的"事件"选项卡

案例 4.14　设置命令按钮事件属性

要求:设置命令按钮的事件属性,使单击或双击命令按钮均关闭窗体。

操作步骤:

(1) 打开"成绩管理.mdb"数据库,用设计视图新建窗体,以"命令按钮"为名保存窗体,设置窗体的"记录选择器"、"分隔线"、"导航按钮"都不显示。

(2) 在窗口中建立 2 个命令按钮,名称分别为"c1"、"c2",标题分别为"单击"、"双击"。

(3) 选中按钮 c1,属性窗口中单击"事件"选项卡,在"单击"属性中选"事件过程",单击"生成器"按钮,在代码窗口输入代码"DoCmd. Close",如图 4-55 所示。

说明:DoCmd 为系统对象,Close 为该对象的方法,用来关闭当前窗体。

(4) 选中按钮 c2,单击"事件"选项卡,在"双击"属性中选"事件过程",单击"生成器"按钮,代码窗口输入相同代码"DoCmd. Close"。

(5) 转到窗体视图,单击第一个按钮关闭窗体,双击第二个按钮关闭窗体,窗体如图 4-56 所示。

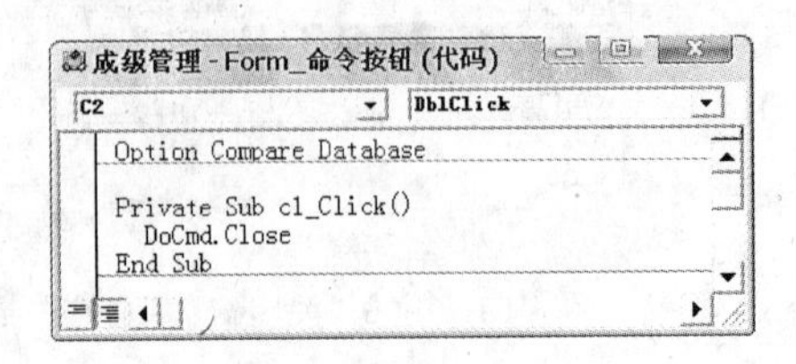

图 4-55 代码窗口输入代码

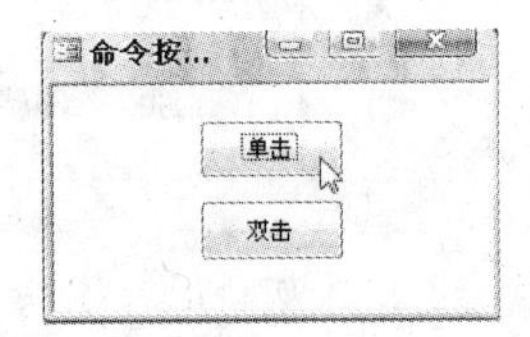

图 4-56 设置命令按钮的事件属性

3. 用图片作为命令按钮外观

命令按钮不仅可以用文字做标题,还可以用图片做按钮外观。除了系统提供的几个图片之外,命令按钮外观也可以用自己选定的图片。

下面用一个案例介绍设置命令按钮图片外观的方法。

案例 4.15 设置命令按钮图片外观

要求:分别用系统提供的图片和自己选定的图片作为命令按钮的外观。

操作步骤:

(1) 打开"成绩管理.mdb"数据库,用设计视图新建窗体,以"按钮图片外观"为名保存窗体,设置窗体的"记录选择器"、"分隔线"、"导航按钮"都不显示。

(2) 在工具箱中单击"控件向导",单击"命令按钮"工具,在窗口画一个矩形区域,向导对话框中"类别"选择"窗体操作","操作"选择"关闭窗体",单击"下一步"按钮,图片选择"停止标志",单击"完成"按钮。用系统提供的图片做按钮外观。

(3) 用向导建立第 2 个关闭按钮,单击"图片"选项,单击"浏览"按钮,如图 4-57 所示。

(4) 在磁盘中选取一个图片,单击"完成"按钮,选定的图片成为命令按钮的外观。

(5) 不用"控件向导"建立命令按钮,单击属性窗口"格式"选项卡,单击"图片"属性框的"生成器"按钮,单击对话框中"浏览"按钮,在磁盘中选取图片,单击"确定"按钮。用属性方式给命令按钮指定图片外观。

(6) 选中第 3 个按钮,单击属性窗口"事件"选项卡,选择"单击"事件,属性框中选择"事件过程",单击"生成器"按钮,代码窗口输入代码"DoCmd.Close"。给按钮的单击事件写内容。

(7) 转到窗体视图,3 个按钮都用图片做外观,单击每个按钮都能关闭窗体,窗体如图 4-58 所示。

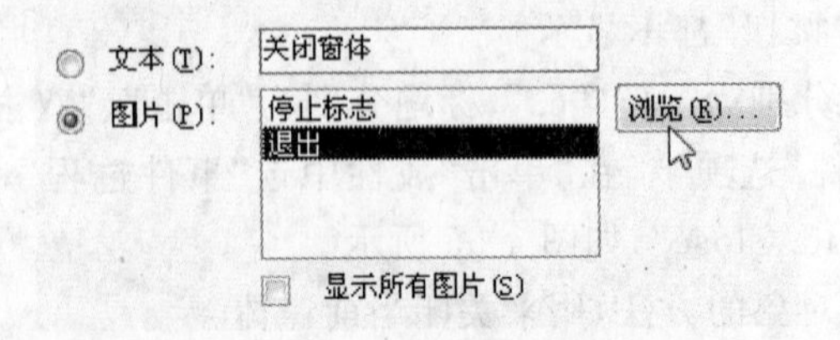

图 4-57 单击"浏览"按钮选择其他图片

图 4-58 设置命令按钮图片外观

4. 在多个命令按钮之间设置索引顺序

如果窗体中有多个命令按钮，系统自动以按钮建立的先后次序作为按钮之间默认的索引顺序，连续按键盘上的 Tab 键，焦点会沿索引顺序依次转换，焦点所在的按钮是当前按钮，颜色比其他按钮深。

每个按钮都有唯一的索引值，如果窗体有 4 个按钮，索引值的范围从 0 到 3，焦点按索引值从低到高转换。按钮的索引值可以在属性中更改。

下面用一个案例介绍更改命令按钮索引值的方法。

案例 4.16　更改命令按钮索引值

要求：建立 4 个命令按钮，用属性方法更改命令按钮索引值。

操作步骤：

(1) 打开“成绩管理.mdb”数据库，用设计视图新建窗体，以“索引顺序”为名保存窗体，设置窗体的“记录选择器”、“分隔线”、“导航按钮”都不显示。

(2) 在窗口中建立 4 个按钮控件，按钮标题分别为 1、2、3、4，按钮名称分别为“c1”、“c2”、“c3”、“c4”。

(3) 转到窗体视图，连续按 Tab 键，焦点从按钮 c1 到按钮 c4 依次转换。

(4) 转到设计视图，单击按钮 c1，单击属性窗口“其他”选项卡，将“Tab 键索引”属性由原来的 0 改为 3。

(5) 用同样方法，分别将 c2、c3、c4 的“Tab 键索引”属性改为 2、1、0。

(6) 转到窗体视图，焦点默认在按钮 c4 上，连续按 Tab 键，焦点从按钮 c4 到按钮 c1 依次转换，如图 4-59 所示。

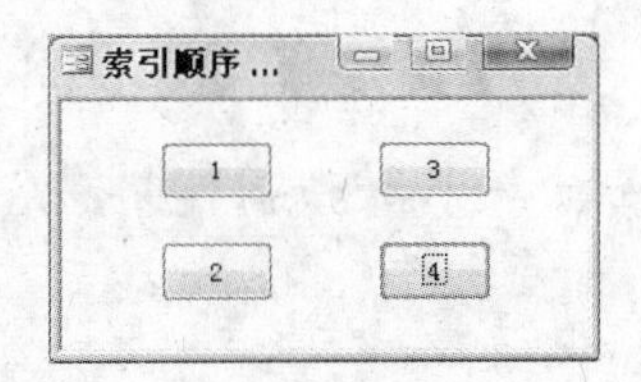

图 4-59　改变按钮索引次序

说明：如果加入其他控件，索引范围会增大，但更改索引次序的方法相同。

4.3.8　选项卡

选项卡是包含多个页的容器，用来在一个窗体内显示多页信息。每一页左上角凸起的部分称为页柄，页的标题显示在页柄上，在选项卡中单击页柄进行页面切换。

使用选项卡可以极大地扩展窗体的信息容纳能力，如果窗口有一个包含 5 个页的选项卡，就能在同一个窗体区域分别显示 5 组不同信息。

1. 建立选项卡控件

选项卡控件没有向导，只能用手工方法建立。下面用一个案例介绍选项卡控件的建立方法。

案例 4.17　建立选项卡控件

要求：建立选项卡控件，分别显示学生基本信息和照片。

操作步骤：

(1) 打开“成绩管理.mdb”数据库，以“学生信息”表为数据源新建窗体，以“选项卡”为名保存窗体,设置窗体的“记录选择器”和“分隔线”都不显示。

(2) 单击“选项卡控件”工具,在设计窗口画一个矩形,窗口中自动生成有 2 个页的选项卡控件。

(3) 单击第 1 页的页柄,单击属性窗口“格式”选项卡,为页的“标题”属性输入“基本信息”,从字段列表向页中拖入“学号”、“姓名”、“性别”3 个字段,调整字段布局和大小。

(4) 单击第 2 页的页柄,单击属性窗口“格式”选项卡,为页的“标题”属性输入照片,从字段列表向页中拖入“照片”字段,删除附加标签,调整控件大小。

(5) 转到窗体视图,“基本信息”页的显示结果如图 4-60 所示。

说明:选项卡中几个页关于记录信息的显示是统一的,在任何一页更换记录,其他页会随之显示更换后的记录内容。

2. 修改选项卡控件

修改选项卡控件主要包括添加页、删除页、调整页次序、更改页标题等。

(1) 添加页

方法 1:右击任意一个页柄,从快捷菜单中选中“插入页”菜单项,如图 4-61 所示。

方法 2:单击任意一个页柄,从“插入”菜单中选“选项卡控件页面”菜单项。

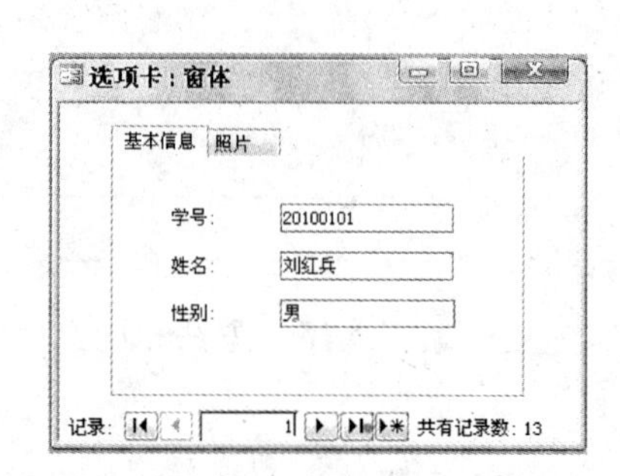

图 4-60 建立选项卡

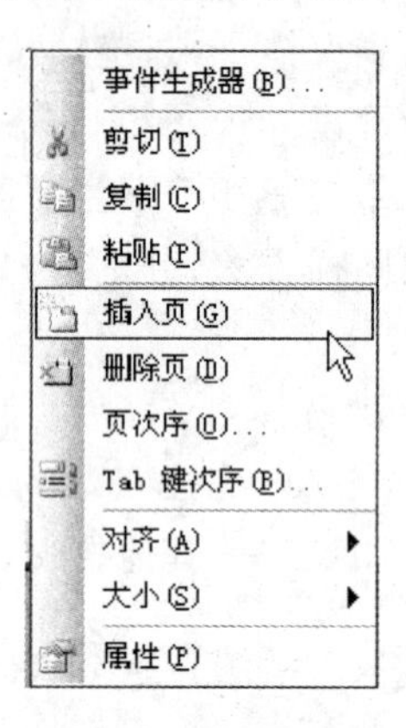

图 4-61 添加选项卡

(2) 删除页

方法 1:单击一个页柄,按 Del 键,删除选中的页。

方法 2:右击一个页柄,从快捷菜单中选择“删除页”菜单项,删除选中的页。

方法 3:单击一个页柄,从“编辑”菜单中选择“删除”菜单项,删除选中的页。

(3) 调整页次序

右击一个页柄,从快捷菜单中选择“页次序”菜单项,从对话框中选中一个页,单击“上移”或“下移”按钮,单击“确定”按钮,完成页次序的调整,如图 4-62 所示。

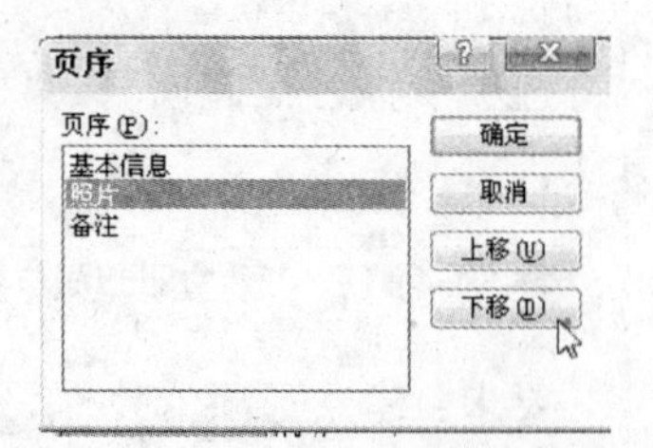

图 4-62 调整页次序

(4) 更改页标题

单击一个页柄,单击属性窗口“格式”选项卡,在“标题”属性框中输入新的内容。

4.3.9 其他控件

除了工具箱中的常用控件以外，很多不太常用的控件被组合在“其他控件”中，使用时单击“其他控件”工具，在控件列表中选择。其中，日历控件是使用频率比较高的。

下面用一个案例介绍日历控件的建立方法。

案例 4.18 建立日历控件

要求：建立日历控件，显示系统当前日期。

操作步骤：

(1) 打开“成绩管理.mdb”数据库，用设计视图新建窗体，以“日历”为名保存窗体，设置窗体的“记录选择器”、“分隔线”、“导航按钮”都不显示。

(2) 单击工具箱“其他控件”工具，在控件列表中选择“日历控件”，在页中画一个矩形作为日历大小。

(3) 转到窗体视图，显示结果如图 4-63 所示。

图 4-63 插入日历控件

4.3.10 子窗体/子报表控件

如果想在一个窗体中同时显示两个相关表的内容，用子窗体/子报表控件实现。子表的窗体显示在主表窗体中，数据之间的关系一目了然。

子窗体/子报表控件的主要属性有名称、源对象、链接子字段、链接主字段。

建立主/子窗体可以用以下 2 种方法。

(1) 借助“控件向导”，在主窗体用子窗体/子报表控件建立子窗体，用表或查询作子窗体的数据来源。

(2) 先建立子窗体，将子窗体直接拖入主窗体的设计视图中。

下面用一个案例介绍子窗体/子报表控件的使用方法。

案例 4.19 用表或查询作子窗体的数据来源

要求：用“学生信息”表和“成绩”表建立主/子窗体。

操作步骤：

(1) 打开“成绩管理.mdb”数据库，以“学生信息”表为数据源新建窗体，以“主子窗体”为名保存窗体，设置窗体的“记录选择器”、“分隔线”不显示。

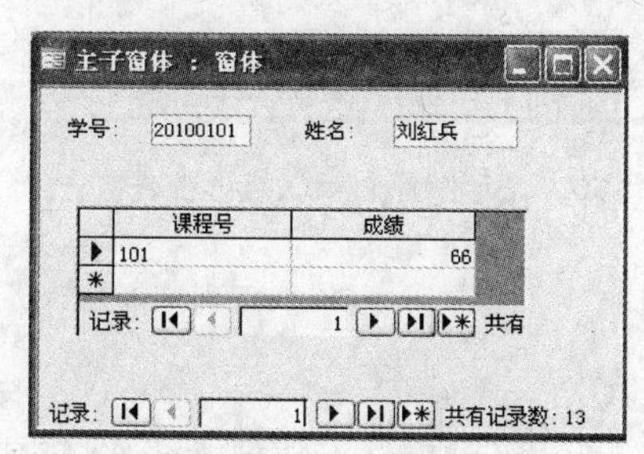

图 4-64 主/子窗体

(2) 将“学号”和“姓名”字段拖入设计窗口。

(3) 单击“子窗体/子报表”工具，在窗口画一个矩形，删除附加标签。

(4) 单击属性窗口“其他”选项卡，给子窗体控件命名“subwin”，单击属性窗口“数据”选项卡，“源对象”属性选择“学生信息”，“链接子字段”和“链接主字段”属性都选择“学号”。

(5) 转到窗体视图，调整子窗体字段宽度，显示结果如图 4-64 所示。

4.3.11 图像、直线、矩形控件

图像、直线、矩形控件都是用来修饰窗体的控件。按住 Shift 键，同时用直线工具画线，可以画水平线或垂直线。

图像控件常用属性包括图片、图片类型、缩放模式、宽度、高度等。

直线常用格式属性包括边框样式、边框颜色、边框宽度、宽度等。

矩形常用格式属性包括宽度、高度、背景样式、特殊效果、边框宽度等。

下面用一个案例介绍图像、直线、矩形工具的使用方法。

案例 4.20 图像、直线、矩形控件

要求：用图像、直线、矩形控件修饰“学生信息”表。

操作步骤：

(1) 打开“成绩管理.mdb”数据库，以“学生信息”表为数据源新建窗体，以“图像直线矩形”为名保存窗体，设置窗体的“记录选择器”、“分隔线”不显示。

(2) 选择“视图”→“窗体页眉/页脚”菜单项，单击“窗体页脚”节，单击属性窗口“格式”选项卡，“高度”属性输入 0，使窗体页脚不显示。

(3) 在“窗体页眉”节建立标签，标签标题为“学生信息一览表”，设置字体、字号。

(4) 单击“直线”工具，在标签下方画直线，“边框样式”属性选择“点划线”，“边框颜色”属性输入 255，“边框宽度”属性设置为 2 磅。

(5) 单击“图像”工具，在标签旁画矩形区域，单击属性窗口“格式”选项卡，选“图片”属性，选择图片，设置图片的“高度”属性和“宽度”属性，复制图片控件并平移到标签另一侧。

(6) 将“学号”、“姓名”、“性别”字段拖入“主体”节，单击“矩形”工具，画一个矩形将字段包围，设置矩形的“背景样式”属性为“透明”，“特殊效果”属性选择“平面”，“边框颜色”属性输入 255，“边框宽度”属性选择细线，如图 4-65 所示。

(7) 转到窗体视图，效果如图 4-66 所示。

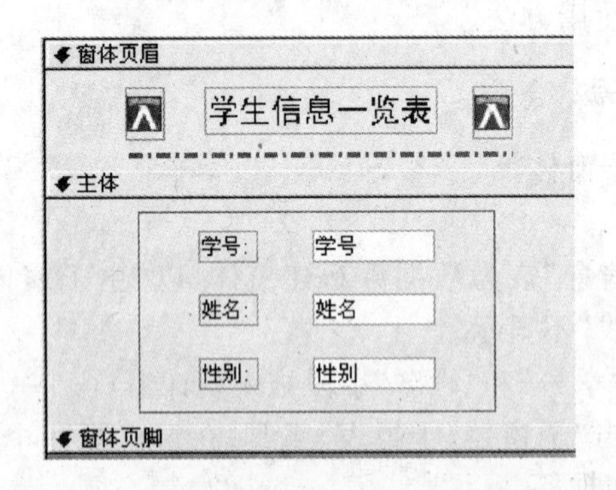

图 4-65 建立图像、直线、矩形控件

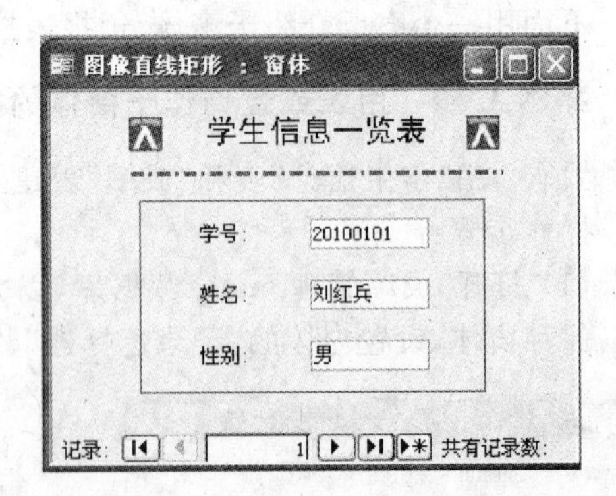

图 4-66 显示图像、直线、矩形控件

4.3.12 绑定对象框与未绑定对象框

绑定对象框通常用来显示照片字段，随记录而变化。未绑定对象框不随记录变化，主要用来显示 Word 文档、Excel 表格等。

1. 建立绑定对象框

建立绑定对象框可以用 2 种方法，以绑定到“照片”字段为例介绍如下。

方法 1：直接从字段列表中将“照片”字段拖入设计窗口。

方法 2：单击“绑定对象框”工具，在设计窗口画一个矩形区域，单击属性窗口“数据”选项卡，在“控件来源”属性中选“照片”字段。

转到窗体视图中查看，绑定对象框的内容随记录的变化而变化。

2. 建立未绑定对象框

未绑定对象框可以在窗体中插入显示 Excel 表格或 Word 文档，下面用一个案例介绍未绑定对象框的使用方法。

案例 4.21 未绑定对象框控件

要求：在窗体中插入 Excel 表格。

操作步骤：

(1) 打开“成绩管理.mdb”数据库，用设计视图新建窗体，以“未绑定对象框”为名保存窗体，设置窗体的“记录选择器”、“分隔线”、“导航按钮”不显示。

(2) 单击“未绑定对象框”工具，在设计窗口画一个矩形区域，在随后显示的对话框中选对象类型为“Microsoft Excel 工作表”，单击“确定”按钮。

(3) 双击“未绑定对象框”控件，按 Excel 表格操作方法输入内容，如图 4-67 所示。

(4) 转到窗体视图，显示结果如图 4-68 所示。

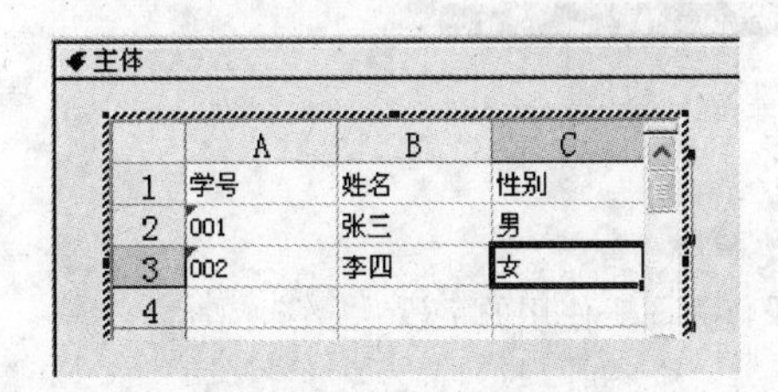

图 4-67 建立未绑定对象框

图 4-68 在窗体中插入 Excel 表格的效果

4.4 建立图表窗体

图表窗体在窗体内用图表形式显示汇总数据，直观地反映数据之间的关系。建立图表窗体可以用以下 2 种方法。

方法 1：用图表向导。

方法 2：选择“插入”→“图表”菜单项。

1. 用图表向导建立图表窗体

下面用一个案例介绍用图表向导建立图表窗体的方法。

案例 4.22 用图表向导建立图表窗体

要求：在窗体插入图表，显示各门课程的平均成绩。

操作步骤：

(1) 打开"成绩管理.mdb"数据库，单击窗体对象，单击"新建"按钮，在"新建窗体"对话框选择"图表向导"，选择"成绩"表为数据源，单击"确定"按钮，如图 4-69 所示。

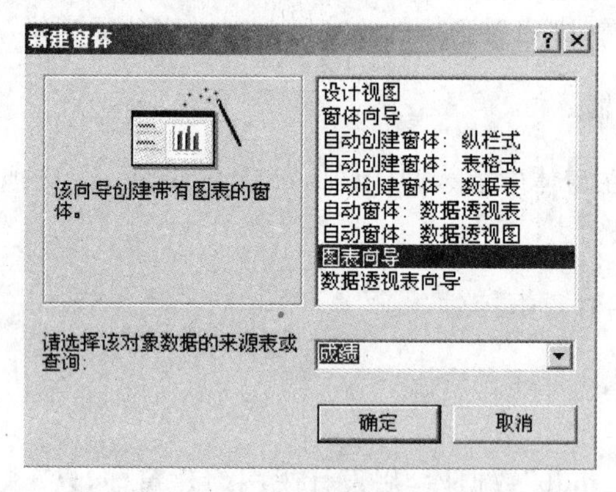

图 4-69 使用图表向导建立窗体

(2) 将"课程号"和"成绩"字段作为图表使用的字段，如图 4-70 所示。

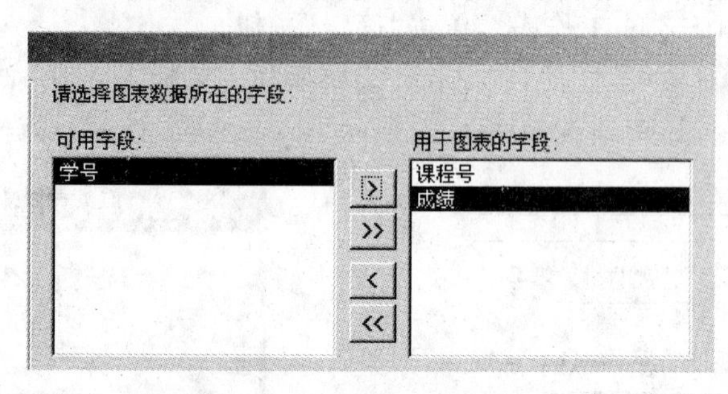

图 4-70 将"课程号"和"成绩"字段作为图表使用的字段

(3) 单击"下一步"按钮，选择"柱形图"，再单击"下一步"按钮，将"课程号"字段拖放到示例图下方和右边的字段框中。

(4) 双击左上角"汇总字段"框，"汇总"项选择"平均值"，如图 4-71 所示。

(5) 设计窗口布局如图 4-72 所示。

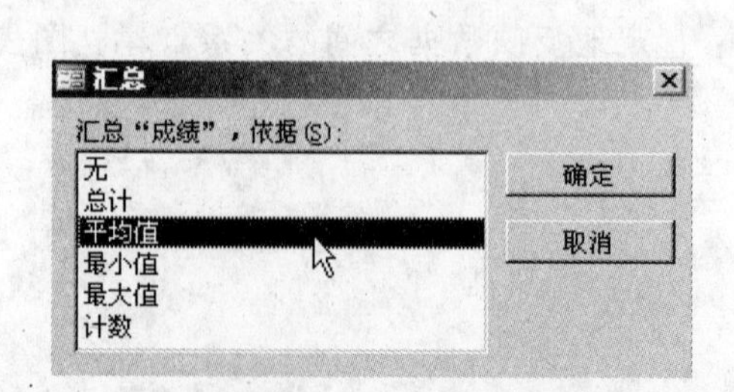

图 4-71 "汇总"项选择"平均值"

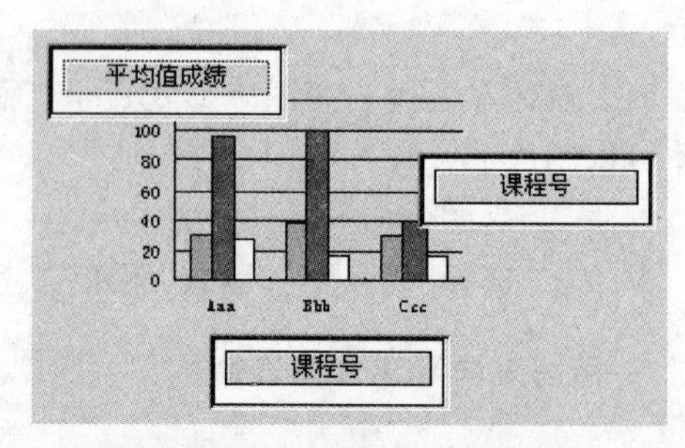

图 4-72 设计窗口布局

(6) 单击“下一步”按钮，指定图表标题为“平均成绩”，单击“完成”按钮。

(7) 以“图表窗体”为名保存窗体，查看图表窗体，用柱形图显示各门课程的平均成绩，如图 4-73 所示。

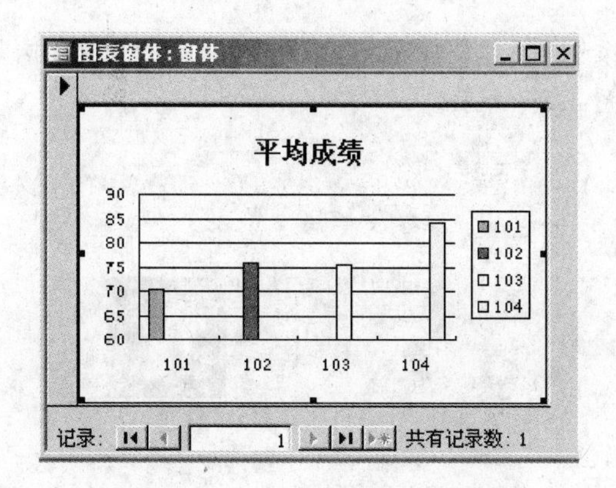

图 4-73　各门课程的平均成绩

2. 用“插入”菜单建立图表窗体

下面用一个案例介绍用“插入”菜单建立图表窗体的方法。

案例 4.23　用“插入”菜单建立图表窗体

要求：在窗体中插入图表，显示各系职称分布情况。

操作步骤：

(1) 打开“工资管理. mdb”数据库，用设计视图新建窗体，以“职称分布”为名保存窗体。

(2) 选择“插入”→“图表”菜单项，在窗体内画一个区域，在随之打开的对话框中选择“教师”表，单击“下一步”按钮。

(3) “用于图表的字段”选择“职称”和“系别”，单击“下一步”按钮，选择“柱形图”，单击“下一步”按钮。

(4) 将“职称”字段拖到图表下方，将“系别”字段拖到图表右方，如图 4-74 所示。

(5) 指定图表标题为“职称分布”，单击“完成”按钮。

(6) 转到窗体视图，显示结果如图 4-75 所示。

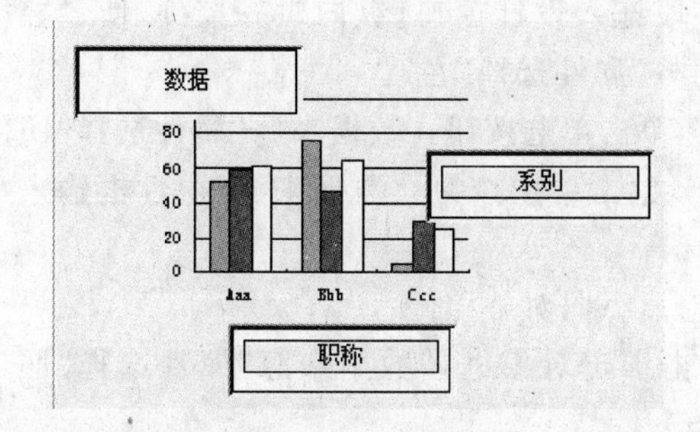

图 4-74　设置图表布局

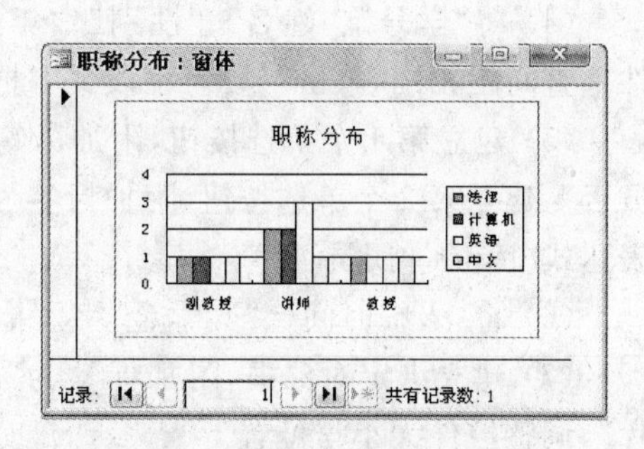

图 4-75　各系职称分布情况

4.5 一个窗体案例

下面介绍一个窗体案例，综合使用前面介绍的各种控件建立信息浏览窗体，显示“学生信息”表的全部内容，如图 4-76 所示。

图 4-76　学生信息一览表

案例 4.24　建立浏览信息窗体

要求：建立窗体，显示“学生信息”表的全部内容。

操作步骤：

(1) 打开“成绩管理.mdb”数据库，以“学生信息”表为数据源新建窗体，设置“字段选择器”、“分隔线”、“浏览按钮”都不显示，以“学生信息一览表”为名保存窗体。

(2) 选择“视图”→“窗体页眉/页脚”菜单项，单击“窗体页脚”节，“高度”属性设置为 0，单击“窗体页眉”节，“高度”属性设置为 1.5cm。

(3) 在“窗体页眉”节建立标签，标题为“学生信息一览表”，字体为“宋体”，字号为 18，字体粗细为“加粗”，调整标签大小和位置。

(4) 将“学号”、“姓名”、“性别”、“年龄”4 个字段拖入设计窗口，纵向对齐控件，使各控件垂直间距相同，单击“年龄”字段文本框，“文本对齐”属性选择“左”。

(5) 建立第 1 个单选按钮，附加标签为“团员”，单击单选按钮，“数据来源”属性选择“团员否”，建立第 2 个单选按钮，附加标签为“非团员”，单击单选按钮，“数据来源”属性框输入表达式“=not [团员否]”。

(6) 将“入校时间”、“奖学金”字段拖入设计窗口，纵向对齐控件。

(7) 建立绑定对象框，附加标签为“照片”，单击绑定对象框，“数据来源”属性选择“照片”，调整控件大小与位置。

(8) 将“备注”字段拖入设计窗口，把附加标签移动到文本框上方。

(9) 单击“矩形”工具，画矩形区域，将“主体”节中所有字段括起来，矩形的背景样式选择“透明”，特殊效果选择“蚀刻”，边框样式选择“实线”，边框宽度选择“细线”。

（10）借助“控件向导”建立4个记录导航类按钮：第一个、上一个、下一个、末一个。

（11）借助“向导”建立3个记录操作类按钮：添加记录、保存记录、删除记录。

（12）借助“向导”建立1个窗体操作类按钮：关闭。

（13）调整和布局所有按钮，用矩形工具将全部按钮括起来，矩形的背景样式为“透明”，特殊效果为“蚀刻”，边框样式为“实线”，边框宽度为“细线”。

至此，浏览信息的窗体制作完毕，转到窗体视图查看效果。

说明：在数据库之间可以复制窗体，操作方法与数据库之间复制表相同。

习题 4

1. 判断题

（1）窗体是输入输出界面。

（2）窗体设计视图可以没有“主体”节。

（3）主/子窗体用来显示多个表或查询的内容。

（4）窗体中的所有控件的名称都是唯一的。

（5）有些窗体控件没有“标题”属性。

（6）列表框既能选择数据，又能输入新数据。

（7）文本框中的值可以按照某个条件显示为不同格式。

（8）计算文本框的表达式用等号开头。

（9）标签控件是交互式控件。

（10）图像、直线、矩形控件都没有“控件来源”属性。

2. 填空题

（1）定义窗体数据源的属性是________。

（2）对绑定型文本框的操作会保存到________中。

（3）定义________属性可以将未绑定文本框与字段绑定。

（4）选项组控件用来显示________中的一个值。

（5）文本框控件有3类：________、未绑定型文本框、计算型文本框。

（6）组合框既能选择数据又能________。

（7）事件是由系统提供的控件________的动作。

（8）如果窗体有4个按钮，最高索引值是________。

（9）________用来在一个窗体内显示多页信息。

（10）按住________键的同时单击控件，可以选取多个控件。

3. 操作题

“工资管理”数据库中有“教师”表和“工资”表，这两个表的结构如表4-1和表4-2所示。

表 4-1 “教师”表结构

字 段 名	字 段 类 型	字 段 名	字 段 类 型
教师编号	文本	工作时间	日期/时间
姓名	文本	学历	文本
性别	文本	职称	文本
年龄	数字	系别	文本
婚否	是/否	照片	OLE 对象

表 4-2 “工资”表结构

字段名	字段类型	字段名	字段类型
教师编号	文本	奖金	数字
基本工资	数字	扣除	数字

完成如下操作：

(1) 以“教师”表为数据源，用窗体设计视图建立“窗体 1”，“记录选择器”和“分隔线”都不显示，窗体“标题”为“教师信息”，显示字段为姓名、性别、职称。

(2) 在“窗体 1”中添加选项组控件，显示“婚否”字段。定义选项组“名称”为 xx，选项组附加标签“名称”和“标题”分别为“bb”和“婚否”，两个单选按钮的“名称”分别为 x1、x2，附加标签的“名称”分别为 b1、b2，“标题”分别为“已婚”、“未婚”。

(3) 在“窗体 1”中添加组合框控件，显示“职称”字段的值。

(4) 在“窗体 1”中添加列表框控件，显示“系别”字段的值。

(5) 给“窗体 1”添加窗体页眉，在窗体页眉中建立标签，标签“标题”为“教师信息”，标签下方画一条红色直线，宽度 2 磅。

(6) 给“窗体 1”添加绑定对象框，附加标签的“标题”为“照片”，“控件来源”为“照片”。

(7) 给“窗体 1”添加子窗体，子窗体“名称”为“subwin”，“源对象”为“工资表”。

(8) 在“窗体 1”的“主体”节添加 4 个命令按钮，按钮作用分别是查看上一条记录、下一条记录、第一条记录和最后一条记录，按钮用系统提供的图片作为外观。

(9) 以“教师”表为数据源新建窗体 2，添加有 3 个页的选项卡，页“标题”分别为“教师信息”、“照片”、“日历”，将相应内容添加到页中。

第5章 报表的设计与使用

报表是用于输出数据的对象。本章主要介绍报表对象的基本操作方法，包括使用报表控件，添加计算控件，记录的排序、分组与统计，建立主/子报表，建立标签报表、图表报表等。

5.1 认识报表

报表具有容器性质，可以容纳各种报表控件。报表的数据源是表，查询或 SQL 语句。报表只能用来查看数据，不能用来输入或修改数据。

5.1.1 报表的功能

报表的功能主要包括以下几个方面。

(1) 按指定格式输出数据，实现数据库数据的打印。

(2) 对数据进行分组汇总。

(3) 实现计算功能，如计数、求平均值、求和等。

(4) 用主/子报表同时显示多表信息。

(5) 提供多种报表样式，如标签、发票、订单、信封等。

5.1.2 报表的视图

报表有 3 种视图：设计视图、打印预览视图、版面预览视图。

(1) 设计视图，用于创建和编辑报表结构。在设计视图中添加各种控件，设置数据来源，定义和调整报表布局。

(2) 打印预览视图，用于查看报表的页面输出形态。在这种视图中建立的报表主要用于打印、预览视图，查看效果。

(3) 版面预览视图，用于查看报表的版面设置。

在不同视图之间进行切换通常用以下 2 种方法。

方法 1：单击窗口左上角的“视图”按钮，选择一种视图，如图 5-1 所示。

方法 2：打开“视图”菜单，选择一种视图，如图 5-2 所示。

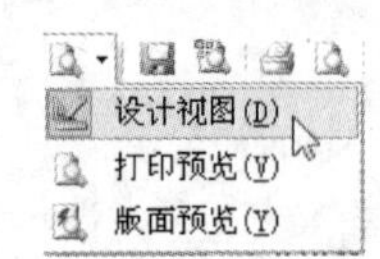

图 5-1 单击“视图”按钮

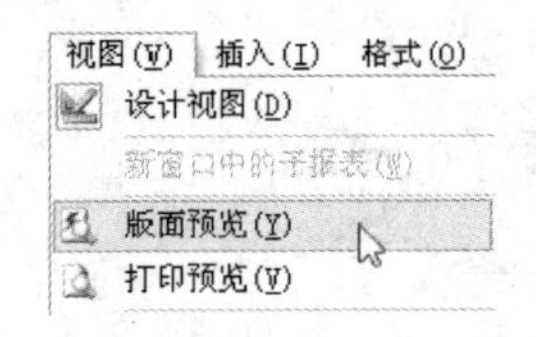

图 5-2 “视图”菜单

5.1.3 报表的节

报表的内容以“节”划分，每个节都有特定用途，输出时按一定顺序显示各节的信息。

在报表设计视图中，完整的报表对象结构包含 7 个节，分别是报表页眉、页面页眉、组页眉、主体、组页脚、页面页脚、报表页脚。默认情况下，设计视图窗口只显示 3 个节：页面页眉、主体、页面页脚。

1. 添加或删除节

除了“主体”节必须显示之外，添加或删除其他节的方法如下。

(1) 选择菜单“视图”→“页面页眉/页脚”，添加或删除“页面页眉”节和“页面页脚”节。

(2) 选择菜单“视图”→“报表页眉/页脚”，添加或删除“报表页眉”节和“报表页脚”节。

(3) 选择菜单“视图”→“排序与分组”，选择分组字段，添加或删除“组页眉”节和“组页脚”节。

删除一个节，则该节里的控件都被删除。

2. 报表的 7 个节

完整的报表对象设计视图窗口如图 5-3 所示，其中的分组字段是“性别”字段。

(1) “报表页眉”节

“报表页眉”节主要显示报表标题性文字或说明性文字，其内容只在报表的第一页显示。“报表页眉”节通常放置标签控件，或显示日期和时间的计算文本框。

图 5-3 完整的报表对象设计视图

(2) “页面页眉”节

“页面页眉”节主要显示字段列标题或记录的分组标题，其内容显示在报表每页的顶端，一个页面只能有一个页面页眉。“页面页眉”节通常放置标签控件。

(3) “主体”节

“主体”节位于报表结构中央，是报表结构中不可缺少的节。“主体”节主要用来显示记录内容，通常放置绑定型文本框、计算型文本框和绑定型对象框，是报表显示数据的主要区域。

(4) “页面页脚”节

“页面页脚”节主要显示页码信息和日期信息，其内容显示在报表每页的底部。一个页面只能有一个页面页脚。“页面页脚”节通常放置显示页码信息和日期时间的计算型文本框。在“页面页脚”节不能进行汇总计算。

(5)“报表页脚”节

“报表页脚”节主要显示整个报表的汇总结果,汇总结果显示在报表“主体”节全部内容结束处。“报表页脚”节通常放置计算型文本框,进行汇总计算。

(6)“组页眉”节

“组页眉”节显示分组字段的内容,通常放置绑定型文本框,与用于分组的字段绑定。分组字段的名称显示在“组页眉”节名称中,如“性别页眉”。

(7)“组页脚”节

“组页脚”节显示对分组内容的汇总结果,通常放置计算型文本框,对分组的字段进行汇总。分组字段的名称显示在“组页脚”节名称中,如“性别页脚”。

3. 节的“格式”属性

节主要使用如下4个“格式”属性。

(1)高度

“高度”属性用来设置节的高度。对于没有控件的节,将节的“高度”属性设置为0,该节被隐藏。对于有控件的节,如果控件高度不为0,节的高度就无法设置为0。节的高度可以拖动鼠标调整。

(2)可见性

“可见性”属性用来设置节的内容是否显示。如果将节的“可见性”属性设置为“否”,该节区域不可见。

(3)背景色

“背景色”属性用来设置节的背景色。整个报表没有“背景色”属性,只能在每个节中单独设置。

(4)特殊效果

“特殊效果”属性用来设置节的特殊效果。节的特殊效果有3种:平面、凸起、凹陷。

说明:节没有“宽度”属性,报表有“宽度”属性,在任何一个节中拖动鼠标改变宽度,都是改变整个报表的宽度。

5.1.4 报表的类型

报表有4种类型,分别是纵栏式报表、表格式报表、图表报表、标签报表。

(1)纵栏式报表

纵栏式报表的字段纵向排列,字段标签与字段值一起显示在“主体”节内。纵栏式报表如图5-4所示。

(2)表格式报表

表格式报表的字段水平排列,一条记录显示在一行中,字段标签显示在“页面页眉”节中。如果使用分组字段,应该用表格式报表。表格式报表如图5-5所示。

(3)图表报表

图表报表用图表方式显示数据,直观地展示数据之间的关系。图表报表如图5-6所示。

图 5-4 纵栏式报表

图 5-5 表格式报表

(4) 标签报表

标签报表将数据做成标签形式,一页中显示许多标签,是特殊类型的报表。标签报表如图 5-7 所示。

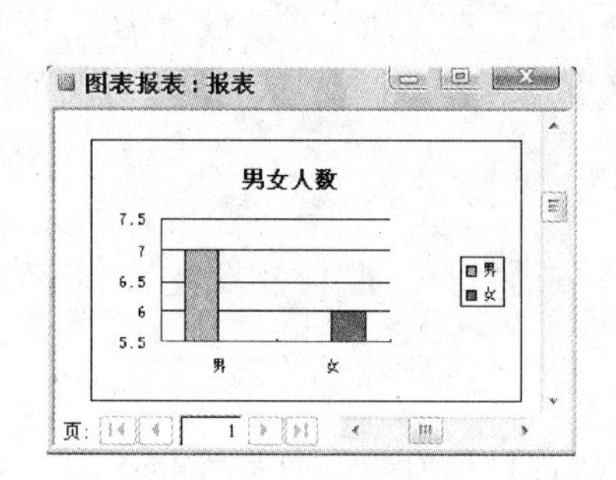

图 5-6 图表报表

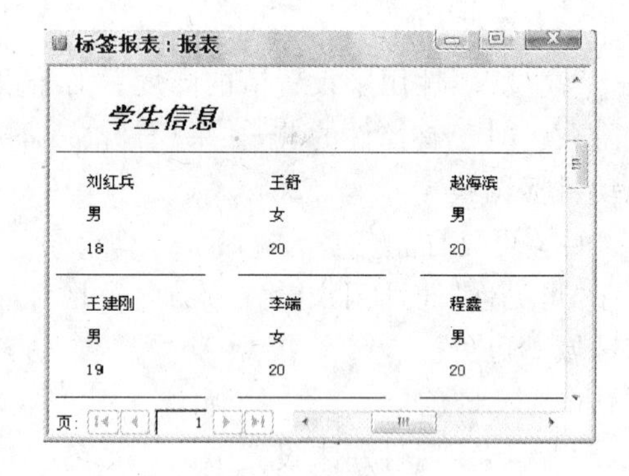

图 5-7 标签报表

5.1.5 报表的常用属性

报表的常用属性如下。

(1) 记录源

报表的"记录源"属性定义了报表的数据源,将报表与某个数据表或查询绑定。属性框中也可以输入 SQL 语句。用"记录源"属性还可以更改报表的数据源。

(2) 筛选

报表的"筛选"属性用来定义筛选条件,在属性框中输入条件表达式,使报表只输出符合条件的记录。

说明:"筛选"属性要与"打开筛选"属性联合使用。

(3) 打开筛选

报表的"打开筛选"属性用来定义筛选条件是否生效,如果选择"否",即使有筛选条件也不起作用;如果选择"是",报表将按筛选条件的要求显示记录。

(4) 排序依据

报表的"排序依据"属性用来定义记录的排序条件,通常指定字段作为排序依据。

(5) 启动排序

报表的“启动排序”属性用来定义排序条件是否生效，如果选择“是”，报表按排序条件将记录排序显示。

例如，记录源是“学生信息”表，筛选条件是“[性别]="男"”，按“年龄”字段排序，并且筛选和排序都生效，则报表的属性窗口如图 5-8 所示。

(6) 标题

报表的“标题”属性用来定义显示在报表标题栏中的字符，如果不设置“标题”属性，标题栏默认显示报表保存在数据库中的名称。

报表本身没有“名称”属性。

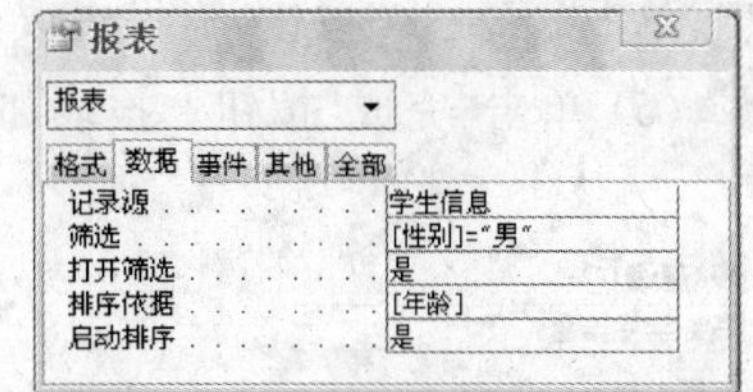

图 5-8　报表的属性窗口

5.1.6　工具按钮与工具箱

在报表设计视图的标准工具栏上有几个常用工具按钮，使用方法与设计窗体的工具按钮相同，只是报表设计窗口增加了“排序与分组”按钮，如图 5-9 所示。

单击“排序与分组”按钮，弹出“排序与分组”对话框，如图 5-10 所示。在该对话框中选取字段，定义对该字段的排序操作和对该字段的分组操作，实现报表数据的排序、分组输出、分组统计。

图 5-9　报表设计的“排序与分组”按钮

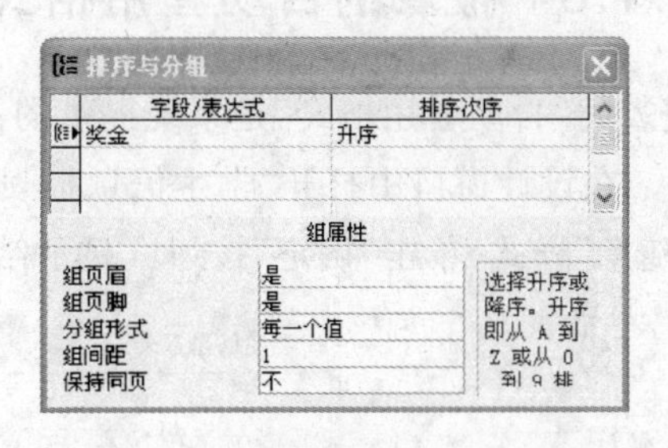

图 5-10　“排序与分组”对话框

其他相同的工具按钮可参照窗体的工具按钮使用方法。报表设计窗口的工具箱与窗体设计窗口的工具箱使用方法相同，不再赘述。

5.1.7　用报表向导建立一个简单报表

下面通过一个案例介绍用向导建立简单报表的方法。

案例 5.1　用向导建立简单报表

要求：以“学生信息”表为数据源建立报表，显示表的部分字段。

操作步骤：

(1) 打开“成绩管理.mdb”数据库。

(2) 在数据库窗口单击报表对象，单击“新建”按钮，打开“新建报表”对话框。选择“报表向导”，数据源选择

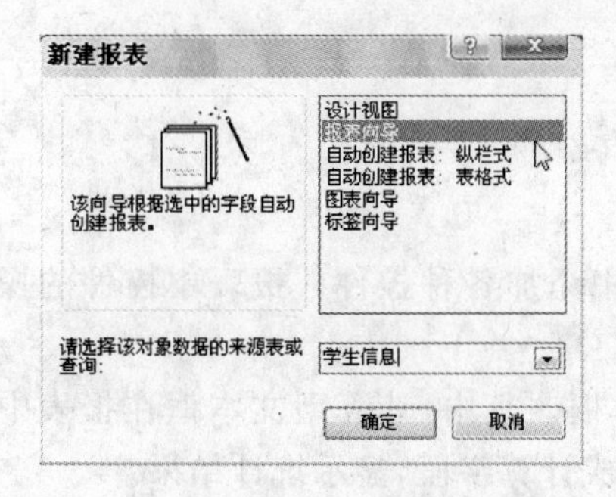

图 5-11　选择“报表向导”和数据源

"学生信息"表,单击"确定"按钮,如图 5-11 所示。

(3) 从"可用字段"列表框中将"学号"、"姓名"、"性别"、"年龄"字段移到"选定的字段"列表框中,如图 5-12 所示。

(4) 单击"下一步"按钮,报表布局选择"表格",单击"下一步"按钮,报表样式选择"组织",单击"下一步"按钮,为报表取名为"学生信息报表"。

(5) 单击"完成"按钮。报表如图 5-13 所示。

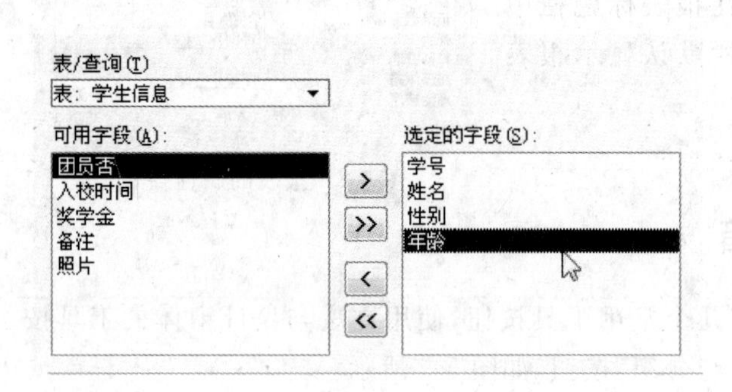

图 5-12 选择可用字段

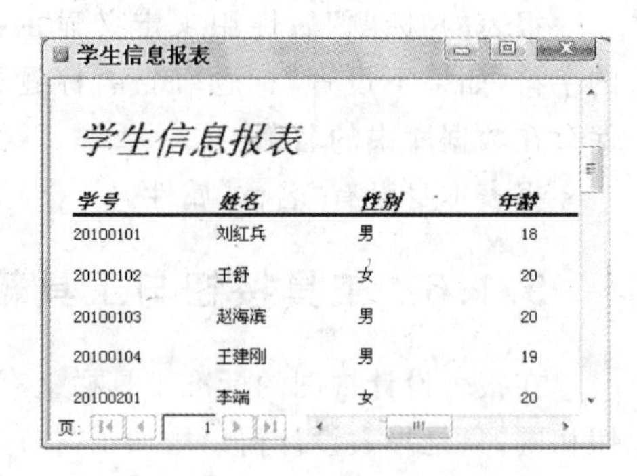

图 5-13 用"向导"建立简单报表

5.1.8 报表的自动套用格式

报表的"自动套用格式"是系统提供的一系列报表格式,可以用来快速格式化报表。举例如下:在设计窗口中打开"学生信息报表",选择菜单"格式"→"自动套用格式",在列表中选择"随意"样式,单击"确定"按钮。显示结果如图 5-14 所示。

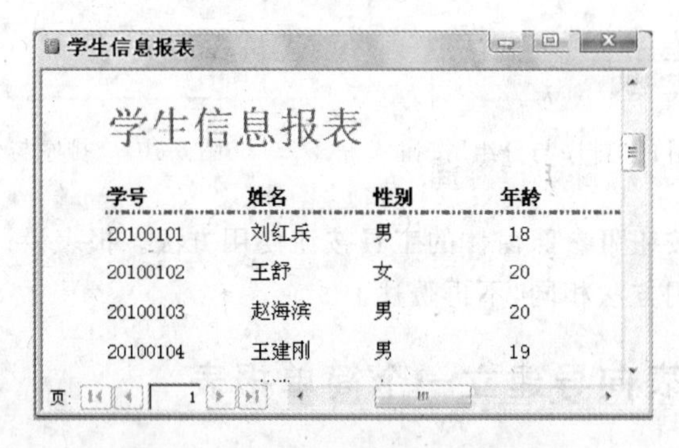

图 5-14 报表的自动套用格式

5.2 在报表中使用文本框控件

报表是容器对象,创建报表的主要内容就是在报表中添加各种控件。报表中控件的操作步骤与窗体相似。

报表最常使用的控件是绑定型文本框和计算型文本框。其中,计算型文本框在报表中的主要用途有:显示报表页码,显示当前日期或时间,生成计算字段,显示统计结果。

5.2.1 显示页码、日期和时间

报表通常有许多页，显示当前页码和总页数是必要操作，页码的计算用计算型文本框控件实现。用表达式[page]计算当前页，用表达式[pages]计算总页数。

1. 显示页码

页码的常用显示格式如表 5-1 所示。

表 5-1 页码的常用显示格式

表达式	显示格式	示例
＝"第" & [page] & "页"	第 n 页	第 2 页
＝[page] & "/" & [pages]	n/m	2/10
＝"第" & [page] & "页，总" & [pages] & "页"	第 n 页，总 m 页	第 2 页，总 10 页

2. 显示日期和时间

日期和时间的主要显示格式如表 5-2 所示。

表 5-2 日期和时间的主要显示格式

表达式	功能
＝#2010-9-6#	显示指定日期 2010 年 9 月 6 日
＝date()	显示计算机系统当前日期
＝time()	显示计算机系统当前时间
＝now()	显示计算机系统当前日期和时间

下面的案例介绍显示页码及系统日期和时间的方法。

案例 5.2 显示页码、日期和时间

要求：以“学生信息”表为数据源建立报表，报表页脚显示页码及系统日期时间。

操作步骤：

(1) 打开“成绩管理.mdb”数据库。

(2) 选中报表对象，单击“新建”按钮，打开“新建报表”对话框。选择“设计视图”，数据源为“学生信息”表，以“页码日期时间”为名保存报表。

(3) 在“页面页眉”节建立标签，标签标题设置为“学生信息”。

(4) 向“主体”节拖入 4 个字段：姓名、性别、年龄、照片，设置照片的“高度”属性和“宽度”属性都是 2.5cm，在字段下方画直线，布局控件。

(5) 在“页面页脚”节建立未绑定型文本框，输入表达式“＝ "第" & [Page] & "页/总" & [Pages] & "页"”，删除附加标签。

(6) 在“页面页脚”节建立未绑定型文本框，输入表达式“＝Now()”，删除附加标签，如图 5-15 所示。

(7) 转到打印预览视图，页面页脚显示结果如图 5-16 所示。

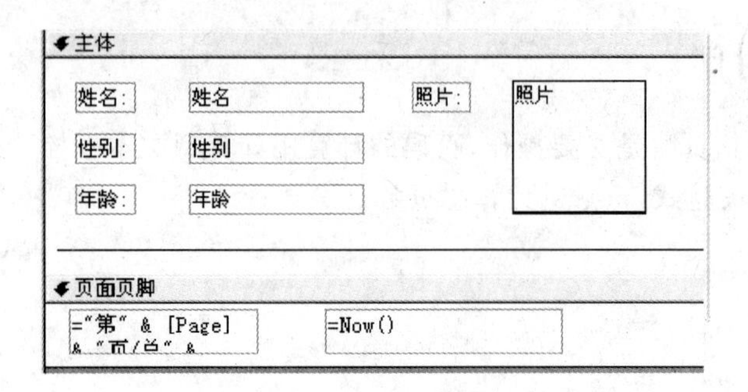

图 5-15　控件布局

图 5-16　在报表中显示页码及日期时间

5.2.2 建立计算字段

用计算型文本框在报表中生成计算字段，是报表设计中的常用操作。下面用一个案例介绍生成计算字段的方法。

案例 5.3　建立计算字段

要求：以“工资”表为数据源建立报表，建立“扣除”和“实发工资”字段，其中，“扣除”字段的值是“实发工资”字段值的10%。

操作步骤：

(1) 打开“工资管理.mdb”数据库，以“工资”表为数据源建立报表，以“实发工资”为名保存报表。

(2) 将“教师编号”、“基本工资”、“奖金”字段拖入“主体”节，将附加标签剪切到“页面页眉”节，将文本框排成一行，将标签排成一行。

(3) 建立未绑定型文本框，将附加标签剪切到“页面页眉”节，设置标签标题为“扣除”，定义文本框的名称为“t1”，在文本框中输入表达式“=[基本工资] * 0.1”。

(4) 建立未绑定型文本框，将附加标签剪切到“页面页眉”节，设置标签标题为“实发工资”，在文本框中输入表达式“=[基本工资]+[奖金]-t1”。

(5) 按住 Shift 键，在“页面页眉”节标签控件下方画一条直线。

(6) 拖动鼠标，选中所有“数字”型字段，设置“文本对齐”属性为“左”，设置“格式”属性为“固定”，设置“小数位数”属性为 2。

(7) 布局控件，如图 5-17 所示。

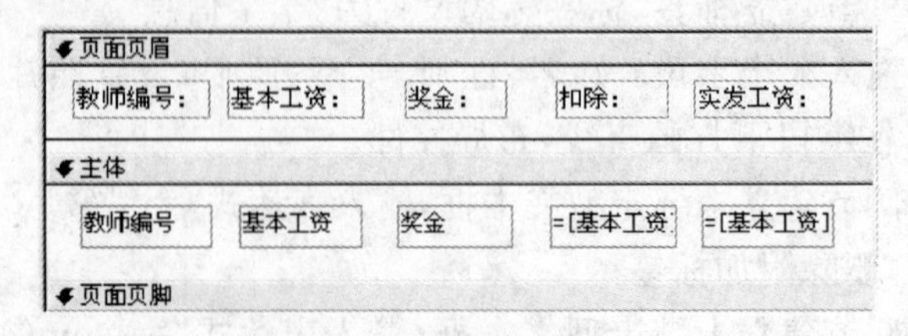

图 5-17　建立计算字段

(8) 转到打印预览视图,显示结果如图 5-18 所示。

实发工资 : 报表

教师编号:	基本工资:	奖金:	扣除:	实发工资:
1001	2100.00	1575.00	210.00	3465.00
1002	1900.00	1350.00	190.00	3060.00
1003	2600.00	1200.00	260.00	3540.00

图 5-18 显示"实发工资"报表

5.2.3 显示统计数据

报表中经常进行统计操作,报表的统计数据用计算型文本框显示。下面用一个案例介绍统计操作的方法。

案例 5.4 显示统计数据

要求:以"学生信息"表为数据源建立报表,显示学生人数和平均年龄。

操作步骤:

(1) 打开"成绩管理.mdb"数据库,用设计视图新建报表,以"学生人数"为名保存报表。

(2) 将"学号"、"姓名"、"性别"、"年龄"字段拖入"主体"节,将附加标签剪切到"页面页眉"节,将文本框排成一行,将标签排成一行。

(3) 选择菜单"视图"→"报表页眉/页脚",显示"报表页眉"节与"报表页脚"节。

(4) 在"报表页脚"节建立未绑定型文本框,在文本框中输入表达式"=Count([学号])",附加标签标题设置为"学生人数"。

(5) 在"报表页脚"节建立未绑定型文本框,输入表达式"=Avg([年龄])",附加标签标题设置为"平均年龄",文本框"格式"属性设为"固定","小数位数"属性设为 2,如图 5-19 所示。

(6) 转到版面预览视图,报表页脚显示结果如图 5-20 所示。

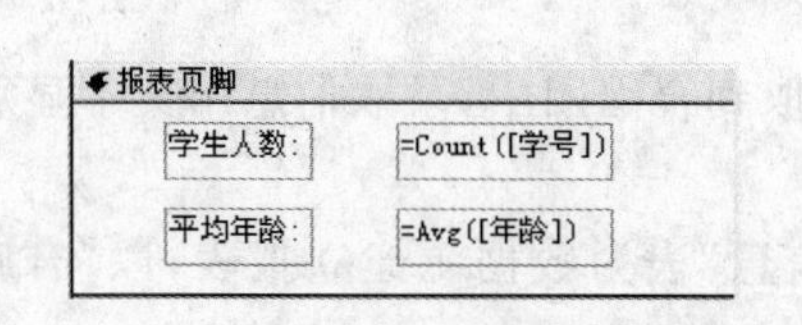

图5-19 在报表页脚建立计算型文本框

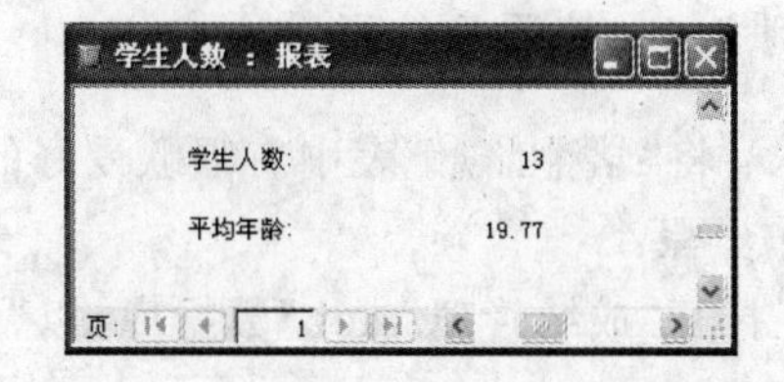

图 5-20 计算型文本框显示统计数据

5.2.4 用条件格式显示数据

在报表中,可以给文本框控件设置条件格式,使文本框中满足条件的值按照指定格式显示。条件格式用"格式"菜单中的"条件格式"命令实现。

下面用一个案例介绍条件格式的使用方法。

案例 5.5　使用条件格式

要求：将“实发工资”报表中基本工资低于 2000 元的值以加下划线且加粗倾斜的方式显示。

操作步骤：

(1) 打开“工资管理.mdb”数据库，用设计视图打开“实发工资”报表。

(2) 单击“基本工资”文本框，选择菜单“格式”→“条件格式”，条件的 3 个输入框分别设置为“字段值为”、“小于”、“2000”，单击加粗、倾斜、下划线按钮，如图 5-21 所示。

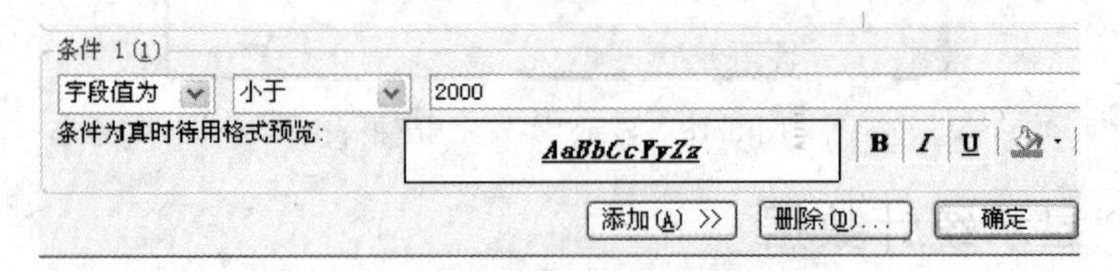

图 5-21　定义条件格式

(3) 转到打印预览视图，显示结果如图 5-22 所示。

实发工资 ：报表

教师编号：	基本工资：	奖金：	扣除：	实发工资：
1001	2100.00	1575.00	210.00	3465.00
1002	***<u>1900.00</u>***	1350.00	190.00	3060.00
1003	2600.00	1200.00	260.00	3540.00

页：1

图 5-22　满足条件的值加粗倾斜加下划线显示

5.2.5　根据条件显示数据

在计算型文本框中使用条件函数 iif，能使文本框按照指定的条件显示数据。下面用一个案例来介绍如何在计算型文本框中使用条件函数。

案例 5.6　使用条件函数

要求：将“学生信息”表中有唱歌爱好的人录取到合唱团中，录取信息用文本显示。

操作步骤：

(1) 打开“成绩管理.mdb”数据库，以“学生信息”表为数据源建立报表，以“合唱团”为名保存报表。

(2) 将“学号”、“姓名”、“性别”字段拖入“主体”节，将附加标签剪切到“页面页眉”节，将文本框排成一行，将标签排成一行。

(3) 建立未绑定型文本框，将附加标签剪切到“页面页眉”节，标签标题设置为“合唱团”，在文本框中输入表达式“=iif(instr([备注],"唱歌")<>0,"录取","不录取")”。

(4) 在“页面页眉”节的标签控件下方加一条直线，布局报表中各控件。

(5) 转到打印预览视图，显示结果如图 5-23 所示。

图 5-23 录取信息用文本显示

5.3 在报表中使用复选框控件

复选框控件用来显示“是/否”型数据，当值为“真”时复选框中显示对钩，当值为“假”时复选框中空白。

5.3.1 用复选框显示“是/否”型字段

在报表中将复选框控件与“是/否”型字段绑定，就可以用复选框显示该字段的值。下面用一个案例介绍如何用复选框显示“是/否”型字段的值。

案例 5.7 用复选框显示“是/否”型字段的值

要求：用复选框显示“学生信息”表中的“团员否”字段。

操作步骤：

(1) 打开“成绩管理.mdb”数据库，以“学生信息”表为数据源建立报表，以“团员否”为名保存报表。

(2) 将“学号”、“姓名”、“性别”字段拖入“主体”节，将附加标签剪切到“页面页眉”节，将文本框排成一行，将标签排成一行。

(3) 在“主体”节建立复选框控件，将附加标签剪切到“页面页眉”节，标签标题设置为“团员否”。

(4) 在“页面页眉”节的标签控件下方加一条直线。

(5) 单击复选框，“控件来源”属性选择“团员否”。

(6) 转到打印预览视图，显示结果如图 5-24 所示。

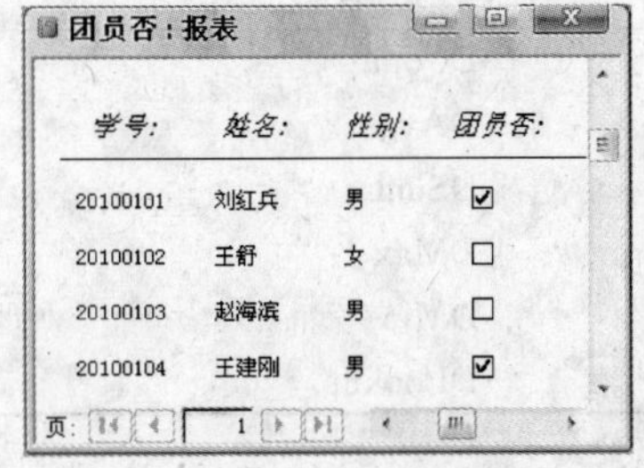

图 5-24 用复选框显示“团员否”字段

5.3.2 用复选框显示计算结果

用复选框控件显示计算结果，要借助条件函数 iif。如果条件成立，函数返回“真”；否则，函数返回“假”。

下面用一个案例来介绍如何用复选框显示计算结果。

案例 5.8　用复选框显示计算结果

要求：将“学生信息”表中有唱歌爱好的人录取到合唱团，录取信息用复选框显示。

操作步骤：

(1) 打开“成绩管理.mdb”数据库，以“学生信息”表为数据源建立报表，以“合唱团录取”为名保存报表。

(2) 将“学号”、“姓名”、“性别”字段拖入“主体”节，将附加标签剪切到“页面页眉”节，将文本框排成一行，将标签排成一行。

(3) 在“主体”节建立复选框，将附加标签剪切到“页面页眉”节，标签标题设置为“录取否”。

(4) 在“页面页眉”节的标签控件下方加一条直线。

(5) 单击复选框，“控件来源”属性输入“=iif(instr([备注],"唱歌")<>0,true,false)”。

(6) 转到打印预览视图，显示结果如图 5-25 所示。

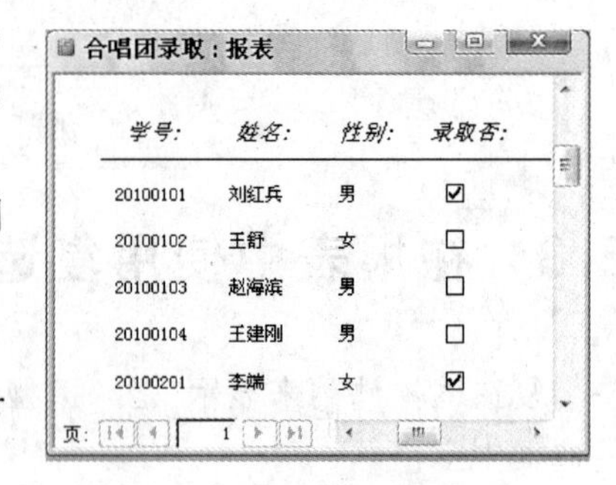

图 5-25　录取信息用复选框显示

5.4 使用聚合函数显示非记录源数据

5.4.1 聚合函数

无论是窗体还是报表，如果计算表达式中的字段都来自当前数据源，显然具有一定的局限性。为此，Access 专门提供了一些函数，用来计算外部数据源的数据，这样的函数称为聚合函数。常用聚合函数如表 5-3 所示。

表 5-3　聚合函数

函　数	功　能
DCount	返回指定记录集的记录个数
DAvg	返回指定记录集中某个字段列数据的平均值
DSum	返回指定记录集中某个数字型字段列数据的和
DMax	返回指定记录集中某个字段列数据的最大值
DMin	返回指定记录集中某个字段列数据的最小值
DLookup	返回指定记录集中某个字段列数据的值

1. DCount 函数

作用：返回指定记录集中的记录个数。

格式：DCount("字段","记录集","条件表达式")

说明：

(1) 记录集可以是表名或查询名，字段必须是记录集中的字段。

(2) 条件表达式可以省略。如果指定条件表达式，函数返回满足条件的记录个数；如果省略条件表达式，函数返回记录集全体记录的个数。

(3) 函数中的各部分要用引号括起来。

举例如下：

(1) 计算“教师”表中女教师的人数。

```
DCount("教师编号","教师","性别='女'")
```

(2) 计算“学生信息”表的记录个数。

```
DCount("学号","学生信息")
```

2. DAvg 函数

作用：返回指定记录集中某个字段列数据的平均值。

格式：DAvg("字段","记录集","条件表达式")

说明：如果指定条件表达式，对字段中满足条件的数据求平均值；如果省略条件表达式，对字段全体数据求平均值。

举例如下：

(1) 计算“教师”表中女教师的平均年龄。

```
DAvg("年龄","教师","性别='女'")
```

(2) 计算“学生信息”表的平均年龄。

```
DAvg("年龄","学生信息")
```

3. DSum 函数

作用：返回指定记录集中某个数字型字段列数据的和。

格式：DSum("字段","记录集","条件表达式")

说明：如果指定条件表达式，对字段满足条件的值求和；如果省略条件表达式，对字段全部值求和。

举例如下：

(1) 计算“工资”表中基本工资在2000元以上(含2000元)的奖金总额。

```
DSum("奖金","工资","基本工资>=2000")
```

(2) 计算“工资”表的奖金总额。

```
DSum("奖金","工资")
```

4. DMax 函数

作用：返回指定记录集中某个字段列数据的最大值。

格式：DMax("字段","记录集","条件表达式")

说明：如果指定条件表达式，对字段满足条件的数据求最大值；如果省略条件表达式，对字段全体数据求最大值。

举例如下：

(1) 计算“工资”表中基本工资在2000元以上(含2000元)的最高奖金。

```
DMax("奖金","工资","基本工资>=2000")
```

(2) 计算“工资”表的最高奖金。

```
DMax("奖金","工资")
```

5. DMin函数

作用：返回指定记录集中某个字段列数据的最小值。

格式：DMin("字段","记录集","条件表达式")

说明：如果指定条件表达式，对字段满足条件的数据求最小值；如果省略条件表达式，对字段全体数据求最小值。

举例如下：

(1) 计算“工资”表中基本工资在2000元以上(含2000元)的最低奖金。

```
DMin("奖金","工资","基本工资>=2000")
```

(2) 计算“工资”表的最低奖金。

```
DMin("奖金","工资")
```

6. DLookup函数

作用：返回指定记录集中某个字段列数据的值。使用DLookup函数，外部表与当前表在条件表达式中以相关字段建立联系。

格式：DLookup("外部字段","外部表","条件表达式")

说明：如果字段有多个值符合条件，DLookup函数只返回第一个字段值。

举例如下：显示“部门”表中“名称”字段的值，其中，“部门”表是外部表，“名称”和“部门编号”是外部表的字段，“所属部门”是当前表的字段。

DLookup("名称","部门","部门编号='"& 所属部门 &"'")

5.4.2 使用聚合函数

1. 使用DLookup函数

下面用一个案例介绍DLookup函数的使用方法。

案例5.9 用DLookup函数显示外部字段的值

要求：报表的数据源是“员工”表，使用DLookup函数显示“部门”表中“名称”字段的值。

“员工”表如图5-26所示。

“部门”表如图5-27所示。

员工：表

编号	姓名	性别	年龄	职务	所属部门
000001	李光四	男	24	职员	04
000002	张强	女	23	职员	02
000003	程鑫	男	20	职员	03
000004	刘红兵	男	25	主管	01
000005	钟舒	女	35	经理	02
000006	江滨	女	30	主管	04

记录：1 共有记录数：49

图 5-26 “员工”表

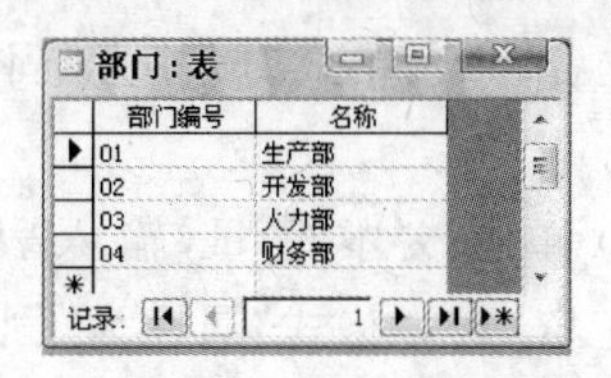
部门：表

部门编号	名称
01	生产部
02	开发部
03	人力部
04	财务部

记录：1

图 5-27 “部门”表

操作步骤：

(1) 打开“工资管理.mdb”数据库，以“员工”表为数据源建立报表，以“员工报表”为名保存报表。

(2) 将“编号”、“姓名”、“性别”字段拖入“主体”节，将附加标签剪切到“页面页眉”节，将文本框排成一行，将标签排成一行。

(3) 在“主体”节建立未绑定型文本框，将附加标签剪切到“页面页眉”节，标签标题设置为“部门”。

(4) 在“页面页眉”节的标签控件下方加一条直线。

(5) 单击文本框，输入表达式“＝dlookup("名称","部门","部门编号＝'"& 所属部门 &"'")”。

说明：相同的引号不能连在一起使用，所以单引号与双引号交叉使用，条件表达式“所属部门”后面的引号是两个双引号夹着中间的一个单引号。另外，条件表达式中先写外部表的字段，当前表的字段写在等号右边。

(6) 转到打印预览视图，显示结果如图 5-28 所示。

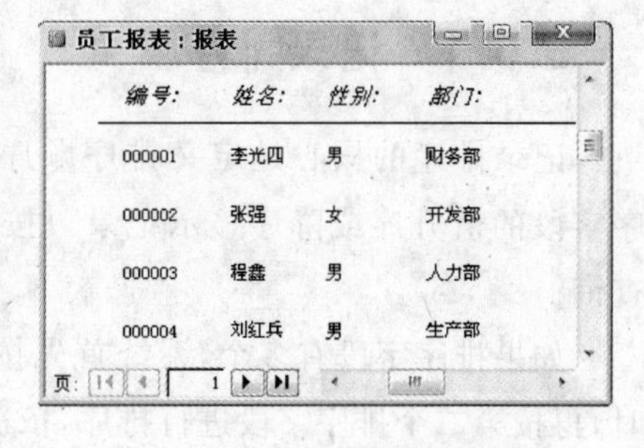
员工报表：报表

编号:	姓名:	性别:	部门:
000001	李光四	男	财务部
000002	张强	女	开发部
000003	程鑫	男	人力部
000004	刘红兵	男	生产部

页：1

图 5-28 显示外部表字段值

2. 使用 DCount、DSum、DAvg、DMax 函数

下面用一个案例介绍 DCount、DSum、DAvg、DMax 函数的使用方法。

案例 5.10 使用 DCount、DSum、DAvg、DMax 函数

要求：建立报表，显示教师人数、平均年龄、工资总额、最高奖金。

操作步骤：

(1) 打开“工资管理.mdb”数据库，用设计视图建立无数据源报表，以“聚合函数”为名保存报表。

(2) 在“主体”节建立 4 个未绑定型文本框，附加标签的标题分别为“教师人数”、“平均年龄”、“工资总额”、“最高奖金”，文本框的名称分别为 t1、t2、t3、t4。

(3) 单击文本框 t1，输入表达式“＝DCount("教师编号","教师")”。

(4) 单击文本框 t2，输入表达式“＝DAvg("年龄","教师")”，“格式”属性为“固定”，“小数位数”属性为 2。

(5) 单击文本框 t3,输入表达式“=DSum("基本工资","工资")”,“格式”属性为“固定”,“小数位数”属性为 2。

(6) 单击文本框 t4,输入表达式“=DMax("奖金","工资")”,“格式”属性为“固定”,“小数位数”属性为 2。

(7) 选取全体文本框,“文本对齐”属性为“左”。

(8) 转到打印预览视图,显示结果如图 5-29 所示。

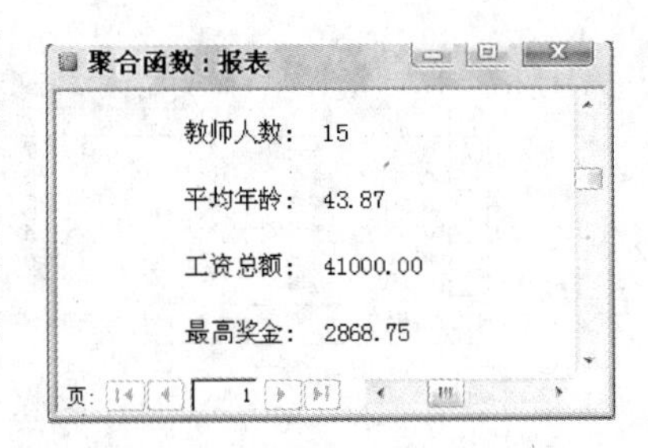

图 5-29 使用聚合函数

5.5 记录排序与分组

记录排序是指按照某个指定顺序排列记录的操作。默认情况下,记录按输入的先后顺序显示。记录分组是按照某个字段值相同与否将记录划分成组的操作,分组以后可以对组内的数据进行统计。

5.5.1 记录排序

记录排序的核心是定义排序顺序,指定报表中一个或几个字段作为排序字段,按排序字段的值升序或降序显示记录。按排序以后的顺序显示记录,可方便对数据的了解和查询。

如果排序字段有多个,系统首先按第一个排序字段进行排序,当第一个字段的值相同时,再按第二个排序字段进行排序,依次类推。

定义排序字段和排序方式用“视图”菜单中的“排序与分组”命令。下面用一个案例来介绍记录排序的方法。

案例 5.11 记录排序

要求:按报表中“性别”和“年龄”字段排序,其中,“性别”字段为升序排序,“年龄”字段为降序排序。

操作步骤:

(1) 打开“成绩管理.mdb”数据库,以“学生信息”表为数据源建立报表,以“排序”为名保存报表。

(2) 将“学号”、“姓名”、“性别”、“年龄”字段拖入“主体”节,将附加标签剪切到“页面页眉”节,将文本框排成一行,将标签排成一行。

(3) 在“页面页眉”节的标签控件下方加一条直线。

(4) 选择菜单“视图”→“排序与分组”,在左边列中选“性别”和“年龄”字段,在右边列中分别选“升序”和“降序”,如图 5-30 所示。

(5) 转到打印预览视图,显示结果如图 5-31 所示。

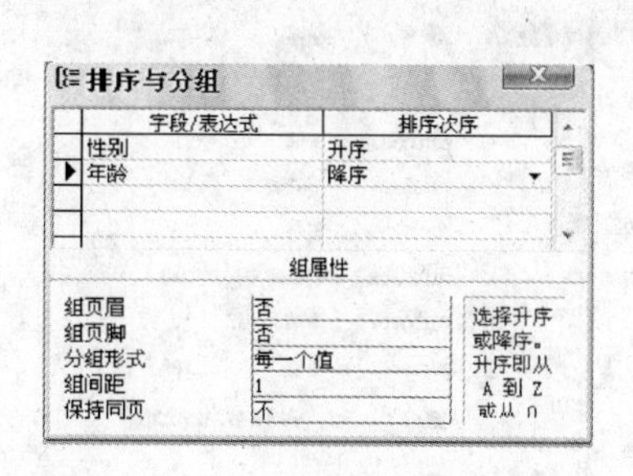

图 5-30　定义排序字段和排序方式

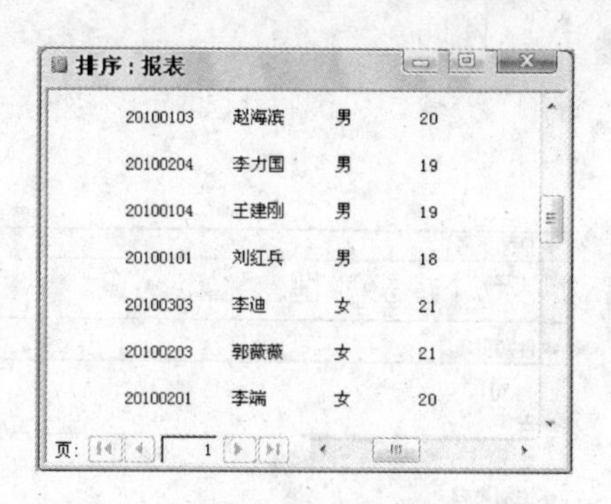

图 5-31　按“性别”和“年龄”字段排序

5.5.2　记录分组

如果报表中某个字段有相同的值，就可以将字段值相同的记录划分成一组，然后对同组数据做统计操作。分组统计得到的数据放在组页脚中。

定义分组字段用“视图”菜单中的“排序与分组”命令。下面用一个案例介绍对记录分组统计的方法。

案例 5.12　记录分组

要求：按报表中“性别”字段分组，统计各组人数和平均年龄。

操作步骤：

(1) 打开“成绩管理.mdb”数据库，以“学生信息”表为数据源建立报表，以“分组”为名保存报表。

(2) 选择菜单“视图”→“排序与分组”，分组字段选择“性别”，组页眉选择“是”，组页脚选择“是”，排序选择“降序”，如图 5-32 所示。

说明：如果“组页眉”和“组页脚”都为“否”，仅对选定字段排序。

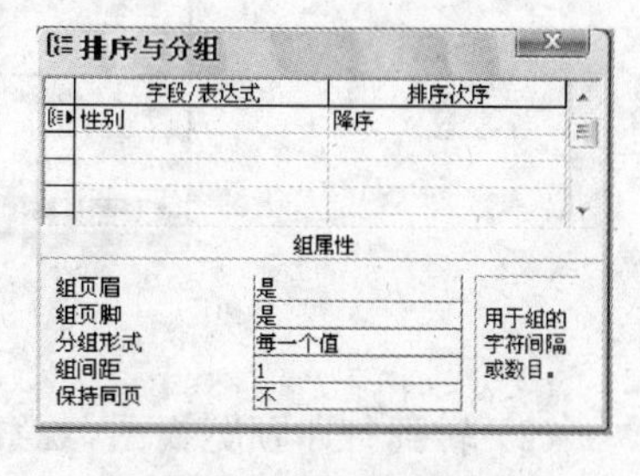

图 5-32　定义分组字段

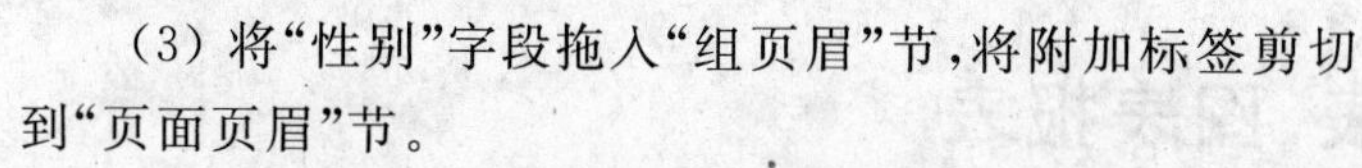

(3) 将“性别”字段拖入“组页眉”节，将附加标签剪切到“页面页眉”节。

(4) 将“学号”、“姓名”、“年龄”字段拖入“主体”节，将附加标签剪切到“页面页眉”节。

(5) 将“页面页眉”节的标签排成一行，在标签下方加一条直线。

(6) 在“组页脚”节建立未绑定型文本框控件，附加标签的标题为“人数”，在文本框中输入表达式“=Count([学号])”，“文本对齐”属性为“左”，“字体粗细”属性为“加粗”。

(7) 在“组页脚”节建立未绑定型文本框控件，附加标签的标题为“平均年龄”，在文本框中输入表达式“=Avg([年龄])”，“格式”属性选择“固定”，“小数位数”属性选择 2，“文本对齐”属性选择“左”，“字体粗细”属性选择“加粗”，报表布局如图 5-33 所示。

(8) 转到打印预览视图，显示结果如图 5-34 所示。

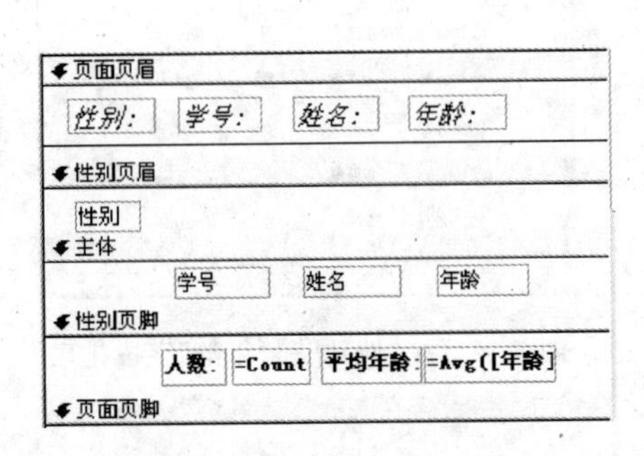

图 5-33 分组统计报表布局

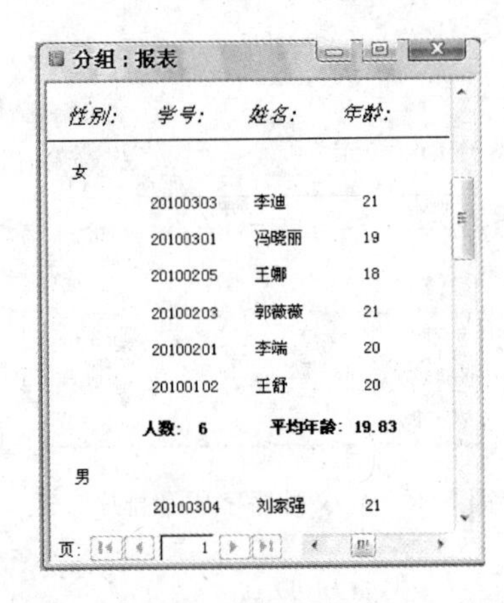

图 5-34 分组统计

5.5.3 分页符

分页符控件可以使报表强制分页，使分页符后面的内容另起一页显示。分页符以短虚线标记显示在报表的左边。选中分页符后按 Del 键即可删除。

建立分页符控件的方法如下。

(1) 在报表设计窗口单击“分页符”工具，在“主体”节字段下方画一个区域，添加了一个分页符，如图 5-35 所示。

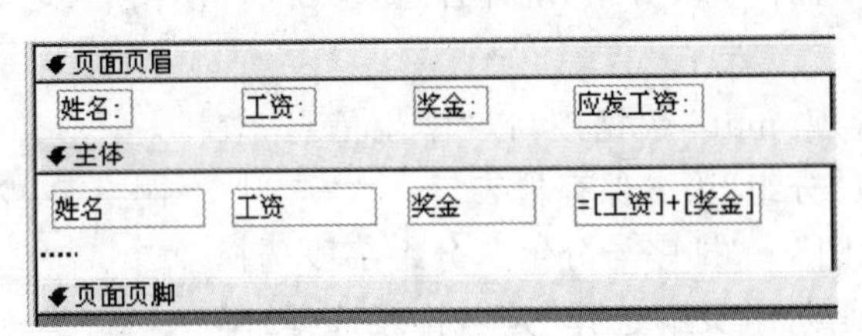

图 5-35 在“主体”节添加一个分页符

(2) 转到打印预览视图，观察报表的显示情况，每条记录单独显示一页。

5.6 子报表、标签报表、图表报表

5.6.1 子报表

如果一个报表显示在其他报表中，则称该报表为子报表。如果一个报表中嵌入了其他报表，则称该报表为主报表。主报表既可以包含子报表，也可以包含子窗体。

子报表可以用“子窗体/子报表”控件建立，也可以先建立报表，再把建好的报表直接拖到另一个报表的设计视图中，成为该报表的子报表。

主报表的数据源与子报表的数据源要建立正确的关联。如果主报表没有数据源，是非绑定的，则主报表仅作为一个容纳子报表的容器。

1. 用数据表建立子报表

下面用一个案例介绍用数据表建立子报表的方法。

案例 5.13 用数据表建立子报表

要求：用“成绩”表为数据源建立子报表。

操作步骤：

(1) 打开“成绩管理.mdb”数据库，以“学生信息”表为数据源建立报表，以“学生”为名保存报表。

(2) 将“学号”和“姓名”字段拖入“主体”节，将字段纵向排列。

(3) 单击“向导”工具，单击“子窗体/子报表”工具，在“主体”节画一个矩形区域，显示“子报表向导”对话框。

(4) 单击“使用现有的表或查询”，单击“下一步”按钮，选择“成绩”表，选字段“学号”、“课程号”、“成绩”，两次单击“下一步”按钮，之后单击“完成”按钮。

(5) 删除子报表的附加标签，调整子报表各控件的大小，如图 5-36 所示。

(6) 转到打印预览视图，显示结果如图 5-37 所示。

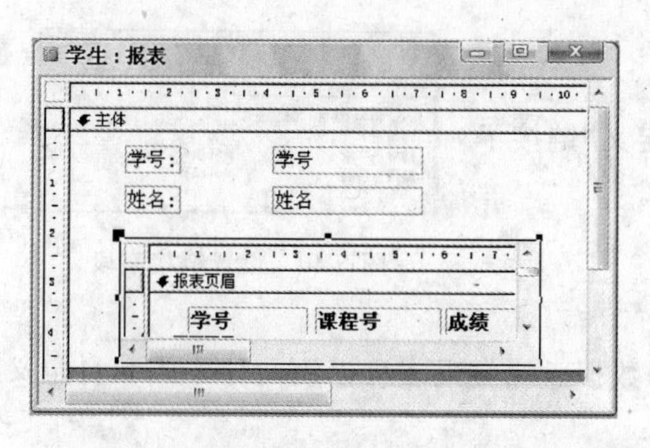

图 5-36 以“成绩”表为数据源建立子报表

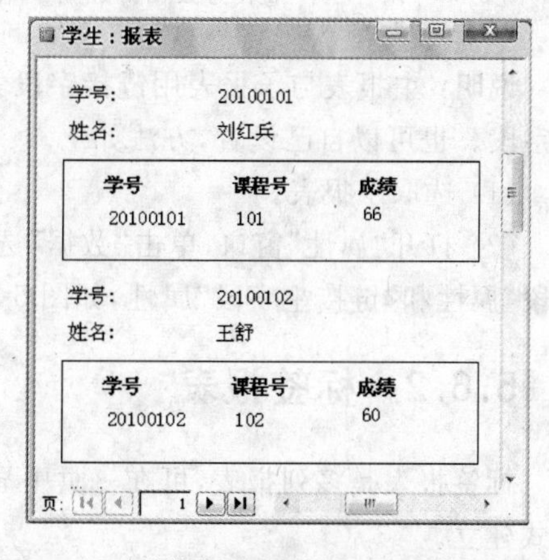

图 5-37 在“学生”报表中显示“成绩”子报表

2. 用报表建立子报表

下面用一个案例介绍用报表建立子报表的方法。

案例 5.14 用报表建立子报表

要求：先建立“工资”报表，再使“工资”报表成为“教师”报表的子报表。

操作步骤：

(1) 打开“工资管理.mdb”数据库，以“工资”表为数据源建立报表，以“工资”为名保存报表，删除“页面页眉”节和“页面页脚”节。

(2) 将“教师编号”、“基本工资”、“奖金”字段拖入“主体”节，纵向排列字段，关闭设计窗口。

(3) 以“教师”表为数据源建立报表,以“教师”为名保存报表,删除“页面页眉”节“和页面页脚”节。

(4) 将“姓名”、“性别”、“职称”字段拖入“主体”节,纵向排列字段。

(5) 用“子窗体/子报表”工具在“主体”节画一个矩形区域,删除附加标签,单击“子报表”控件,“源对象”属性选择“工资”报表,如图 5-38 所示。

(6) 转到打印预览视图,显示结果如图 5-39 所示。

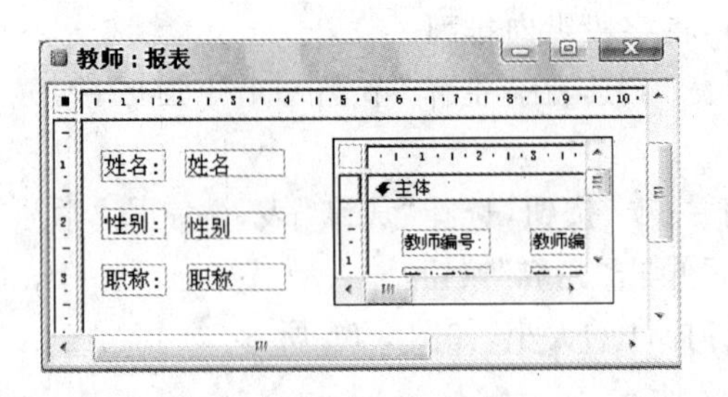

图 5-38 以“工资”报表为数据源建立子报表

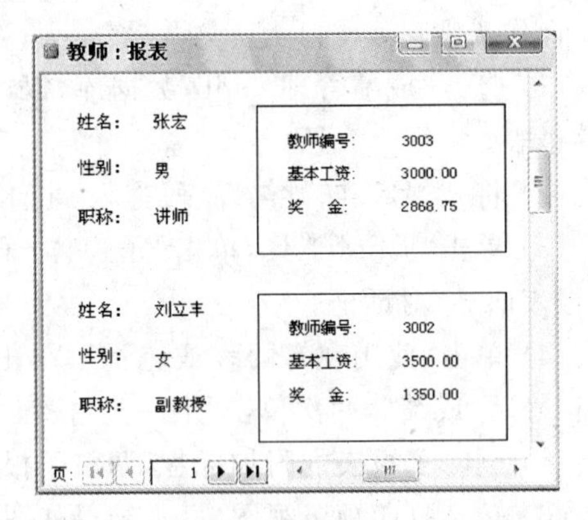

图 5-39 在“教师”报表中显示“工资”报表

说明:主报表与子报表用链接字段关联。一般情况下,系统会自动为主/子报表建立链接字段。也可以自己设置,方法如下。

(1) 选取子报表。

(2) 打开“属性”窗口,单击“数据”选项卡,定义“链接子字段”属性和“链接主字段”属性,如图 5-40 所示。

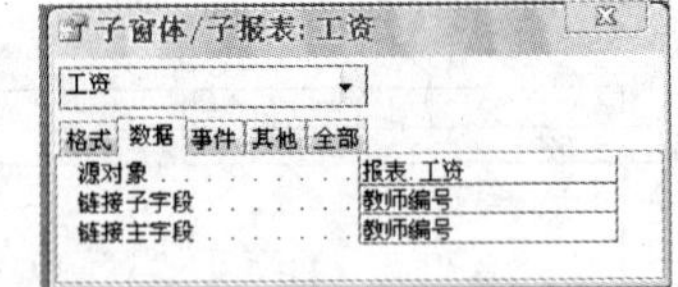

图 5-40 设置链接字段

5.6.2 标签报表

标签报表是多列报表,可在一页中显示多列数据。标签报表可以用向导方式和自定义方式建立。

1. 用向导建立标签报表

下面用一个案例介绍用向导建立标签报表的方法。

案例 5.15 用向导建立标签报表

要求:以“学生信息”表为数据源建立标签报表,每行显示 3 列。

操作步骤:

(1) 打开“成绩管理.mdb”数据库,单击“新建”按钮,打开“新建报表”对话框,选择“标签向导”,数据源选择“学生信息”表,单击“确定”按钮。

(2) 纸张尺寸选择 21mm×15mm,“横标签号”选择 3,如图 5-41 所示。

(3) 单击“下一步”按钮,文本外观选择“宋体”、“11 号字”、“中等”、“倾斜”,如图 5-42 所示。

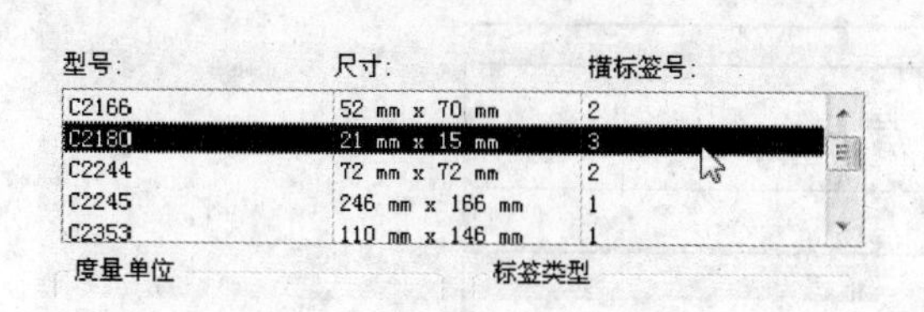

图 5-41　选择纸张和列数

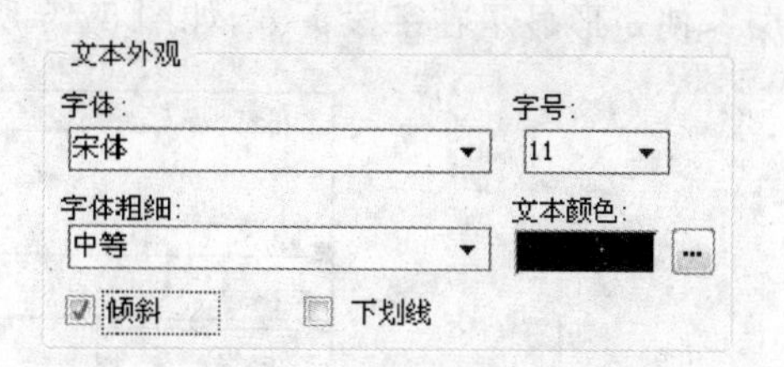

图 5-42　定义文本外观

(4) 单击“下一步”按钮,将“学号”、“姓名”、“性别”字段移到“原型标签”列表框中,每选一个标签按一次回车键,如图 5-43 所示。

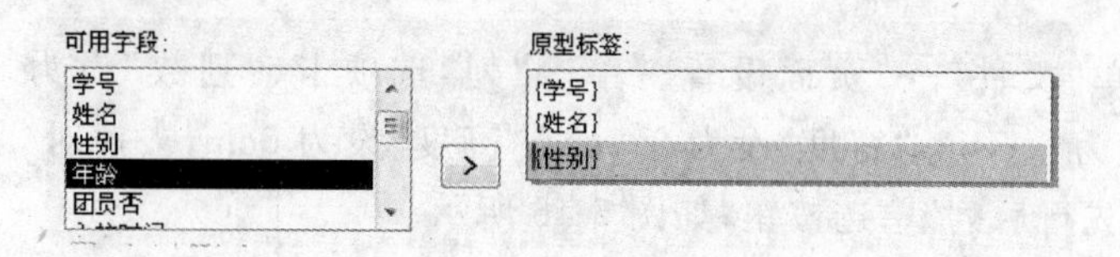

图 5-43　选择原型标签

(5) 单击“下一步”按钮,指定报表名称为“学生信息标签”,单击“完成”按钮,标签报表显示结果如图 5-44 所示。

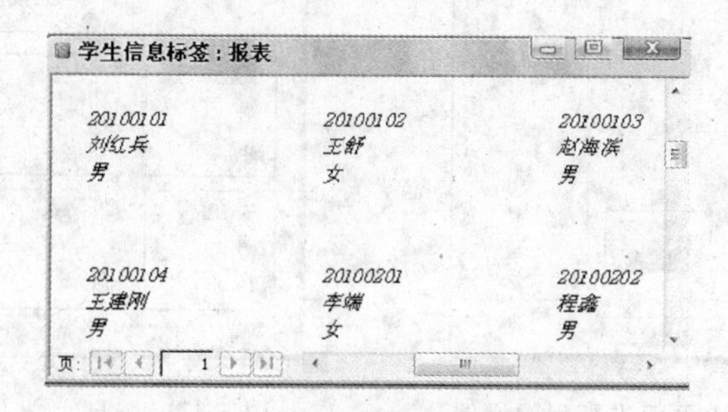

图 5-44　用向导建立标签报表

2. 用自定义方式建立标签报表

下面用一个案例介绍自定义方式建立标签报表的方法。

案例 5.16　建立标签报表

要求:以“学生信息”表为数据源建立标签报表,每行显示 3 列。

操作步骤:

(1) 打开“成绩管理.mdb”数据库,以“学生信息”表为数据源建立报表,以“标签报表”为名保存报表。

(2) 在“页面页眉”节建立标签,标签标题为“学生信息”,“字号”属性为 16,“倾斜字体”属性选择“是”,“字体粗细”属性选择“加粗”,在标签下画一条直线。

(3) 将“姓名”、“性别”、“年龄”字段拖入“主体”节,纵向排列字段,删除附加标签。

(4) 用“矩形”工具画矩形区域将 3 个字段包围,选中矩形,选择菜单“格式”→“置于底层”,使矩形显示在字段下方,如图 5-45 所示。

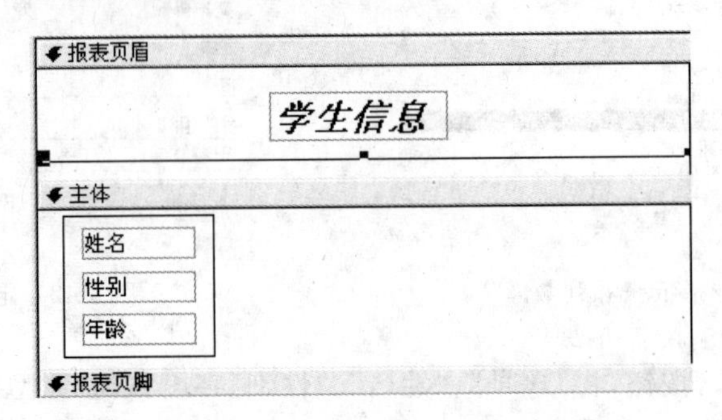

图 5-45　用矩形将 3 个字段包围

(5) 选择菜单“文件”→“页面设置”,单击“列”选项卡,“列数”设为 3,“行间距”设为 0cm,“列间距”设为 0.5cm,“宽度”设为 2.7cm,“高度”设为 3cm,去掉对“与主体相同”复选框的选择,选中“先行后列”单选按钮,如图 5-46 所示。

(6) 转到打印预览视图,显示结果如图 5-47 所示。

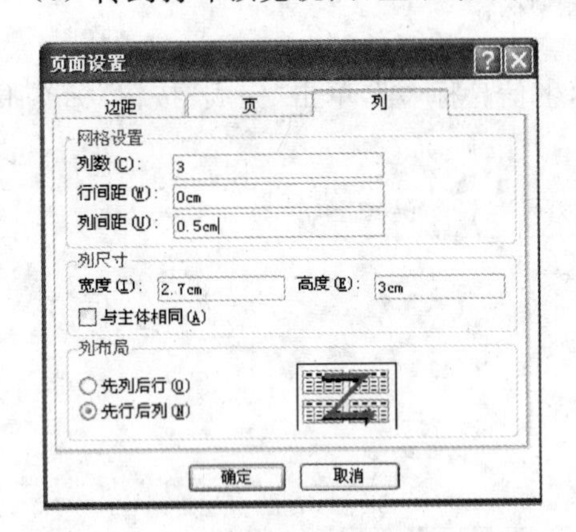

图 5-46　对标签报表页面进行列的设置

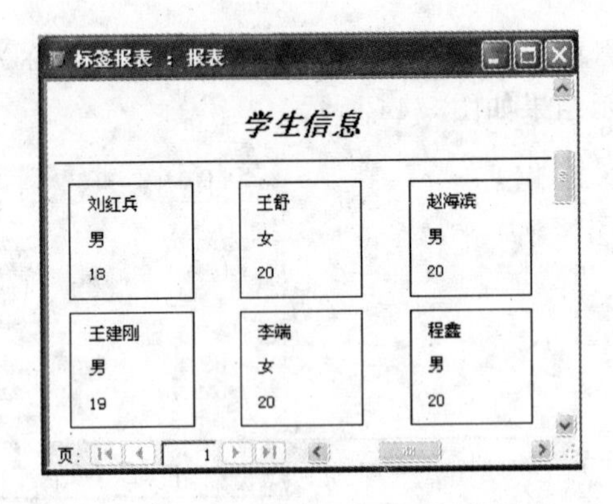

图 5-47　用自定义方式建立标签报表

5.6.3 图表报表

图表报表用图表显示数据之间的关系,为数据分析提供依据。下面用一个案例来介绍图表报表的制作方法。

案例 5.17　建立图表报表

要求:以“学生信息”表为数据源建立图表报表。

操作步骤:

(1) 打开“成绩管理.mdb”数据库,用设计视图建立报表,以“图表”为名保存报表,删除“页面页眉”节和“页面页脚”节。

(2) 选择菜单“插入”→“图表”,在“主体”节画一个矩形区域,选择用于图表的数据源为“学生信息”表,如图 5-48 所示。

(3) 单击“下一步”按钮,选择用于图表的字段为“性别”、“年龄”,如图 5-49 所示。

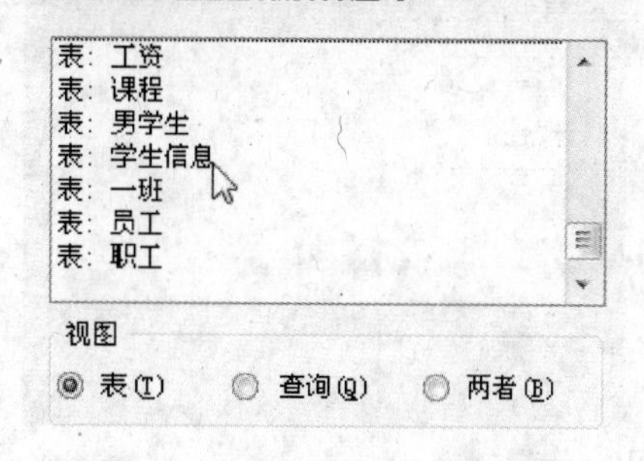

图 5-48 选择用于图表的数据源

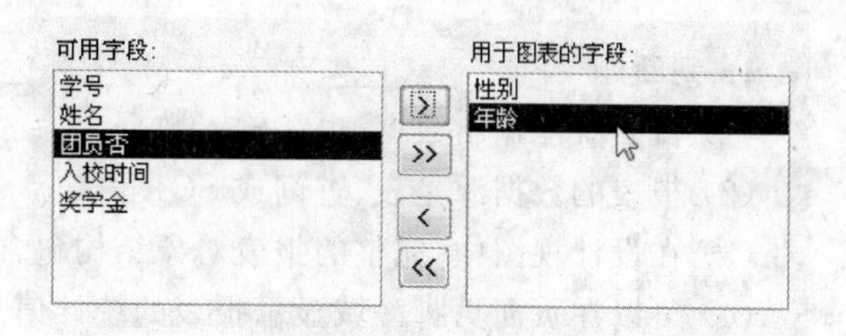

图 5-49 选择用于图表的字段

(4) 单击“下一步”按钮,选择“柱形图”,单击“下一步”按钮,双击图例左上角的汇总字段,“年龄”字段的汇总方式选择“平均值”,如图 5-50 所示。

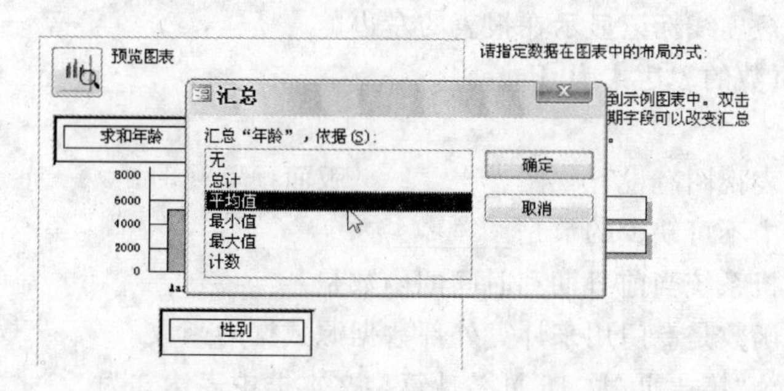

图 5-50 “年龄”字段的汇总方式选择“平均值”

(5) 单击“确定”按钮,图表设计如图 5-51 所示。

(6) 单击“下一步”按钮,指定图表标题为“平均年龄”,单击“完成”按钮。

(7) 双击图表内的空白处,使图表进入编辑状态。单击“平均年龄”标题,字号选择 11,字体选择“加粗”。

(8) 转到打印预览视图,显示结果如图 5-52 所示。

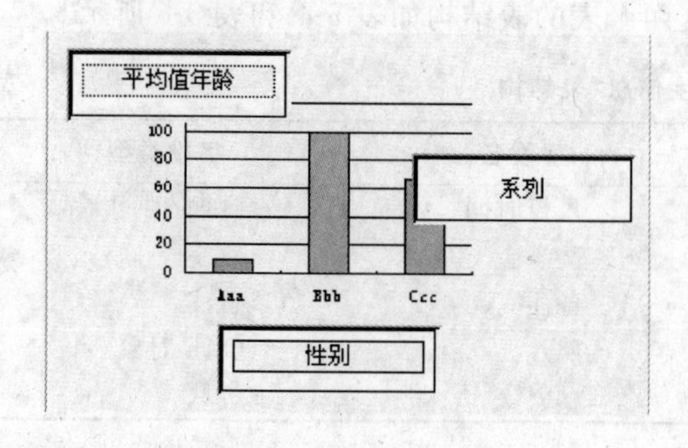

图 5-51 完成图表设计

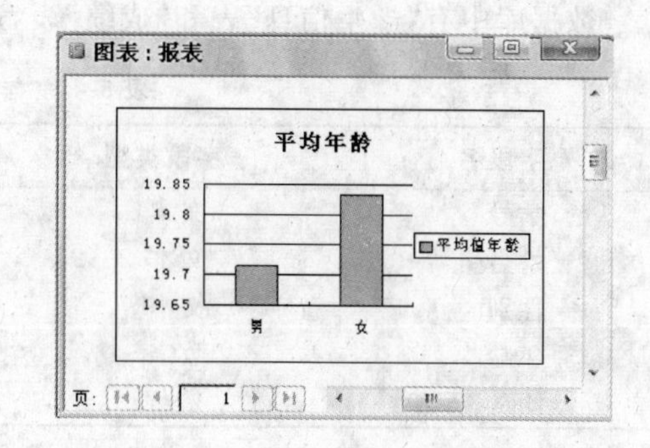

图 5-52 显示男女平均年龄的图表报表

说明:双击图表内的空白处,使图表进入编辑状态,就可以对图表内的各元素进行编辑。单击图表边框使图表处于选中状态,可以在报表中移动图表。

习题5

1. 判断题

(1) 报表既能输出数据,也能输入数据。

(2) 报表的数据源是表、查询或SQL语句。

(3) 在设计视图中,完整的报表对象结构包含5个节。

(4) 可以在页面页脚区域显示报表的统计信息。

(5) 报表页脚的内容在最后一页主体内容之后输出。

(6) 组页脚显示对分组字段的统计信息。

(7) 节没有宽度属性。

(8) 可以给报表设置背景颜色。

(9) 分页符以短虚线标记显示在报表的左边。

(10) 计算总页数的表达式为[Pages]。

2. 填空题

(1) 常用的报表视图有设计视图、________、版面预览视图。

(2) 报表结构中不可缺少的节是________。

(3) 显示计算机系统当前日期和时间的函数是________。

(4) ________函数是专门用来计算外部数据源数据的函数。

(5) 显示格式为"第4页/总15页",计算型文本框中表达式为________。

(6) 函数DCount返回指定记录集的________。

(7) 在报表中显示外部表中的字段值,应该使用的函数是________。

(8) 默认情况下,记录按________的先后顺序显示。

(9) 记录分组是按照字段值________将记录划分成组。

(10) 如果一个报表显示在其他报表中,称该报表为________。

3. 操作题

数据库中有"学生信息"表和"成绩"表,这两个表的表结构如表5-4和表5-5所示。

表5-4 "学生信息"表结构

字段名	字段类型	字段名	字段类型
学号	文本	入校时间	日期/时间
姓名	文本	奖学金	数字
性别	文本	备注	备注
年龄	数字	照片	OLE对象
团员否	是/否		

表5-5 "成绩"表结构

字段名	字段类型	字段名	字段类型
学号	文本	成绩	数字
课程号	文本		

完成如下操作：

(1) 以“学生信息”表为数据源建立“表格式”报表，命名为“报表1”，报表字段有“姓名”、“性别”、“年龄”、“照片”，附加标签剪切到“页面页眉”节，标签下面画一条直线。

(2) 在“报表页眉”节添加标签，标题为“学生信息报表”，设置字体、字号等属性。

(3) 在“报表1”的“页面页脚”节显示页码，格式为：第n页/共m页。

(4) 用“性别”字段分组，按“年龄”字段升序排序。

(5) 显示男女学生人数、男女学生平均年龄、记录总个数和总的平均年龄。

(6) 在“报表1”中添加复选框，显示“团员否”字段，标签标题为“是否团员”。

(7) 以“成绩”表全部字段建立“报表1”的子报表。

(8) 给“报表1”添加分页符，使每条记录单独显示一页。

(9) 用“学生信息”表的“学号”、“姓名”、“性别”、“年龄”4个字段建立标签报表，每行显示4列。

第6章 页的设计与使用

Access 页对象的作用是将数据库的数据通过 Web 页发布到网上，使用户方便快捷地在网上浏览信息和编辑信息。本章主要介绍页对象的基本操作方法，包括使用页的控件、建立数据访问页、编辑数据访问页等。

6.1 认识页

页又被称为数据访问页，是专为数据库数据创建的一种特殊 Web 页，用来在网上显示数据库数据。页具有交互性，可以通过网络查看数据，还能实时编辑和更新数据。

页与窗体、报表等对象有所不同，窗体、报表等对象都存放在数据库应用程序内，而页对象虽然在 Access 中设计，但页本身却作为一个独立文件存储在数据库应用程序之外，页文件的扩展名为.htm 或.html。数据库中保存的是指向页文件的快捷方式。

6.1.1 页的视图

页有 3 种视图：设计视图、页面视图、网页预览。单击窗口左上角的“视图”按钮进行视图切换，如图 6-1 所示。

(1) 设计视图，用来创建和编辑页结构，建立页的控件。

(2) 页面视图，用来查看页的显示效果。

(3) 网页预览，用浏览器显示页，带有超链接的页只能用“网页预览”查看效果。

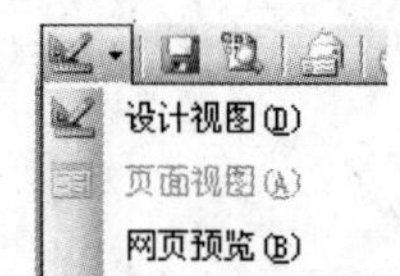

图 6-1 页的视图

6.1.2 页的设计视图

页的设计视图是可视化集成界面，创建和编辑页在设计视图中完成。页结构没有节的概念，主要有 3 个区域：页面区域、网格区域、导航区域。其中，网格区域和导航区域是页的子区域。

与字段绑定的控件和操作字段的控件都要放在网格区域中，设计视图网格区的作用相当于窗体结构或报表结构中“主体”节的作用。

页的设计视图窗口如图 6-2 所示。

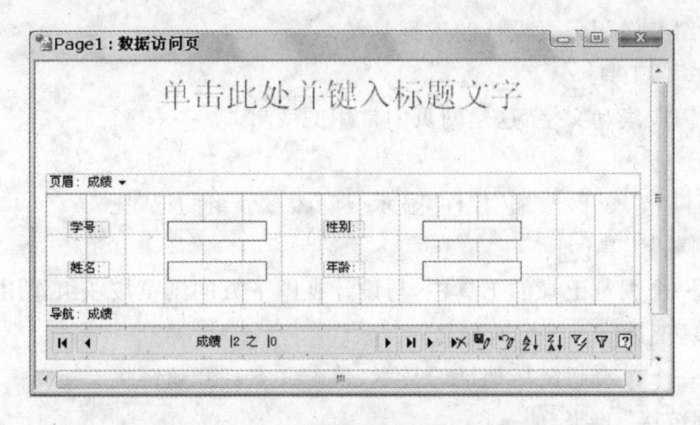

图 6-2 页的设计视图窗口

6.1.3 页的字段列表

在页的设计视图窗口中单击“字段列表”工具按钮，会显示所有的表和查询，从中直接选择字段即可。显示在页里的字段可以出自一个表，也可以出自有关联的多个表。首先展开字段列表，然后选择字段。页的字段列表如图 6-3 所示。

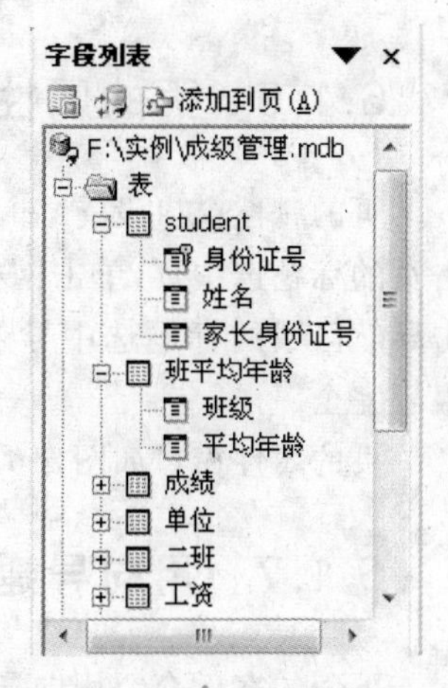

图 6-3 页的字段列表

选择字段的方式有 2 种：

(1) 将字段拖入设计网格区。

(2) 选中字段，单击字段列表窗口的“添加到页”按钮。

6.1.4 页的数据大纲

页的设计视图窗口有一个“数据大纲”工具按钮，位于“字段列表”工具按钮旁边，用来显示当前设计网格中的所有字段，以及字段所属的表，如图 6-4 所示。

6.1.5 页的工具箱

页工具箱中的控件大多与窗体和报表的工具箱控件相同，除此之外，页工具箱增加了一些专用于网页效果和网页浏览的工具。页的工具箱如图 6-5 所示。

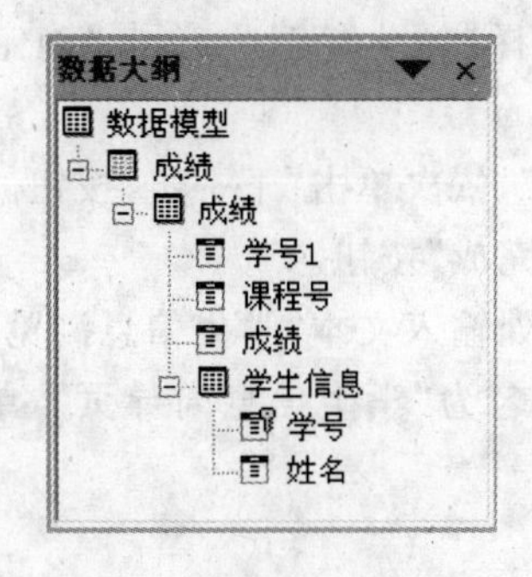

图 6-4 页的数据大纲

图 6-5 页的工具箱

下面简单介绍专门用于页设计的工具。

(1)“滚动文字”工具

在页中插入一段滚动文字，这是网页中常用的效果。

(2)“展开”工具

在页中插入一个“展开/收缩”控件，显示或隐藏被分组的记录。

(3)“记录浏览”工具

在页中插入一个浏览记录的工具栏，与设计视图下方的浏览按钮组作用相似。

(4)“超链接”工具

在页中插入一个带有超链接地址的文本，单击文本打开超链接。

(5)“图像超链接”工具

在页中插入一个带有超链接地址的图片，单击图片打开超链接。

(6)“影片”工具

在页中插入一个影片控件，并指定要播放的影片，影片格式为：avi、mov、mpg 等。

6.1.6 页的属性窗口

页的属性窗口没有“事件”选项卡和“对象”选项卡，单击页的标题选中页，单击网格区域的页眉选中网格区域，单击导航区域的标题选中导航区域。其他使用方法与窗体、报表完全一样。

页的属性窗口如图 6-6 所示。

图 6-6 页的属性窗口

6.1.7 用向导建立简单数据页

下面的案例介绍用向导建立简单数据访问页的方法。

案例 6.1 用向导建立简单数据页

要求：以“学生信息”表为数据源，用向导建立数据页，显示表的部分字段。

操作步骤：

(1) 打开“成绩管理.mdb”数据库，在库窗口单击页对象，单击“新建”按钮，打开“新建数据访问页”对话框。选择“数据页向导”，数据源选择“学生信息”，单击“确定”按钮，如图 6-7 所示。

(2)“选定字段”为“学号”、“姓名”、“性别”、“年龄”，依次单击“下一步”按钮。

(3) 指定数据页标题为“学生信息向导页”，单击“完成”按钮。

(4) 在网格区域上方“单击此处并键入标题文字”处输入文本“学生信息浏览”。

(5) 单击“保存”按钮，选择文件保存位置，设文件名为“学生信息向导页”，单击“确定”按钮。

(6) 转到“页面视图”，显示结果如图 6-8 所示。

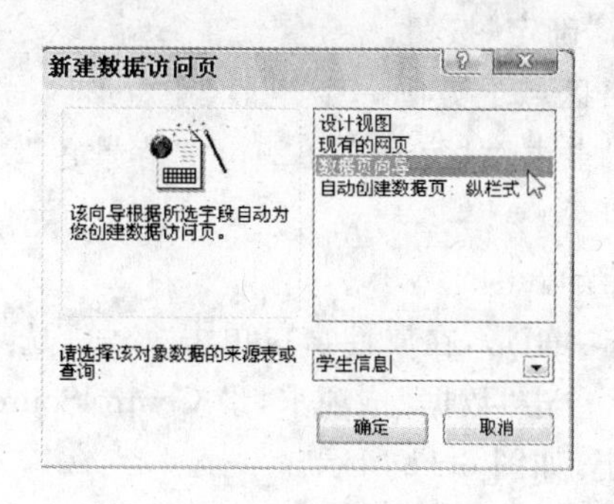

图 6-7 向导建立页

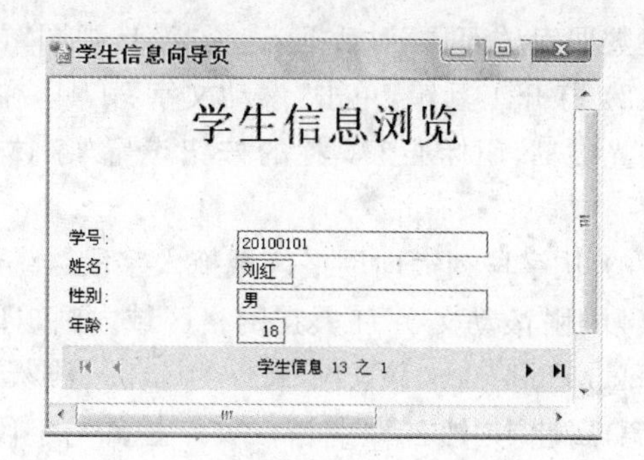

图 6-8 用“页面视图”显示数据页

(7) 转到“网页预览”视图，显示结果如图 6-9 所示。

(8) 数据库窗口显示一个指向数据页的快捷方式，如图 6-10 所示。

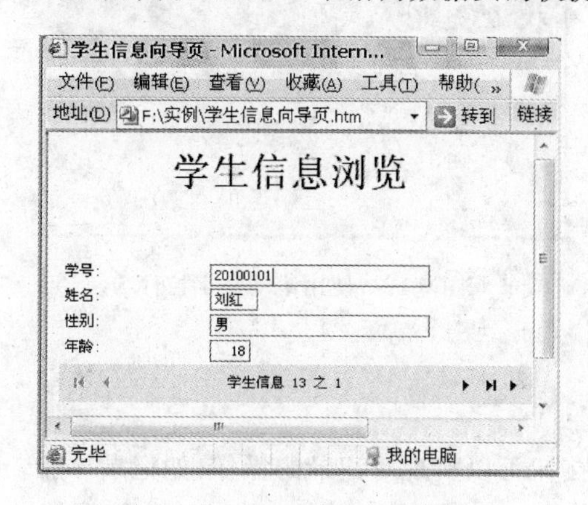

图 6-9 用“网页预览”显示数据页

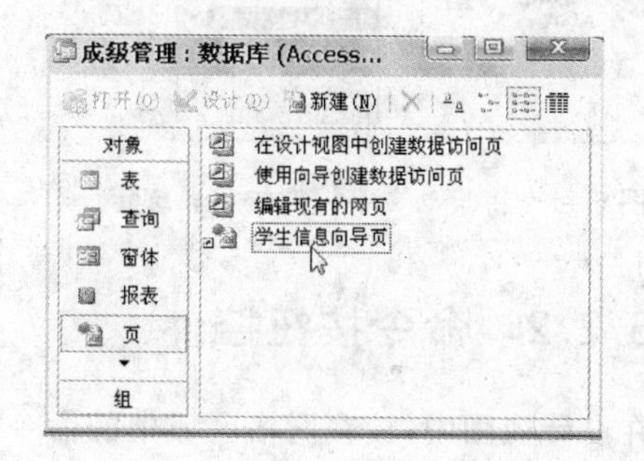

图 6-10 数据库窗口显示的快捷方式

6.2 建立页控件

页是容器对象，包含在页中的对象称为页控件。本节只介绍页的几个专有控件，其他控件的使用方法与窗体、报表控件的使用方法相同。

6.2.1 滚动文字控件

滚动文字是网页常用效果，能吸引浏览者的注意力，放在网格区域中的滚动文字控件还能与一个字段绑定。

下面用一个案例介绍滚动文字控件的添加方法。

案例 6.2 添加滚动文字控件

要求：以“学生信息”表为数据源，用自定义方式建立数据访问页，显示表的部分字段。

操作步骤：

(1) 打开“成绩管理.mdb”数据库，在数据库窗口单击页对象，单击“新建”按钮，打开

"新建数据库访问页"对话框,选择"设计视图",单击"确定"按钮。

(2) 打开工具箱,单击"滚动文字"工具,在网格区域上方画一个矩形,在矩形内写文字"欢迎光临!",用标准工具栏的按钮设置"字体"为"隶书","字号"为 24pt,"背景色"为"浅灰色"。

(3) 从字段列表向网格区域拖入字段:性别、年龄。

(4) 用"滚动文字"工具在网格区域内画矩形,选中矩形,在属性窗口单击"格式"选项卡,设 BackgroundColor(背景色)属性为 silver(浅灰色);单击"数据"选项卡,设 ControlSource(控件来源)属性为"姓名";将滚动文字控件与字段绑定,如图 6-11 所示。

(5) 以"滚动字页"为名保存页,转到页面视图,除了"欢迎光临!"文字在页面上方滚动之外,当前记录"姓名"字段的值也在页面滚动,如图 6-12 所示。

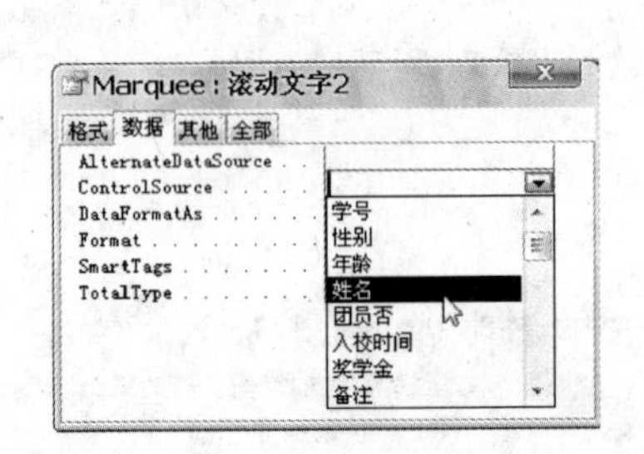

图 6-11 将滚动文字控件与字段绑定

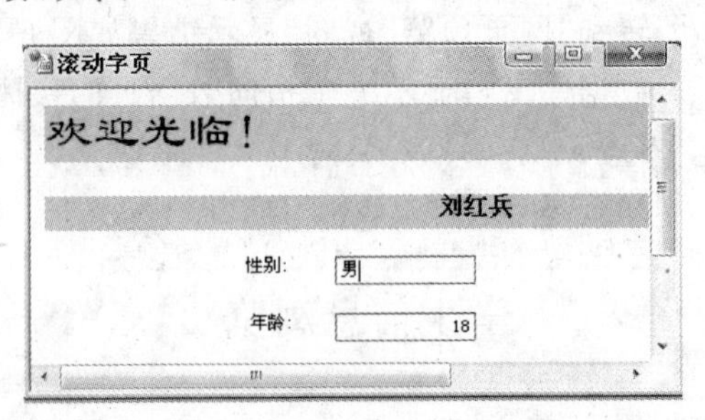

图 6-12 使用滚动文字控件

6.2.2 命令按钮控件

在设计视图中,放在网格区域中的命令按钮可以实现对记录的操作,如记录导航。下面用一个案例来介绍命令按钮控件的使用方法。

案例 6.3 建立命令按钮控件

要求:以"学生信息"表为数据源,用自定义的命令按钮导航记录。

操作步骤:

(1) 打开"成绩管理. mdb"数据库,在数据库窗口单击页对象,单击"新建"按钮,打开"新建数据库访问页"对话框,选择"设计视图",单击"确定"按钮。

(2) 从字段列表向网格区域拖入字段:学号、姓名、性别。

(3) 单击"控件向导",用"命令按钮"工具在网格区画矩形,"类别"选择"导航","操作"选择"转至下一项记录 ",单击"下一步"按钮,选一个图片作为按钮外观,单击"完成"按钮。

(4) 用同样方法再添加 3 个按钮,分别是:转至上一项记录、转至第一项记录、转至最后一项记录。

(5) 以"按钮页"为名保存数据访问页,转到页面视图,单击命令按钮可以更换当前记录,实现记录导航,如图 6-13 所示。

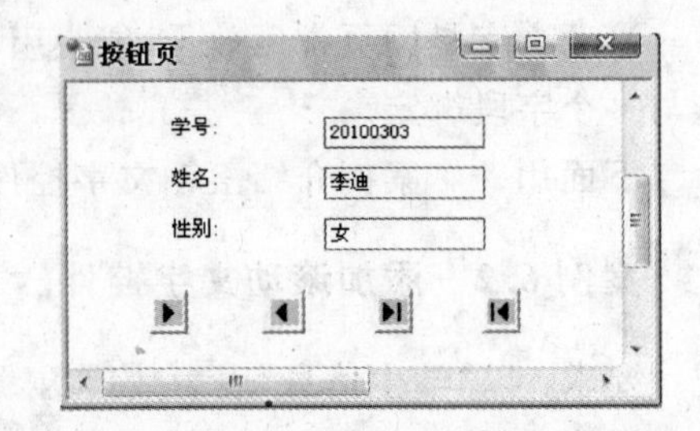

图 6-13 用自定义的命令按钮导航记录

6.2.3 超链接和图像超链接控件

超链接是网页文档与其他文档的主要区别。所谓超链接，是一个从起始端点到目标端点的跳转。起始端点称为"链接源"，通常是文字或图像，目标端点称为"链接目标"，可以是任意网络资源，包括网页、图像、音乐、影片、电子邮件等。

当移动鼠标到链接源文本或图像上方时，鼠标变为手的形状，此时单击鼠标就会跳转到链接的目标端点，显示链接目标端点的内容。

超链接的效果只能用网页预览视图查看。下面用一个案例介绍在页中添加文本超链接和图像超链接的方法。

案例 6.4 建立超链接

要求：在页中添加文本超链接和图像超链接，链接的目标端点是图片。

操作步骤：

(1) 打开"成绩管理.mdb"数据库，在数据库窗口单击页对象，单击"新建"按钮，打开"新建数据访问页"对话框，选择"设计视图"，单击"确定"按钮。

(2) 单击"控件向导"，用"超链接"工具在设计窗口中画矩形，在"要显示的文字"框中输入链接源文字"蝴蝶风筝"，选择链接目标所在的文件夹，选一个图片文件作为链接目标端点，单击"确定"按钮，如图 6-14 所示。

(3) 单击"控件向导"，用"图像超链接"工具在设计窗口中画矩形，选定一个图片作为链接源，选择链接目标所在的文件夹，选一个图片文件作为链接目标端点，单击"确定"按钮。

(4) 以"超链接页"为名保存页，转到网页预览视图，单击文字链接源跳转到指定图片，单击图片链接源也跳转到指定图片，如图 6-15 所示。

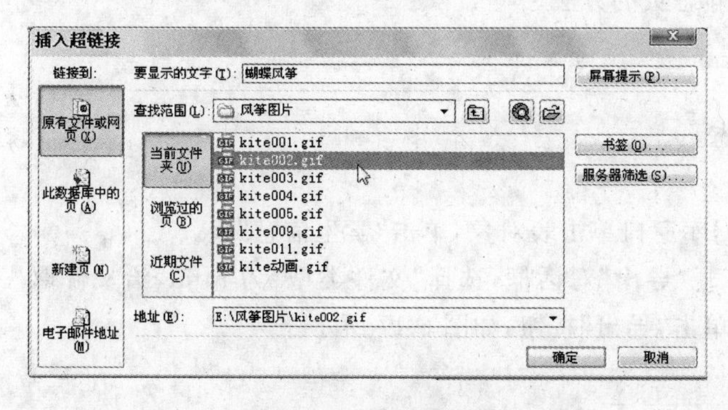

图 6-14 定义超链接

图 6-15 文本超链接和图像超链接

6.2.4 绑定型文本框控件

在页的设计中，最基本的操作是建立绑定型文本框显示字段信息，与绑定型文本框绑定的字段可以来自同一个表，也可以来自不同表，不同表之间要建立关联。

下面用一个案例介绍绑定型文本框的使用方法。

案例 6.5 建立绑定型文本框控件

要求：以"学生信息"表和"成绩"表为数据源建立页，显示 2 个表的字段。

操作步骤：

(1) 打开“成绩管理.mdb”数据库，在数据库窗口单击页对象，单击“新建”按钮，打开“新建数据访问页”对话框，选择“设计视图”，单击“确定”按钮。

(2) 将“学生信息”表的“学号”和“姓名”字段拖入设计网格区。

(3) 将“成绩”表的“课程号”字段拖入设计网格区，“版式向导”选择“纵栏式”，单击“确定”按钮，“关系向导”中用“学号”做关联字段，单击“确定”按钮。

(4) 将“成绩”表的“成绩”字段拖入设计网格区。

(5) 以“成绩页”为名保存页，单击属性窗口“其他”选项卡，为Title(标题)属性输入“学生成绩”。

(6) 转到页面视图，页中同时显示2个表的数据，如图6-16所示。

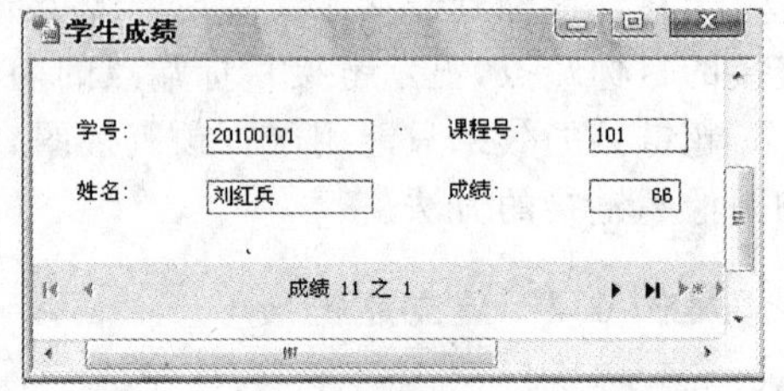

图6-16 页中同时显示2个表的数据

6.3 将表和查询导出为静态页

如果网页只能查看，不能修改和编辑，称这样的网页为静态网页。Access允许将表或查询导出为静态页，只把当前数据发送到页中，不提供查询功能。

6.3.1 将表导出为静态页

下面用一个案例介绍将表导出为静态页的方法。

案例6.6 将表导出为静态页

要求：将“学生信息”表导出为静态页。

操作步骤：

(1) 打开“成绩管理.mdb”，在数据库窗口单击表对象，单击“学生信息”表。

(2) 选择菜单“文件”→“导出”，打开“导出”对话框，选择“文件类型”为html，给文件取名为“学生信息”，选择文件保存位置，单击“导出”按钮，如图6-17所示。

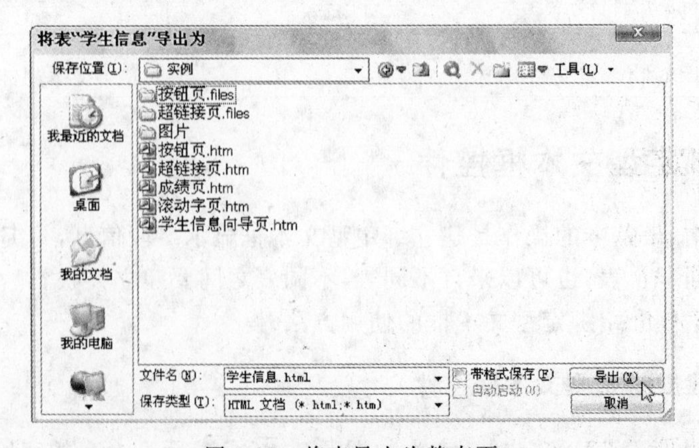

图6-17 将表导出为静态页

(3) 在 IE 中打开“学生信息.html”，显示结果如图 6-18 所示。

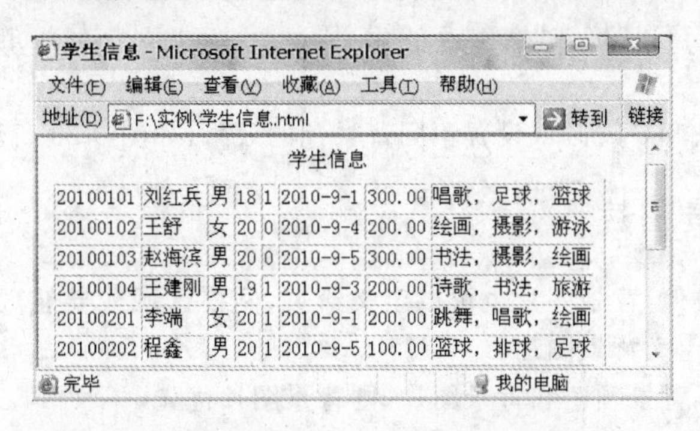

图 6-18 在 IE 中打开“学生信息.html”

6.3.2 将查询导出为静态页

下面用一个案例介绍将查询导出为静态页的方法。

案例 6.7 将查询导出为静态页

要求：将“校友”查询导出为静态页。

操作步骤：

(1) 打开“成绩管理.mdb”，在数据库窗口单击查询对象，单击“校友”查询。

(2) 选择菜单“文件”→“导出”，打开“导出”对话框。选择“文件类型”为 html，给文件起名为“校友”，选择文件保存位置，单击“导出”按钮。

(3) 在 IE 中打开“校友.html”，显示结果如图 6-19 所示。

图 6-19 将“校友”查询导出为静态页

说明：可以用类似方式将 Access 窗体或报表导出为静态网页。与导出数据表为静态页有所不同的是，要导出一个多页窗体或报表，需要创建多个 Web 页面，其中每个页面对应窗体或报表的一页。

6.4 页的修饰

页的常用修饰包括背景色、背景图片、主题等。

6.4.1 背景色

背景色既可以指定给数据访问页，也可以指定给网格区域或导航区域。单击页的标题栏后定义背景色，定义的背景色是针对页的。单击网格区域的页眉或导航区域的标题栏后定义背景色，定义的背景色是针对该区域的。

定义背景色有以下 3 种方法。

(1) 选择菜单“格式”→“背景”→“颜色”，在颜色盒中选一种颜色。

(2) 单击标准工具栏“背景色”按钮 ，在颜色盒中选一种颜色。

(3) 单击“属性”窗口“格式”选项卡，单击 BackgroundColor 属性的“生成器”按钮，在颜色盒中选一种颜色。

分别给网格区域和导航区域设置不同背景色的效果，如图 6-20 所示。

6.4.2 背景图片

与定义背景色类似，背景图片也可以定义给页、网格区域或导航区域，具体做法是首先选中一个区域，然后定义背景图片。

如果同时定义了背景颜色和背景图片，则背景图片优先。

定义背景图片有以下 2 种方法。

(1) 选择菜单“格式”→“背景”→“图片”，在对话框中选取一个图片文件。

(2) 单击“属性”窗口“格式”选项卡，在 BackgroundImage 属性中输入图片文件的 URL（位置），如“URL(f1. bmp)”。

只给页定义了背景图片的效果如图 6-21 所示。

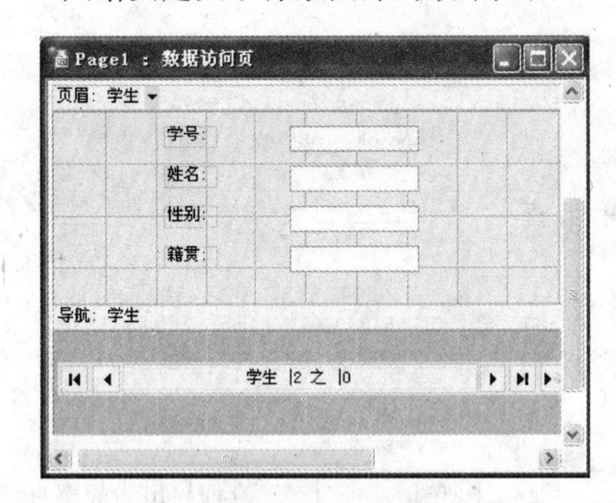

图 6-20 分别给网格区域和导航区域设置不同背景色

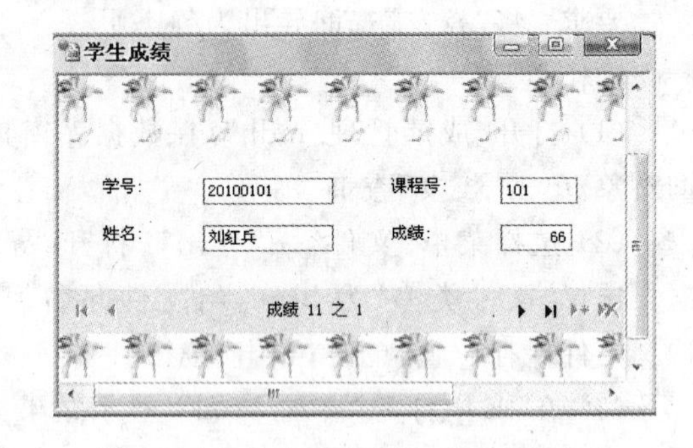

图 6-21 只给页定义了背景图片

6.4.3 主题

主题是系统提供的设计与配色方案，将字体、字号、字颜色、背景图片等元素进行统一设计、统一配色。使用主题能够快速创建具有专业水平的数据访问页。

应用主题的方法：选择“格式”→“主题”命令，在对话框中选择一种主题，单击“确定”按钮。

删除主题的方法：选择“格式”→“主题”命令，在对话框中选择“无主题”，单击“确定”按钮。

应用了主题后，事先对页进行的设置均被主题的内容替代。

下面用一个案例介绍主题的使用方法。

案例 6.8 使用主题

要求：对“学生信息向导页”使用主题。

操作步骤：

(1) 打开“成绩管理.mdb”数据库，用设计视图打开“学生信息向导页.html”。

(2) 选择菜单“格式”→“主题”，在对话框中选择“彩虹”主题，如图 6-22 所示。

(3) 单击“确定”按钮。

(4) 转到页面视图，显示结果如图 6-23 所示。

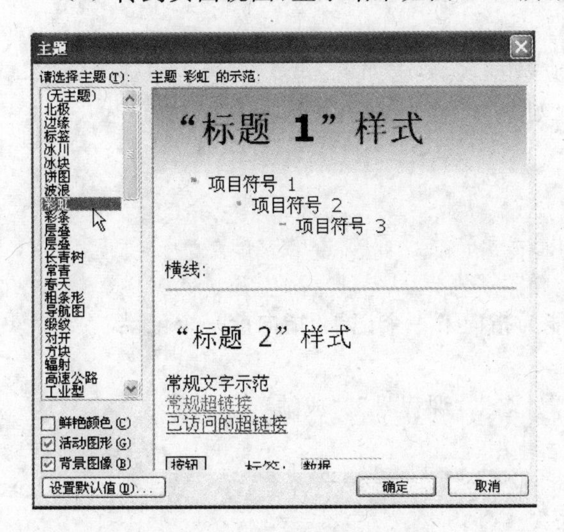

图 6-22 选择“彩虹”主题

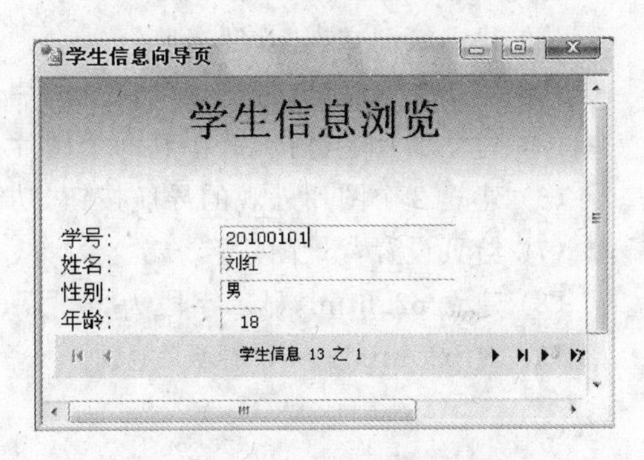

图 6-23 用“彩虹”主题修饰页

习题 6

1. 判断题

(1) 数据访问页是具有交互性的 Web 页。

(2) 必须安装 Access 才能查看数据访问页。

(3) 数据访问页是一个独立的文件，扩展名是.htm 或.html。

(4) 数据库中保存的是指向数据访问页文件的快捷方式。

(5) 在一个数据访问页中可以同时显示多个表的字段。

(6) 超链接的效果只能用网页预览视图查看。

(7) 滚动文字控件不能与字段绑定。

(8) 与字段绑定的控件不必放在网格区域中。

(9) 页的数据大纲中显示当前设计网格中的所有字段。

(10) 页的属性窗口没有“事件”选项卡和“对象”选项卡。

2. 填空题

(1) 页有 3 种视图：设计视图、页面视图、________。

(2) 页的设计视图主要有 3 个区域：页面区域、________、导航区域。

(3) 可以将表或查询导出为________页。

(4) 所谓超链接，是一个从起始端点到目标端点的________。

(5) 如果同时定义了背景颜色和背景图片，________优先。

(6) 属性 BackgroundColor 用来定义________。

(7) 主题是系统提供的________方案。

(8) 设计视图中,页、________和导航区域都可以定义背景图片。

(9) 定义页的标题,应该设置________属性。

(10) 在页中可以添加文本超链接和________超链接。

3. 操作题

以"学生信息"表、"成绩"表为数据源建立数据页,要求如下:

(1) 建立 p1.html,显示字段为"学号"、"姓名"、"性别"、"年龄"。

(2) 页的"标题"为"学生信息一览表"。

(3) 建立滚动文本"欢迎光临"。

(4) 建立文字超链接,链接到一个图片。

(5) 建立图片超链接,链接到一个图片。

(6) 建立 2 个图片外观的导航按钮,功能为指向下一个记录、指向前一个记录。

(7) 给页设置背景图片。

(8) 建立 p2.html,显示字段为"学号"、"姓名"、"课程号"、"成绩"。

(9) 对 p2.html 应用"春天"主题。

第7章 宏的设计与使用

宏是 Access 对象，它提供了一组数量有限但很有用的工具进行数据库的自动化操作，使用户快捷方便地操纵数据库系统。本章主要介绍宏的基本操作方法，包括建立宏、建立宏组、建立条件宏、用事件触发宏、调试宏等。

7.1 认识宏

宏是一系列操作的集合，其中的每个操作都能自动执行，并实现特定功能。例如，打开或关闭窗体、打开或关闭报表等。通过使用宏，无须编写代码就能完成复杂操作。而且，宏擅长处理重复性的操作。

7.1.1 宏的类型

宏对象有 3 种类型：普通宏、宏组、条件宏。

(1) 普通宏，是一个操作序列，运行时按照操作定义的先后次序顺序执行。

(2) 宏组，是宏的集合，运行时需要在宏组中指定一个宏，如果直接运行宏组，只能执行宏组中的第一个宏。

(3) 条件宏，是附带条件的操作序列，运行时根据条件是否成立决定操作是否执行。

包含在宏里的每个操作命令都由系统提供，并且有系统指定的专门名称，有些操作还需要设置参数。

7.1.2 宏设计窗口

建立宏和编辑宏都在宏设计窗口中完成。宏设计窗口分上、下两部分：上部分是设计网格区，用来定义和编辑宏的操作序列，下部分是操作参数区，用来设置当前操作的参数，操作内容不同，对应的参数列表也不同，如图 7-1 所示。

完整的宏设计网格区共有 5 列，包括行选择器、宏名、条件、操作、注释。

(1) 行选择器，是一列小方块，位于设计网格区最左边，用来选择行。单击一个方块可以选中该行。当前操作行的行选择器中有黑色三角形，指向右方。

(2) "宏名"列，是一列单元格，用来建立宏组中的宏。在单元格中输入名称以后，从名称所在行开始到下一个名称所在行之前的所有操作组成的操作序列，构成宏组中的一个宏。

(3) "条件"列，是一列单元格，用于条件宏的建立。在单元格中输入条件表达式，给表

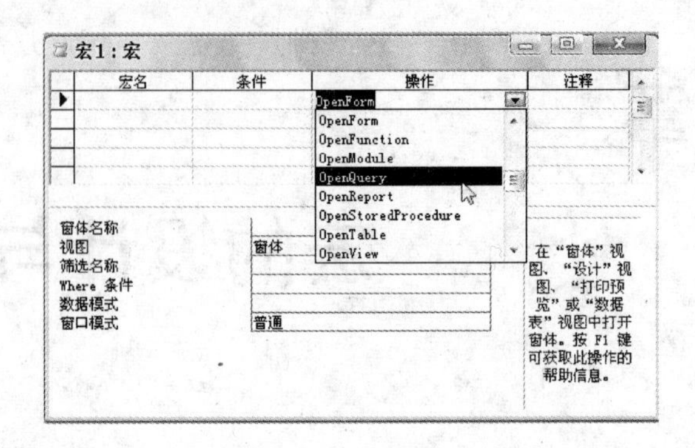

图 7-1 宏设计窗口

达式所在行的操作加以限定，只有条件表达式的值为“真”，操作才能执行。

(4)“操作”列，是一列单元格，用来定义宏操作。单击单元格右边的下拉按钮显示系统提供的操作列表，从中选择一个操作。

(5)“注释”列，是一列单元格，在单元格中输入一个字符串，给本行操作内容添加说明性文字，帮助了解本行操作的相关信息。

7.1.3 常用宏操作

常用宏操作主要分为 6 类，包括：打开/关闭数据库对象，设置值和刷新值，窗口操作，运行操作，提示操作，记录操作。

1. 打开/关闭数据库对象

打开/关闭数据库对象的宏命令如表 7-1 所示。

表 7-1 打开/关闭数据库对象命令

操作命令	操作功能	操作命令	操作功能
OpenTable	打开数据表	OpenModule	打开模块
OpenForm	打开窗体	Close	关闭数据库对象
OpenReport	打开报表	Quit	退出 Access
OpenQuery	打开查询		

2. 设置值和刷新值

设置值和刷新值的宏命令如表 7-2 所示。

表 7-2 设置值和刷新值命令

操作命令	操作功能	操作命令	操作功能
SetValue	设置属性值	Requery	刷新控件数据

3. 窗口操作

用于窗口操作的宏命令如表 7-3 所示。

表 7-3 窗口操作命令

操作命令	操作功能
Maximize	最大化窗口
Minimize	最小化窗口
Restore	将最大化或最小化窗口恢复至初始大小

4. 运行操作

用于运行操作的宏命令如表 7-4 所示。

表 7-4 运行操作命令

操作命令	操作功能	操作命令	操作功能
RunCommand	运行 Access 菜单命令	RunApp	运行指定的外部应用程序
RunSQL	运行指定的 SQL 语句	StopMacro	停止正在运行的宏
RunMacro	运行指定的宏	StopAllMacros	中止所有宏的运行
RunCode	运行函数过程		

5. 提示操作

用于提示操作的宏命令如表 7-5 所示。

表 7-5 提示操作命令

操作命令	操作功能
Beep	使计算机发出“嘟嘟”声
MsgBox	显示包含警告、提示或其他信息的消息框
Echo	指定是否打开响应

6. 记录操作

用于记录操作的宏命令如表 7-6 所示。

表 7-6 记录操作命令

操作命令	操作功能	操作命令	操作功能
FindRecord	查找满足条件的第一条记录	GotoRecord	指定当前记录
FindNext	查找满足条件的下一条记录		

7.1.4 宏的标准工具栏

宏设计窗口的标准工具栏有几个重要按钮，包括宏名、条件、插入行、删除行、运行、单步，如图 7-2 所示。

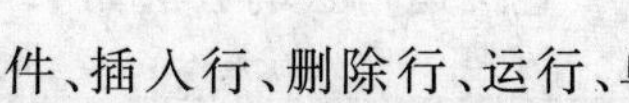

图 7-2 宏的几个重要按钮

(1) “宏名”按钮，单击该按钮在宏设计窗口的设计网格区显示“宏名”列，再次单击该按钮取消“宏名”列。

(2)“条件”按钮，单击该按钮在宏设计窗口的设计网格区显示“条件”列，再次单击该按钮取消“条件”列。

(3)“插入行”按钮，单击该按钮在当前操作行上方插入一个空行。

(4)“删除行”按钮，单击该按钮删除当前操作行。

(5)“运行”按钮，单击该按钮执行当前宏。如果当前宏是宏组，只运行宏组中的第一个宏。

(6)“单步”按钮，单击该按钮使宏进入单步运行状态，一次执行一条宏命令，在单步运行状态下可以详细观察宏流程和每个操作的结果，从中发现并排除问题。

7.1.5 设置操作参数

进行宏操作设计时，先将鼠标放到“操作”列的某一单元格，然后单击该单元格右边的向下按钮，在操作命令列表中选择一个操作。

宏操作命令列表如图7-3所示。

确定操作以后，通常要在宏设计窗口的操作参数区为指定的操作设置参数。设置参数有以下几种方法：

(1) 单击参数单元格右边的下拉按钮，从列表中选择。

(2) 在参数单元格中输入数值。

(3) 部分参数要在参数单元格中输入以等号开始的表达式。

定义操作参数如图7-4所示。

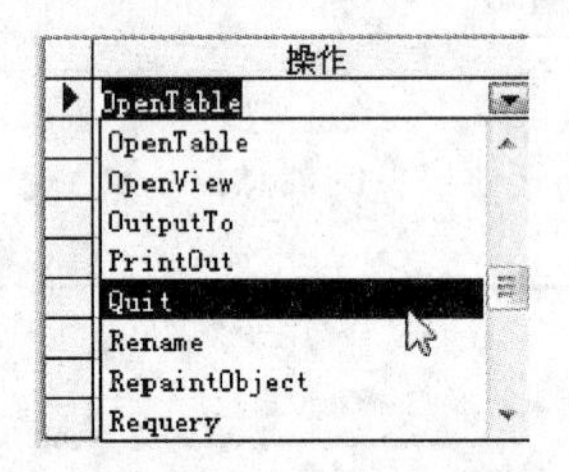

图7-3 宏操作命令列表

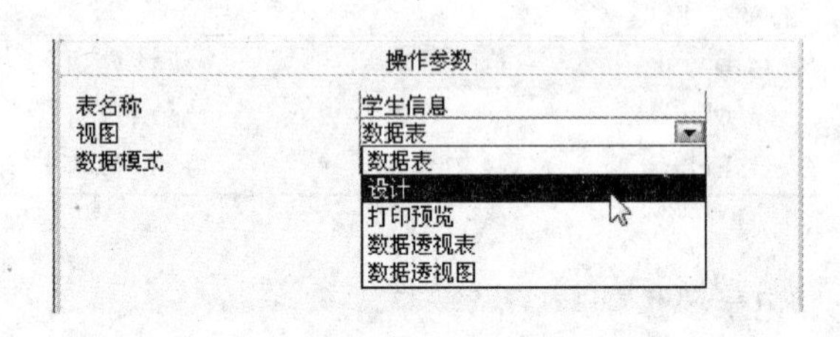

图7-4 定义操作参数

7.1.6 运行宏

运行宏可以采用多种方式，包括直接运行宏、运行宏组中的宏、用窗体或报表控件的事件响应宏、用系统对象DoCmd的RunMacro方法调用宏、自动运行宏。

1. 直接运行宏

直接运行宏的方法如下：

方法一：选择“运行”→“运行”命令。

方法二：单击“运行”按钮。

说明：在宏设计窗口，普通宏和条件宏可以直接运行，如果直接运行宏组，只能运行宏组中的第一个宏，宏组中其他宏无法直接运行。

2. 运行宏组中的宏

运行宏组中的宏，方法如下：

选择“工具”→“宏”→“运行宏”命令，在对话框中指定宏组中的宏。

引用宏组中宏的格式：

宏组名.宏名

例如，宏组名为 group，内有 3 个宏：a1、a2、a3。引用 a2 的格式为：group.a2，如图 7-5 所示。

3. 用窗体或报表控件的事件触发宏

给窗体或报表控件的事件属性中附加一个宏，当事件发生时就会执行宏。

例如：属性窗口定义命令按钮 c1 的单击事件为宏组 group 中的宏 a2，如图 7-6 所示。

图 7-5 运行宏组中的宏

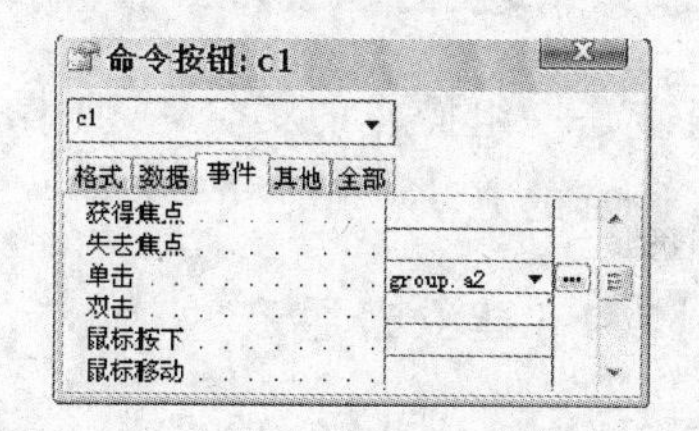

图 7-6 命令按钮 c1 的单击事件为宏组中的宏

4. 用系统对象 DoCmd 的 RunMacro 方法调用宏

DoCmd 是系统对象，可以编写 VBA 代码，用 DoCmd 的 RunMacro 方法可以调用宏，调用格式如下：

```
DoCmd. RunMacro "宏名"
```

例如，按钮 c1 的 Click 事件代码如下：

```
DoCmd. RunMacro "group.a2"
```

单击按钮 c1 可以运行宏组 group 中的宏 a2，代码窗口如图 7-7 所示。

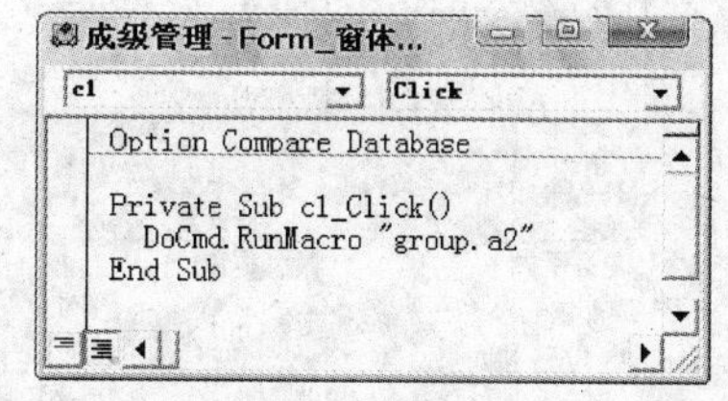

图 7-7 用 DoCmd 的 RunMacro 方法调用宏

5. 自动运行宏

名为 autoexec 的宏被称为“自动运行宏”，打开数据库的时候会自动运行，按住 Shift 键打开数据库，可以屏蔽 autoexec 宏的自动运行。

7.1.7 将宏转换为 VBA 代码

宏的操作可以通过编写代码实现，一般来说，简单的事务性或重复性操作用宏，复杂的操作用代码。

宏转换成 VBA 代码非常方便，转换方法如下：选中宏，选择菜单“工具”→“宏”→“将宏转换为 Visual Basic 代码”，如图 7-8 所示。

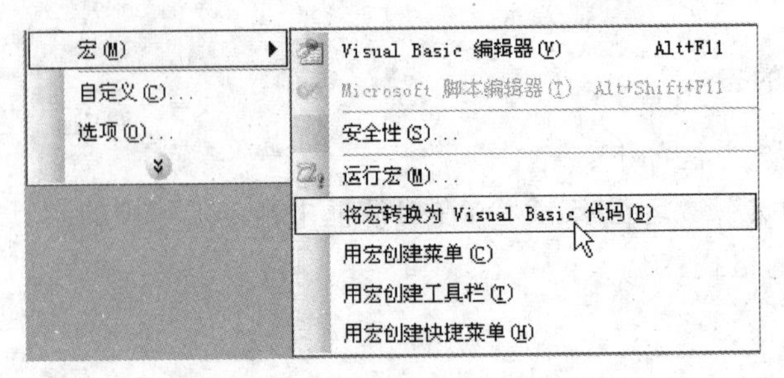

图 7-8 将宏转换成 VBA 代码

7.2 宏的建立与编辑

7.2.1 建立普通宏

普通宏是一组操作的集合,按照操作定义的先后顺序逐个执行。下面用一个案例来介绍建立普通宏的方法。

案例 7.1 建立普通宏

要求:依次打开表、查询、报表、窗体,再逐个关闭,关闭每个对象之前先显示提示信息。

操作步骤:

(1) 打开"成绩管理.mdb"数据库,单击宏对象,单击"新建"按钮。

(2) 第 1 个操作选择 OpenTable,"表名称"参数选择"学生信息",注释写"打开'学生信息'表",参数设置如图 7-9 所示。

(3) 第 2 个操作选择 OpenQuery,"查询名称"参数选择"班平均成绩",注释写"打开'班平均成绩'查询",参数设置如图 7-10 所示。

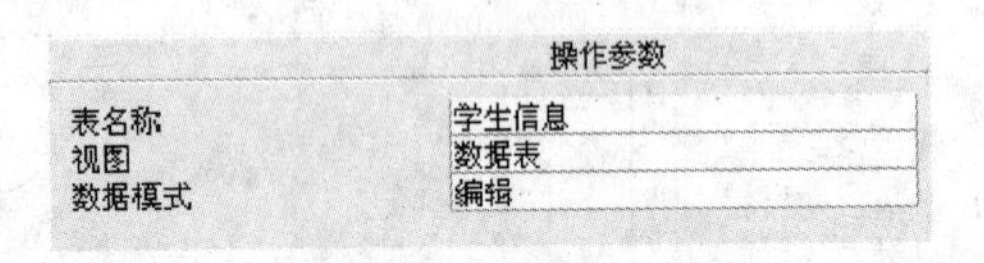

图 7-9 打开"学生信息"表

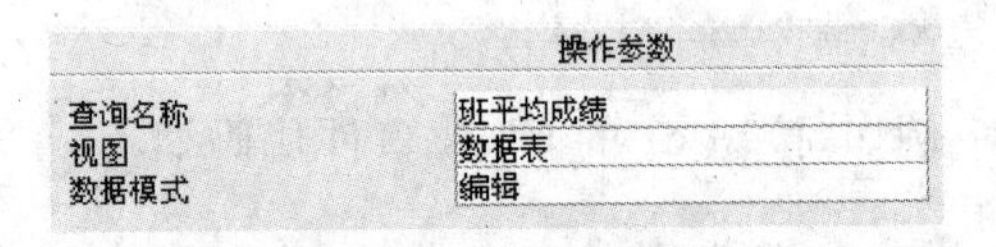

图 7-10 打开"班平均成绩"查询

(4) 第 3 个操作选择 OpenReport,"报表名称"参数选择"合唱团","视图"参数选择"打印预览",注释写"打开'合唱团'报表",参数设置如图 7-11 所示。

(5) 第 4 个操作选择 OpenForm,"窗体名称"参数选择"日历",注释写"打开'日历'窗体",参数设置如图 7-12 所示。

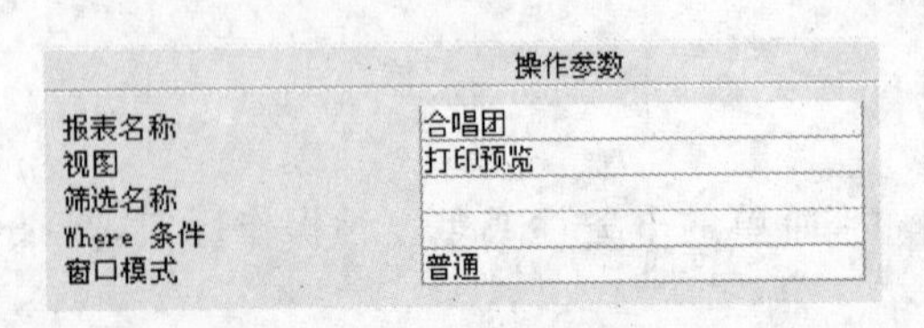

图 7-11 打开"合唱团"报表

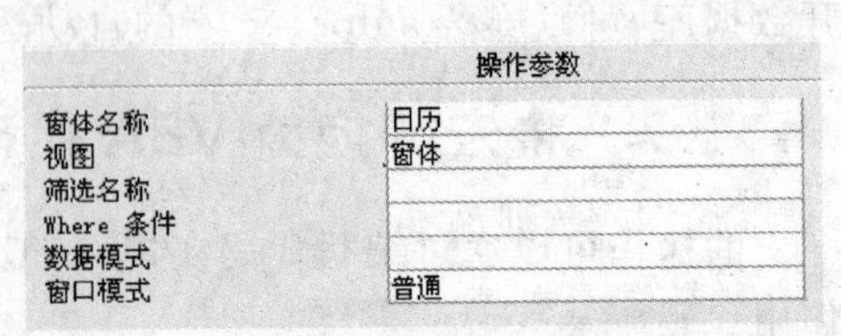

图 7-12 打开"日历"窗体

(6) 第 5 个操作选择 MsgBox,“消息”参数输入“关闭表吗?”,“标题”参数输入“关闭表”,参数设置如图 7-13 所示。

(7) 第 6 个操作选择 Close,“对象类型”参数选择“表”,“对象名称”参数选择“学生信息”,注释写“关闭表”,参数设置如图 7-14 所示。

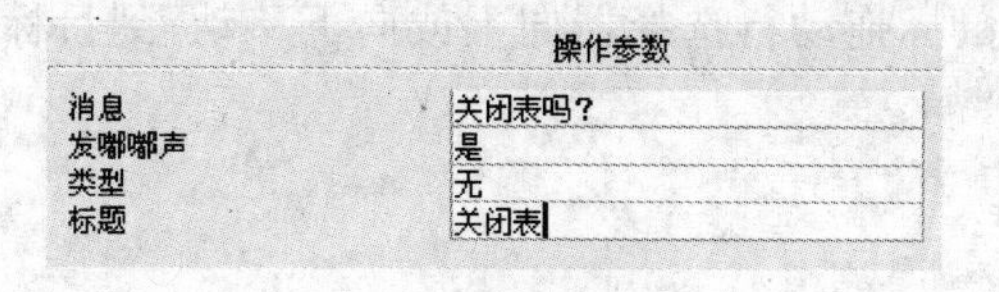

图 7-13　关闭表提示

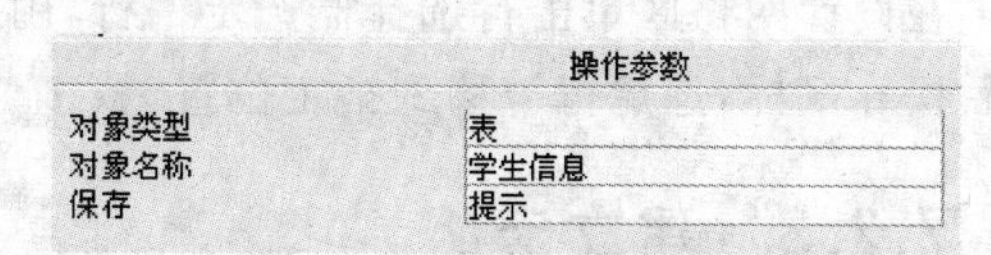

图 7-14　设置 Close 操作的参数

(8) 类似方法将其他数据库对象提示后关闭。

(9) 以“普通宏”为名保存宏。宏设计窗口的设计网格区如图 7-15 所示。

(10) 选择菜单“运行”→“运行”,或单击“运行”按钮 ,宏里的操作序列从上到下依次执行。

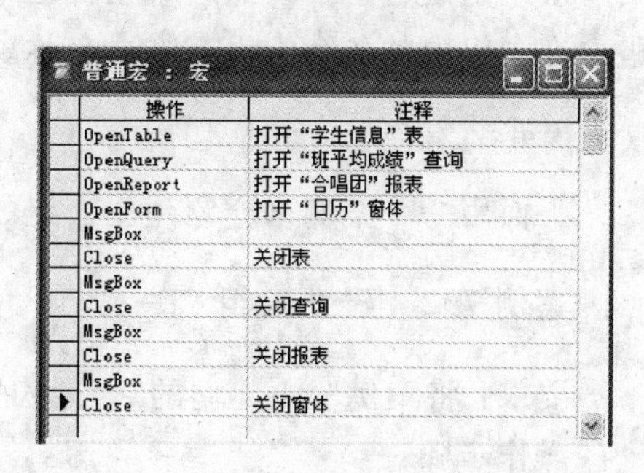

图 7-15　宏设计窗口的设计网格区设置

7.2.2　编辑宏

宏的编辑主要包括:更换操作,更换参数,更改宏组中的宏名,更改条件表达式,插入 1 行,删除 1 行,移动行等。

1. 更换操作

单击“操作”列单元格的向下箭头,在操作列表中重新选一个,如图 7-16 所示。

2. 更换参数

单击“参数”单元格的向下按钮,在参数列表中重新选一个,如图 7-17 所示。

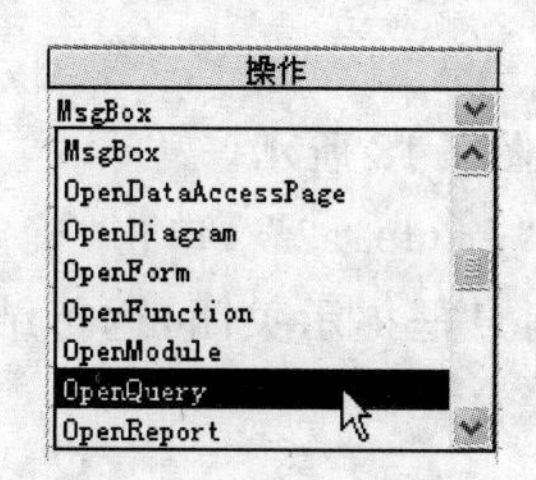

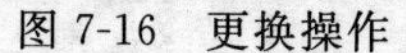
图 7-16　更换操作

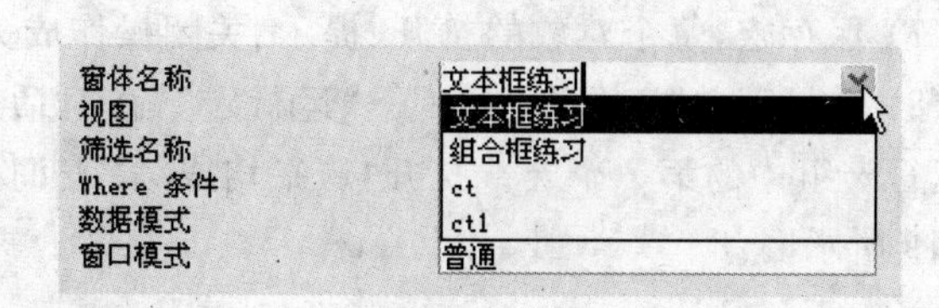

图 7-17　更换参数

3. 更改宏组中的宏名和更改条件表达式

直接在宏名处或条件表达式处删除旧内容、输入新内容。

4. 插入行与删除行

在设计网格区单击行选择器选定一行,单击“插入行”工具按钮 ,在当前行上方插入一个空行。

在设计网格区单击行选择器选定一行，单击“删除行”工具按钮，删除当前行。

5. 移动行

在设计网格区单击行选择器选定一行，用鼠标拖动行选择器向上或向下移动，到目标位置后松开鼠标，选定行被移到指定位置。

7.2.3 建立宏组

宏组是由若干个普通宏或条件宏组成的宏的集合，方便宏的管理。宏组有自己的名字，包含在宏组中的各个宏也有唯一名称。运行宏组中宏的格式：

宏组名.宏名

下面用一个案例来介绍建立宏组的方法。

案例 7.2 建立宏组

要求：将案例 7.1 建立的“普通宏”改成宏组，命名为：group。

操作步骤：

(1) 打开“成绩管理.mdb”，选中“普通宏”，按 Ctrl+C 快捷键复制，按 Ctrl+V 快捷键粘贴，将新复制的宏命名为“group”。

(2) 用宏设计窗口打开 group，选择菜单“视图”→“宏名”，窗口显示“宏名”列。

(3) “宏名”列第 1 行输入“a1”，拖动鼠标选中关闭表的 MsgBox 操作和 Close 操作，将选中的操作移到 OpenTable 操作下方。

(4) “宏名”列第 4 行输入“a2”，将关闭查询的 MsgBox 操作和 Close 操作移到 OpenQuery 操作下方。

(5) “宏名”列第 7 行输入“a3”，将关闭报表的 MsgBox 操作和 Close 操作移到 OpenReport 操作下方。

(6) “宏名”列第 10 行输入“a4”。

(7) 保存宏，每个对象的打开、提示、关闭操作成为一组，如图 7-18 所示。

(8) 选择菜单“工具”→“宏”→“运行宏”，在对话框中输入“group.a2”，单击“确定”按钮，运行宏组中的第 2 个宏。打开“班平均成绩”查询，并显示消息框提示关闭，运行结果如图 7-19 所示。

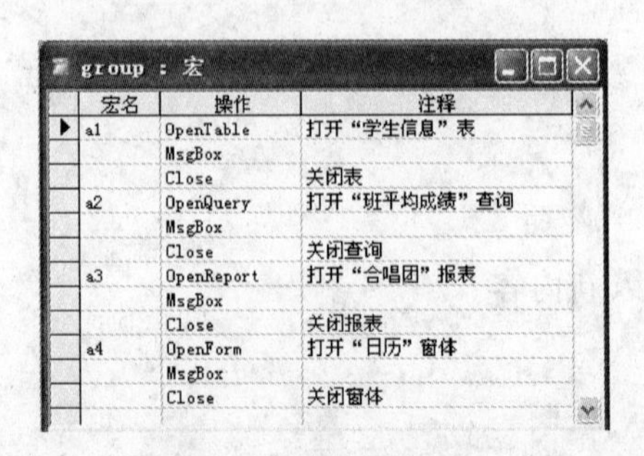

图 7-18 宏组的设计窗口

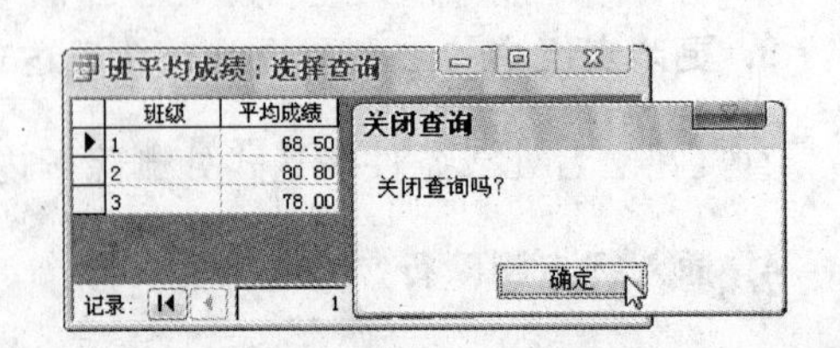

图 7-19 运行宏组中的第 2 个宏

7.2.4 用事件触发宏

事件是对象能识别的动作，如单击事件、双击事件等。把定义好的宏附加给事件，当事件发生时就会触发宏，运行附加的宏。

在实际的应用程序设计中，宏的运行主要通过事件触发。一个对象拥有哪些事件由系统决定，但事件引发后要执行什么内容由程序设计者决定，执行的内容既可以是宏，也可以是用代码编写的过程。

下面用一个案例介绍用事件触发宏的方法。

案例 7.3 用事件触发宏

要求：在窗体中建立命令按钮，给每个命令按钮的单击事件附加一个宏。

操作步骤：

(1) 打开“成绩管理.mdb”，复制宏组 group，粘贴为 group1。

(2) 用宏设计窗口打开宏组 group1，分别在每个 MsgBox 操作的“宏名”单元格添加宏名 b1、b2、b3、b4，使每对 MsgBox 操作和 Close 操作成为一组，如图 7-20 所示。

(3) 新建窗体 win1，窗体中建立 8 个命令按钮，按钮名称依次为 c1～c8，按钮标题依次为“打开表”、“关闭表”、“打开查询”、“关闭查询”、“打开报表”、“关闭报表”、“打开窗体”、“关闭窗体”，如图 7-21 所示。

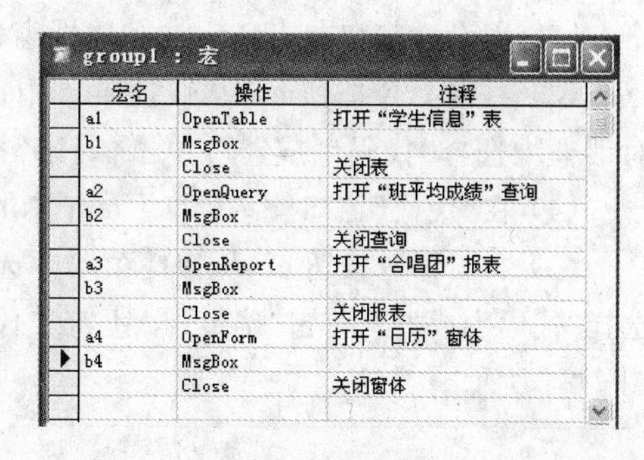

图 7-20 每对 MsgBox 操作和 Close 操作成为单独一组

(4) 选中命令按钮 c1，单击属性窗口的“事件”选项卡，“单击”属性选择 group1.a1，给命令按钮 c1 的“单击”事件附加了打开表的宏 group1.a1，如图 7-22 所示。

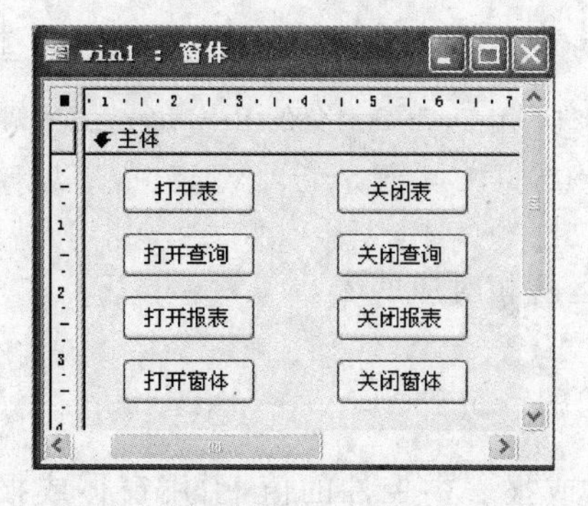

图 7-21 窗体中建立 8 个命令按钮

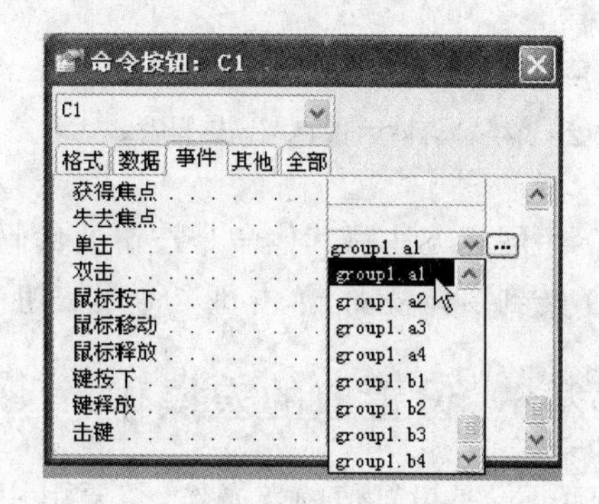

图 7-22 将宏附加给按钮的单击事件

(5) 选中命令按钮 c2，单击属性窗口的“事件”选项卡，“单击”属性选择 group1.b1，给命令按钮 c2 的“单击”事件附加了关闭表的宏 group1.b1。

(6) 用同样方法将打开和关闭查询的宏附加给按钮 c3 和 c4，将打开和关闭报表的宏附加给按钮 c5 和 c6，将打开和关闭窗体的宏附加给按钮 c7 和 c8。

(7) 转到窗体视图，单击每个命令按钮都会运行相对应的宏。

7.2.5 用系统对象 DoCmd 调用宏

方法是系统赋予对象的操作，Access 提供了数据库系统对象 DoCmd，该对象的 RunMacro 方法专门用来调用宏。

下面用一个案例介绍用系统对象 DoCmd 调用宏的方法。

案例 7.4 用系统对象 DoCmd 调用宏

要求：用系统对象 DoCmd 调用宏。

操作步骤：

(1) 打开“成绩管理.mdb”，复制窗体 win1，粘贴为 win2。

(2) 用设计窗口打开 win2，在属性窗口删除所有命令按钮“单击”事件中的宏。

(3) 右击命令按钮 c1，从快捷菜单中选择“事件生成器”，打开“选择生成器”对话框，在对话框中选择“代码生成器”，单击“确定”按钮，如图 7-23 所示。

(4) 在“代码”窗口输入：DoCmd.RunMacro "group1.a1"。

(5) 右击命令按钮 c2，从快捷菜单中选择“事件生成器”，在弹出的“选择生成器”对话框中选择“代码生成器”，单击“确定”按钮，在“代码”窗口输入：DoCmd.RunMacro"group1.b1"，如图 7-24 所示。

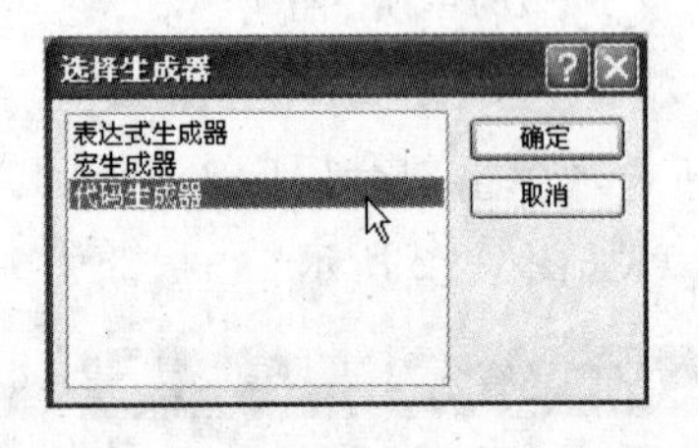

图 7-23 在对话框中选择“代码生成器”

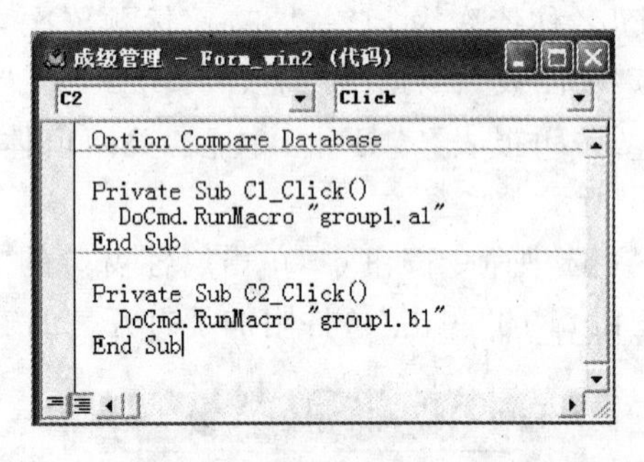

图 7-24 用 DoCmd 对象的 RunMacro 方法调用宏

(6) 用同样方法写其他命令按钮的代码。

(7) 转到窗体视图，单击每个命令按钮都会运行相对应的宏。

7.2.6 设置值的宏操作

SetValue 是设置值的宏操作，需要引用窗体或报表中控件的值，引用窗体或报表中控件的语法如下。

(1) 引用窗体控件的语法

```
Forms![窗体名]![控件名]
```

或

```
[Forms]![窗体名]![控件名]
```

（2）引用报表控件的语法

```
Reports![报表名]![控件名]
```

或

```
[Reports]![报表名]![控件名]
```

下面用一个案例介绍设置值的宏操作。

案例 7.5　设置值的宏操作

要求：在窗体中建立文本框和标签，文本框的值更新后，标签的标题将显示新的文本框值，设置值的操作用宏完成。

操作步骤：

（1）打开"成绩管理.mdb"，新建窗体 win3，设置窗体的"记录选择器"、"分隔线"、"导航按钮"均不显示。

（2）在窗体中建立名称为 t1 的文本框，删除文本框的附加标签，建立"名称"和"标题"都是 b1 的标签，如图 7-25 所示。

（3）新建普通宏 hh，"操作"选择 SetValue，"注释"写"将文本框的值显示在标签上"，"项目"写[Forms]！[win3]！[b1].[caption]，"表达式"写[Forms]！[win3]！[t1]，关闭设计窗口，宏设计窗口如图 7-26 所示。

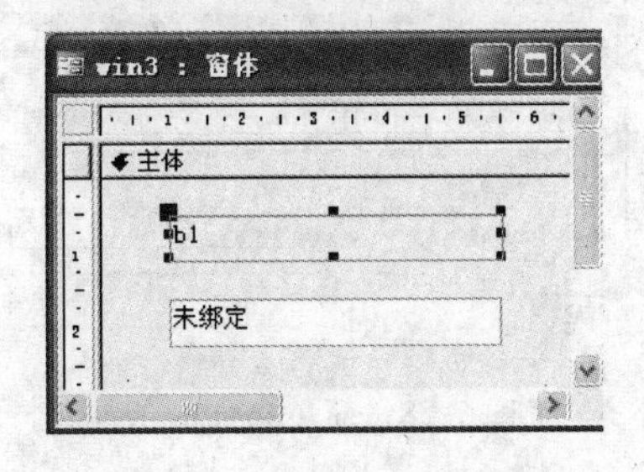

图 7-25　建立标签和文本框

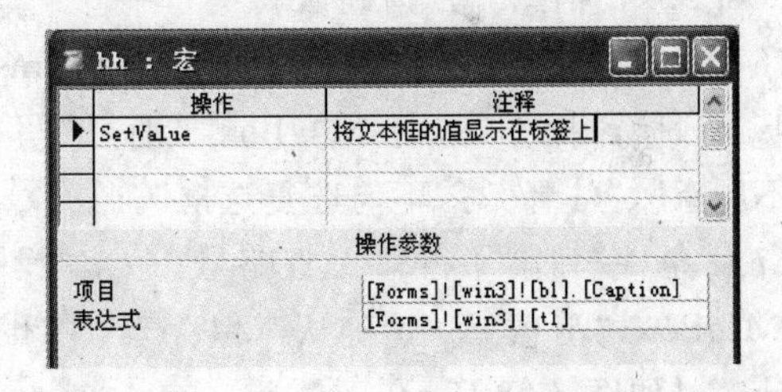

图 7-26　定义 SetValue 宏操作

说明：b1.caption 是标签 b1 的标题，t1 是文本框。叹号(!)后的项目是用户自定义的内容，如果后面的项目是 Access 定义的内容，则用点(.)分隔。

（4）单击窗体的文本框 t1，单击属性窗口的"事件"选项卡，"更新后"属性选择 hh 宏。

（5）转到窗体视图，在文本框中输入一行文字，回车后输入的文字成为标签的标题，如图 7-27 所示。

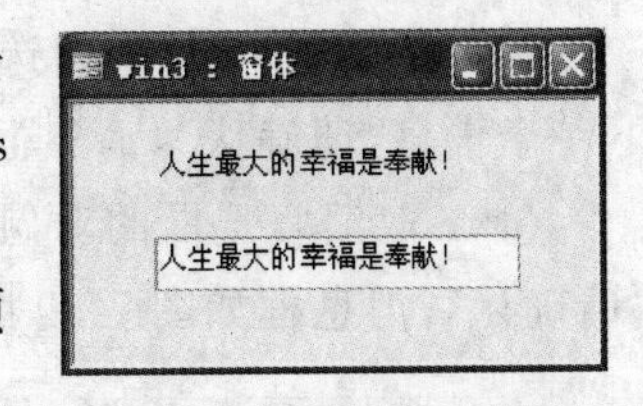

图 7-27　将文本框的值显示在标签上

7.2.7　条件宏

条件宏是一个操作序列，根据条件的成立与否决定操作的执行与否。也就是说，如果条件表达式的值为"真"，运行对应的操作；如果条件表达式的值为"假"，忽略对应的操作。

相邻操作若条件表达式相同，可以用省略号(…)代替，省略号由3个英文句点组成。

条件表达式中有时会包含窗体或报表中的控件名称，所包含的控件一般返回逻辑值。

条件宏包括简单条件的宏和复合条件的宏，简单条件只有一个返回逻辑值的表达式，复合条件则有多个返回逻辑值的表达式，表达式之间用逻辑运算符相连。

1. 简单条件的条件宏

如果条件宏的条件中只有一个条件表达式，称为简单条件的条件宏。下面用一个案例介绍简单条件的条件宏。

案例7.6 简单条件的条件宏

要求：在窗体中建立1个复选框，勾选复选框后依次显示2个消息框，取消勾选也依次显示2个消息框，用条件宏完成操作，并将条件宏附加给复选框的“更新后”事件。

操作步骤：

(1) 打开“成绩管理.mdb”，新建窗体win4，设置窗体的“记录选择器”、“分隔线”、“导航按钮”均不显示。

(2) 在窗体中建立复选框控件，附加标签写“同意”，控件名称为f1。

(3) 新建宏kk，选择“视图”→“条件”命令，宏设计窗口显示“条件”列。

(4) “条件”列第1行写[Forms]! [win4]! [f1]，“操作”选择MsgBox，“消息”写“你选择同意”，“注释”写“勾选复选框”。

(5) “条件”列第2行输入省略号(…)，“操作”选择MsgBox，“消息”写“请确认”。

(6) “条件”列第3行写Not [Forms]! [win4]! [f1]，“操作”选择MsgBox，“消息”写“你选择不同意”，“注释”写“不勾选复选框”。

(7) “条件”列第4行输入省略号(…)，“操作”选择MsgBox，“消息”写“请确认”，保存宏，关闭宏。宏设计窗口如图7-28所示。

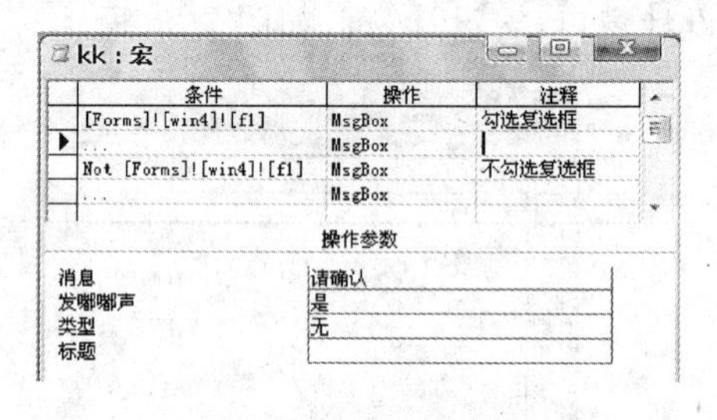

图7-28 简单条件的条件宏

(8) 在窗体win4中单击复选框，属性窗口单击“事件”选项卡，“更新后”属性选择kk。

(9) 转到窗体视图，勾选复选框后立即显示消息“你选择同意”，单击“确定”按钮，显示下一个消息“请确认”，消息框如图7-29所示。

(10) 取消复选框的对勾，显示消息“你选择不同意”，单击“确定”按钮，显示下一个消息“请确认”，消息框如图7-30所示。

图7-29 勾选复选框显示消息

图7-30 取消复选框对钩，显示“请确认”消息

2. 复合条件的条件宏

如果条件宏的条件中含有多个条件表达式,条件表达式之间用逻辑运算符连接,称为复合条件的条件宏。下面用一个案例介绍复合条件的条件宏。

案例 7.7 复合条件的条件宏

要求:在窗体中建立 2 个复选框和 1 个命令按钮,单击命令按钮,根据 2 个复选框的取值显示相应消息,用条件宏完成操作,并将条件宏附加给命令按钮的"单击"事件。

操作步骤:

(1) 打开"成绩管理.mdb",新建窗体 win5,设置窗体的"记录选择器"、"分隔线"、"导航按钮"均不显示。

(2) 在窗体中建立 2 个复选框,"名称"分别为 f1 和 f2,附加标签的"标题"分别为"合唱团"和"舞蹈队"。

(3) 在窗体中建立 1 个命令按钮,名称为 c1,标题为"确定"。

(4) 新建宏 tt,选择"视图"→"条件"命令,宏窗口中显示"条件"列。

(5) 第 1 个条件为[Forms]! [win5]! [f1] And [Forms]! [win5]! [f2],"操作"选择 MsgBox,"消息"写"你参加合唱团和舞蹈队","注释"写"两个都选"。

(6) 第 2 个条件为[Forms]! [win5]! [f1] And Not [Forms]! [win5]! [f2],"操作"选择 MsgBox,"消息"写"你只参加合唱团","注释"写"只选第一个"。

(7) 第 3 个条件为 Not [Forms]! [win5]! [f1] And [Forms]! [win5]! [f2],"操作"选择 MsgBox,"消息"写"你只参加舞蹈队","注释"写"只选第二个"。

(8) 第 4 个条件为 Not [Forms]! [win5]! [f1] And Not [Forms]! [win5]! [f2],"操作"选择 MsgBox,"消息"写"合唱团和舞蹈队都不参加","注释"写"两个都不选"。

(9) 保存宏,关闭宏。宏设计窗口如图 7-31 所示。

(10) 单击窗体 win5 中的命令按钮 c1,属性窗口单击"事件"选项卡,"单击"属性选 tt。

(11) 转到窗体视图,勾选 2 个复选框,单击"确定"按钮,显示消息"你参加合唱团和舞蹈队",如图 7-32 所示。

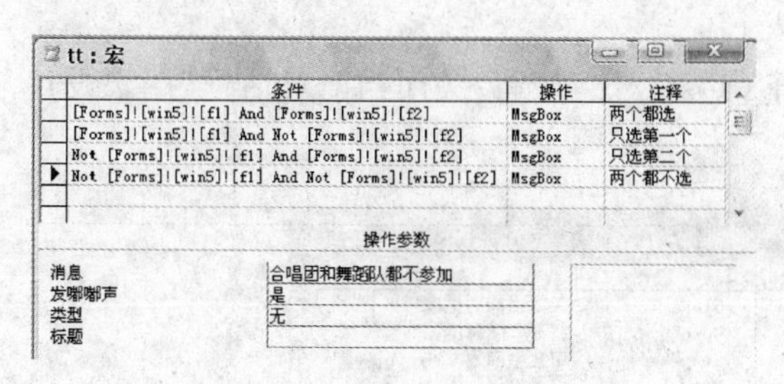

图 7-31 复合条件的条件宏设置

图 7-32 选中两个复选框

3. 宏组中的条件宏

宏组是宏的集合,宏组中包含的宏也可以是条件宏。下面用一个案例介绍宏组中包含条件宏的方法。

案例 7.8　宏组中的条件宏

要求：在窗体中建立 1 个文本框和 2 个命令按钮，用于验证密码。

操作步骤：

(1) 打开“成绩管理.mdb”，新建窗体“系统管理员”，设置窗体的“记录选择器”、“分隔线”、“导航按钮”均不显示。

(2) 在窗体中建立一个文本框，“名称”为 t1，附加标签的“标题”为“系统管理员口令”，“输入掩码”属性为“密码”。

(3) 在窗体中建立 2 个命令按钮，“名称”分别为 c1、c2，“标题”分别为“确定”、“取消”。

(4) 新建宏“口令验证”，单击“宏名”按钮和“条件”按钮，宏设计窗口显示“宏名”列和“条件”列。

(5) 输入第 1 个宏名“确定”，开始设计“确定”宏。

(6) “确定”宏的第 1 个条件为[Forms]! [系统管理员]! [t1]="system"，“操作”选择 Close，“注释”写“关闭当前对话框”。

(7) “确定”宏的第 2 个条件与上面相同(输入 3 个点即可)，“操作”选择 OpenForm，“窗体名称”选择“信息浏览”，注释写“打开‘信息浏览’窗体”。

(8) “确定”宏的第 3 个条件与上面相同，“操作”选择 StopMacro，“注释”写“中止当前宏”。

(9) “确定”宏的第 4 个条件为[Forms]! [系统管理员]! [t1]<>"system"，“操作”选择 MsgBox，“注释”写“提示错误”，“消息”框输入“口令不正确”，“类型”框选择“警告”，“标题”框输入“提示”，如图 7-33 所示。

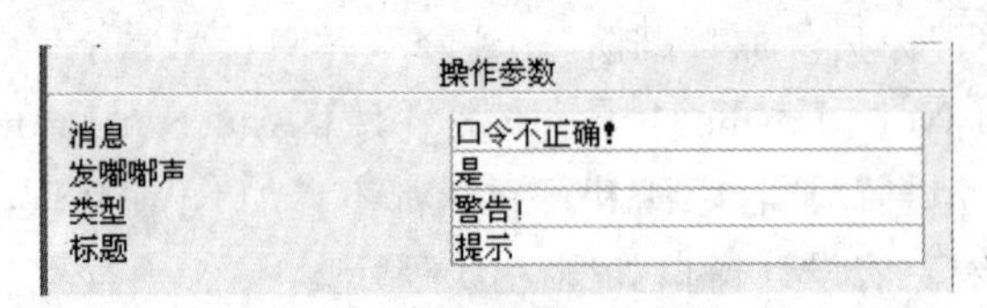

图 7-33　用消息框提示错误

(10) “确定”宏的第 5 个条件与第 4 个条件相同，“操作”选择 GoToControl，“注释”写“将焦点设置到按钮 c1 上”，“控件名称”框输入 c1。

(11) 输入第 2 个宏名“取消”，“操作”选择 Close，“注释”写“关闭当前对话框”。宏设计窗口如图 7-34 所示。

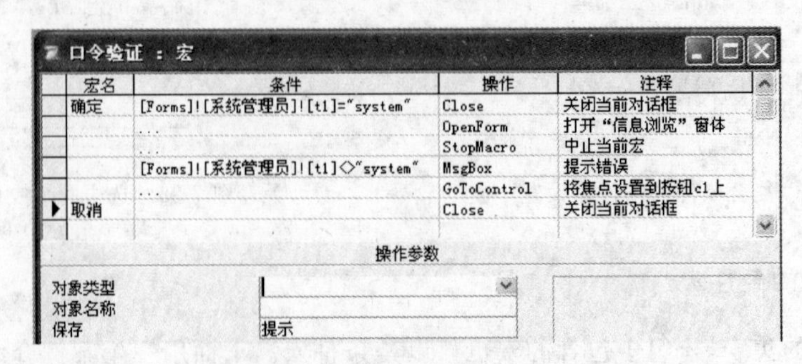

图 7-34　“口令验证”宏设计窗口

（12）关闭宏窗口。

（13）定义窗体“确定”按钮的“单击”属性为“口令验证.确定”，如图 7-35 所示。

（14）设置窗体“取消”按钮的“单击”属性为“口令验证.取消”。

（15）转到窗体视图，输入正确口令 system 后系统打开“信息浏览”窗体，输入错误口令后系统显示消息框，如图 7-36 所示。

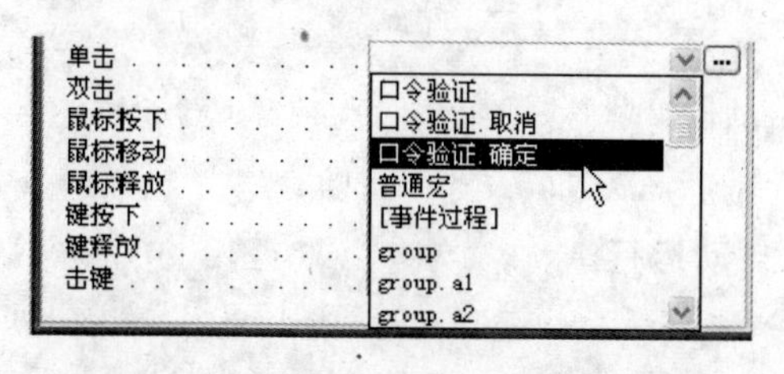

图 7-35 设置“确定”按钮的“单击”属性

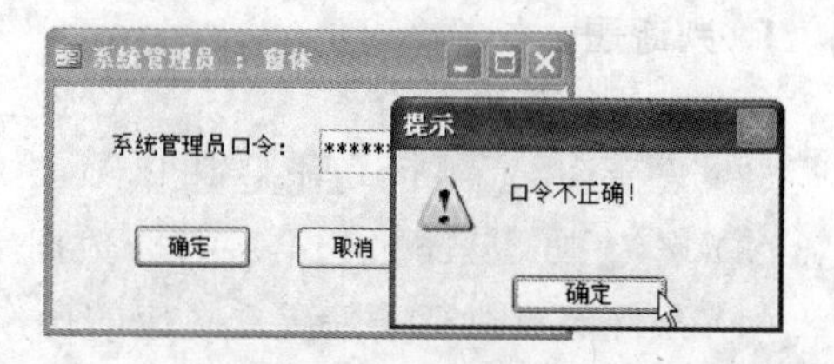

图 7-36 输入错误口令后系统显示消息框

7.3 宏的调试

Access 系统为宏提供了单步执行的调试工具，可以使宏操作逐条运行，从而查看各操作的执行效果。

下面用一个案例介绍单步执行宏的方法。

案例 7.9 单步执行宏

要求：用单步执行方法运行宏。

操作步骤：

（1）用宏设计窗口打开名为“普通宏”的宏。

（2）选择菜单“运行”→“单步”，或单击“单步”按钮，宏运行进入单步跟踪状态。

（3）选择菜单“运行”→“运行”，或单击“运行”按钮，系统显示“单步执行宏”对话框，对话框中显示第一个宏操作的信息，如图 7-37 所示。

（4）在对话框中单击“单步执行”按钮，执行第一个操作，并显示第二个宏操作的信息，如图 7-38 所示。

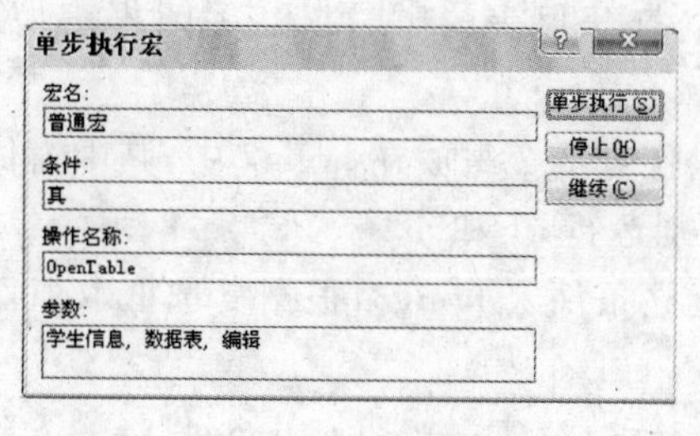

图 7-37 显示第一个宏操作的信息

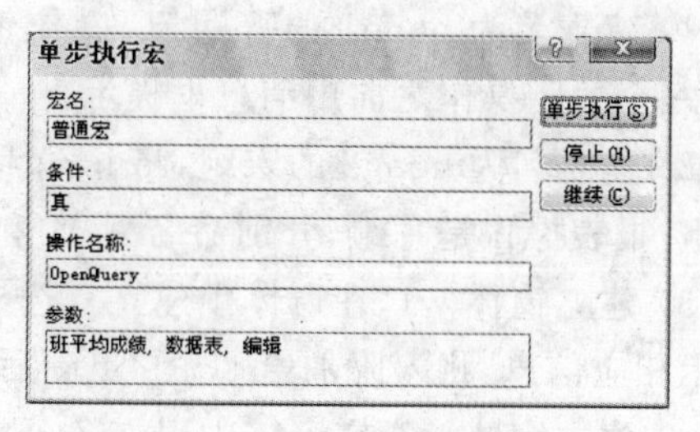

图 7-38 显示第二个宏操作的信息

（5）用同样方法依次单击，每个操作完毕后都会暂停，显示下一个操作的信息。

（6）在对话框中单击“继续”按钮，执行宏的下一个操作。

（7）在对话框中单击“停止”按钮，停止宏的执行，关闭对话框。

(8) 如果宏操作有问题,显示"操作失败"对话框。

(9) 用组合键 Ctrl+Break 可以在宏的执行过程中暂停宏的执行。

习题 7

1. 判断题

(1) 宏是操作的集合。

(2) 宏命令 Close 的功能是退出 Access。

(3) 名为 autoexec 的宏会在打开数据库时自动运行。

(4) 条件宏只执行条件成立对应的操作。

(5) 用 OpenTable 命令打开窗体。

(6) 单击"运行"按钮可以执行宏组中的所有宏。

(7) 引用窗体中控件的语法为:[Forms]! [窗体名]! [控件名]。

(8) 先单击"单步"按钮,再单击"运行"按钮,进入宏的单步运行状态。

(9) 宏里的每个操作都是由系统提供的。

(10) 用窗体或报表的事件可以触发宏。

2. 填空题

(1) 宏对象有 3 种类型:普通宏、宏组、________。

(2) 宏设计窗口分上、下两部分:上部分是________区,下部分是操作参数区。

(3) Quit 命令的作用是________。

(4) 在条件宏中,只有条件表达式的值为________,操作才能执行。

(5) 对于连续重复的条件,可以用________代替重复的条件表达式。

(6) 宏组名为 pp,内有 3 个宏:t1、t2、t3,运行 t3 的格式为________。

(7) 如果直接运行宏组,只能运行宏组中的________。

(8) 显示消息框的宏命令是________。

(9) 可以用系统对象 DoCmd 的________方法调用宏。

(10) 系统为宏提供了________执行的调试工具,可以使宏操作逐条运行。

3. 操作题

(1) 建立名为 hong1 的普通宏,操作依次为:打开报表、打开窗体、关闭报表、关闭窗体,每一个关闭操作之前用消息框提示。

(2) 建立名为 hong2 的宏组,将 hong1 中的操作分成 2 组放在 hong2 中,其中窗体操作是一组,报表操作是一组,分别命名为 a1 和 a2,分别运行 a1 和 a2。

(3) 建立窗体 w1,在窗体中建立复选框 f1,建立条件宏 hong3,根据复选框取值用消息框显示相应信息,将宏附加给 f1 的"更新后"事件。

(4) 建立窗体 w2,在窗体中建立 2 个文本框 t1 和 t2,建立普通宏 hong4,将输入到文本框 t1 的值显示在文本框 t2 中,将宏附加给 t1 的"更新后"事件。

(5) 建立窗体 w3,在窗体中建立 2 个复选框 f1 和 f2,附加标签的标题分别为"绘画"和"旅游";在窗体中建立命令按钮 c1,按钮标题为"确定";建立条件宏 hong5,根据 2 个复选框的取值用消息框显示相应信息,将宏附加给按钮 c1 的"单击"事件。

第8章 模块的设计与使用

虽然宏可以实现一些特定操作，但是宏有局限性，有许多操作是宏无法完成的。为此，Access 提供了模块对象，以便完成宏对象无法实现的操作。本章主要介绍模块的基本操作，包括 VBA 程序设计基础、模块的建立与使用、过程编写、参数传递等。

8.1 认识模块

模块是由一个或多个过程组成的集合，用模块的名字存储在一起，其中的每个过程都能实现特定操作。建立模块需要编写程序代码，程序代码使用 VBA（Visual Basic for Application）语言，声明、语句和过程都要符合 VBA 语言的约定。

8.1.1 模块的基本概念

1. 模块的类型

模块有 2 种类型：类模块和标准模块。

(1) 类模块

类模块是代码和数据的集合，每个类模块都与某个特定的窗体或报表相关联。窗体模块和报表模块都属于类模块，它们从属于各自的窗体或报表。

窗体模块和报表模块通常包含事件过程，通过事件触发并运行事件过程，从而响应用户操作，控制窗体或报表的行为。

窗体模块和报表模块的作用范围仅限于本窗体或本报表内部，具有局部特性，模块中变量的生命周期随窗体或报表的打开而开始，随窗体或报表的关闭而结束。

(2) 标准模块

标准模块是完全由代码组成的集合，不与任何其他对象相关联，保存在数据库窗口中。标准模块中包含的过程是常规过程，是数据库对象的公共过程，窗体模块和报表模块的过程可以调用标准模块中的过程。

标准模块中的变量和过程具有全局特性，作用范围是整个应用程序，生命周期随应用程序的运行而开始，随应用程序的关闭而结束。

标准模块的名字不能与标准模块中的过程名相同。

2. 事件过程

事件过程是专为特定事件编写的一组代码，被窗体或报表的特定事件调用，实现特定的操作,并对用户的操作做出响应。例如,单击命令按钮改变标签的标题。

事件过程只能在类模块中定义。当窗体或报表的第一个事件过程创建以后,系统会自动创建与之关联的窗体模块或报表模块,通过特定事件激发事件过程的执行。所以,事件过程与类模块密不可分。

3. 通用过程

通用过程是与特定事件无关的一组代码,能被多个同类型或不同类型的事件调用。在类模块和标准模块中都可以定义通用过程。

4. 使用模块的几种情况

使用模块可以在实际开发中实现较为复杂的操作功能。程序设计中遇到以下几种情况通常使用模块进行处理。

(1) 创建自定义函数。

(2) 使用选择、循环等程序结构,进行复杂的程序处理。

(3) 对数据库进行事务性操作。

(4) 进行错误处理,使应用程序对错误做出反应。

5. 建立第一个类模块

类模块与窗体或报表关联,以窗体模块为例建立类模块的方法有以下 3 种。

方法 1: 在窗体设计视图中选定窗体控件,单击属性窗口"事件"选项卡,选定某个事件,在该事件的单元格中选择"事件过程",单击单元格右边的"生成器"按钮[...],在"选择生成器"对话框中选择"代码生成器",单击"确定"按钮。"选择生成器"对话框如图 8-1 所示。

方法 2: 在窗体设计视图中选定控件,单击标准工具栏"生成器"按钮,在"选择生成器"对话框中选择"代码生成器",单击"确定"按钮。

方法 3: 在窗体设计视图中右击窗体控件,从快捷菜单中选择"事件生成器",在"选择生成器"对话框中选择"代码生成器",单击"确定"按钮。

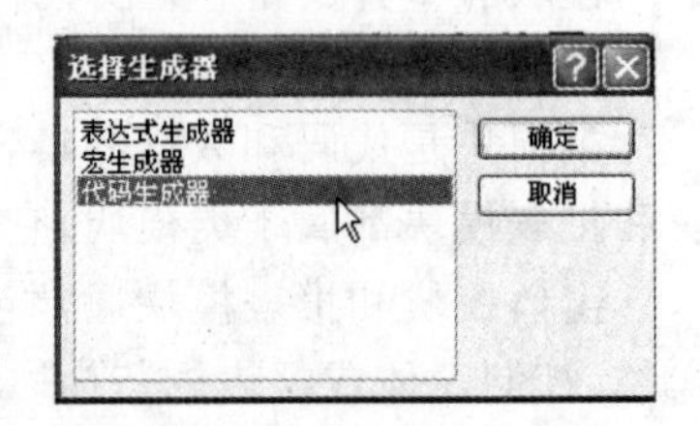

图 8-1 "选择生成器"对话框

下面用一个案例建立第一个类模块。

案例 8.1 建立第一个类模块

要求: 在窗体中建立标签,单击标签显示问候信息。

操作步骤:

(1) 打开"成绩管理.mdb"数据库,新建名为 win6 的窗体,设置"记录选择器"、"导航按钮"、"分隔线"均不显示。

(2) 在窗体中建立标签,标签"标题"为"问候",标签"名称"为"hello",背景色为淡黄色,边框颜色为黑色。

(3) 右击标签控件,从快捷菜单中选择"事件生成器",在"选择生成器"对话框中选择"代码生成器",单击"确定"按钮。

(4) 在事件过程中输入代码：MsgBox "你好!",如图 8-2 所示。

(5) 转到窗体视图,单击标签显示问候信息,如图 8-3 所示。

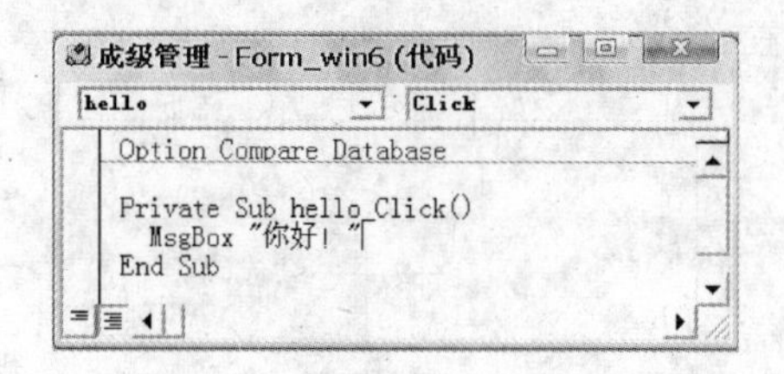

图 8-2　在事件过程中输入代码

图 8-3　单击标签显示问候信息

说明：在建立 hello 标签的 Click 事件过程中,系统已自动建立了窗体模块。

6. 建立第一个标准模块

(1) 建立标准模块的方法

单击数据库窗口"模块"对象,单击"新建"按钮,新建标准模块。

(2) 打开标准模块的方法

方法 1：在数据库窗口单击一个标准模块,单击"设计"按钮,打开该模块。

方法 2：在数据库窗口双击一个标准模块,打开该模块。

方法 3：在数据库窗口单击一个标准模块,选择"工具"→"宏"→"Visual Basic 编辑器"命令,打开该模块。

下面用一个案例建立第一个标准模块。

案例 8.2　建立第一个标准模块

要求：建立标准模块,在标准模块中建立一个通用过程,运行过程显示问候信息。

操作步骤：

(1) 打开"成绩管理.mdb"数据库,单击"模块"对象,单击"新建"按钮。

(2) 输入 Sub hello()后回车,回车后系统自动建立过程的起始行 Sub hello()与过程的结束行 End Sub。

(3) 在 Sub hello()与 End Sub 之间输入：MsgBox "你好!",如图 8-4 所示。

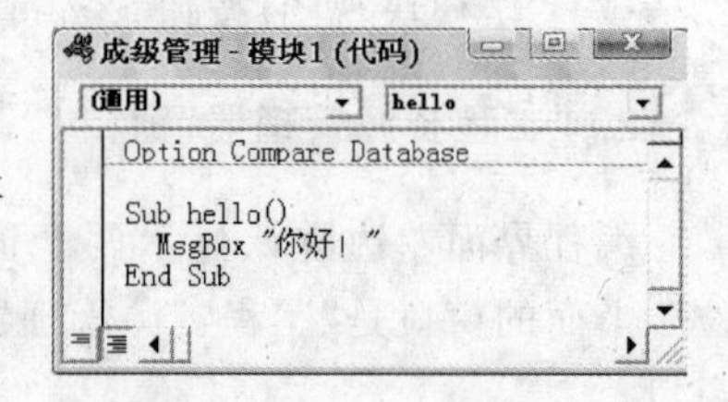

图 8-4　在通用过程中输入代码

(4) 单击"保存"按钮,为模块起名：模块 1,单击"确定"按钮。

(5) 选择"运行"→"运行子过程"命令,数据库窗口显示问候信息。

8.1.2　模块的设计环境

VBE(Visual Basic Editor)是 Access 的编程界面,也是 Microsoft Office 所有组件公用的程序编辑系统,编写和调试模块代码在 VBE 窗口进行。

VBE 窗口如图 8-5 所示。

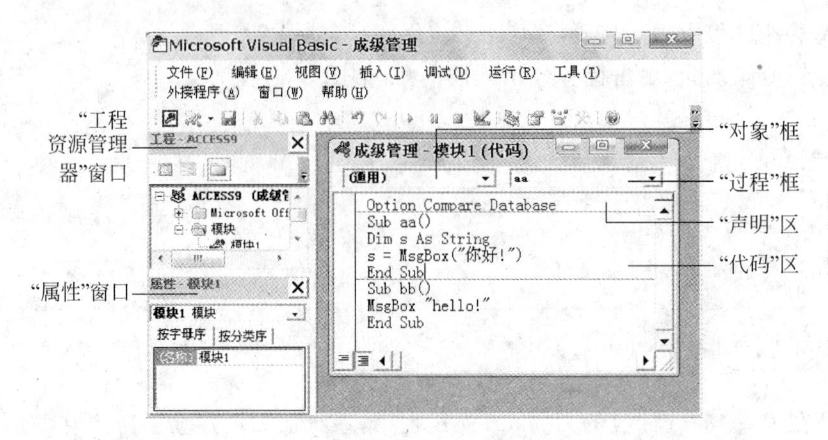

图 8-5 编程界面 VBE

1. "代码"窗口

"代码"窗口在 VBE 窗口右下方,是编程界面最大的区域。

(1) "对象"框,位于"代码"窗口左上方,单击下拉按钮显示对象列表,列出所有对象的名称。如果对象框中显示"通用",编写的过程可以被所有控件调用。如果对象框中显示某控件的名字,编写的过程只在该控件的指定事件中有效。

(2) "过程"框,位于"代码"窗口右上方。对于类模块,单击下拉按钮显示当前对象的事件列表。选定对象和事件以后,系统自动生成事件过程的起始行与结束行,只需在两行中间添加过程代码即可。对于标准模块,单击下拉按钮显示当前模块的过程列表。

(3) "代码"区,位于"代码"窗口中央,是编写代码的地方。

(4) "声明"区,位于"代码"区最上方,默认显示 Option Compare Database,用来声明模块中使用的变量等。

(5) "过程"区,位于"声明"区下方,显示一个或多个过程,过程之间用灰线分隔。

(6) "过程视图"按钮,是窗口底部最左边的按钮,单击该按钮,窗口中只显示当前过程。

(7) "全模块视图"按钮,是窗口底部第 2 个按钮,单击该按钮,窗口中显示全部过程。

2. "工程资源管理器"窗口

编程界面左边默认显示两个窗口,窗口上下排列,位于上面的窗口是"工程资源管理器"窗口,也称为工程窗口。

选择菜单"视图"→"工程资源管理器",可以打开"工程资源管理器"窗口。

"工程资源管理器"窗口中列出了应用程序中的所有模块,包括所有类模块和所有标准模块,如图 8-6 所示。

窗口顶部有 3 个按钮,从左到右依次为查看代码、查看对象、切换文件夹。

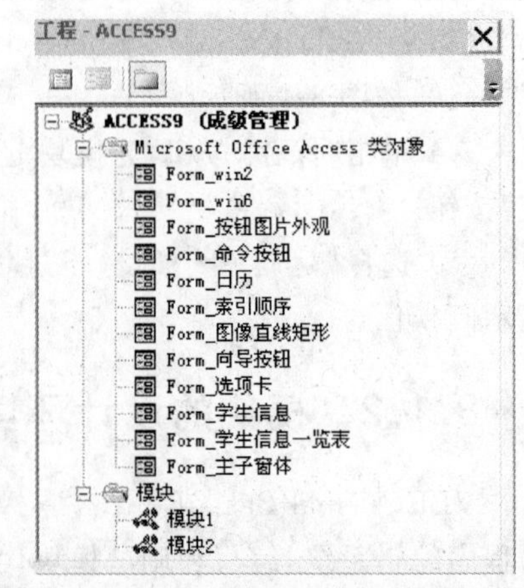

图 8-6 "工程资源管理器"窗口

"查看代码"按钮:先选定模块,再单击该按钮,显示所选模块的代码窗口。双击一个模块也可以打开该模块的代码窗口。

"查看对象"按钮：只针对类模块，单击该按钮打开所选类模块的设计窗口。

"切换文件夹"按钮：单击该按钮隐藏模块的分类文件夹，使类模块与标准模块显示在同一个目录中。再次单击该按钮显示对象的分类文件夹，使类模块与标准模块显示在不同文件夹中。

3. "属性"窗口

"属性"窗口位于工程窗口的下方，列出所选模块的属性。

选择菜单"视图"→"属性"，可以打开属性窗口。

属性窗口如图 8-7 所示。

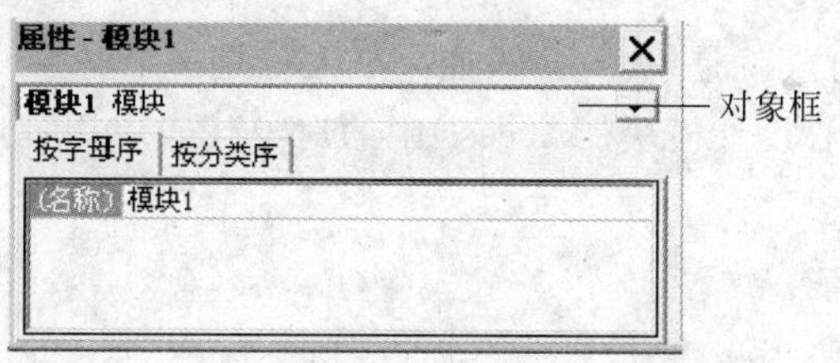

图 8-7 属性窗口

属性窗口上方是对象框，显示当前模块名称。窗口有 2 个选项卡，用来确定模块的查看方式，从左到右依次为：按字母序、按分类序。

在属性窗口可以直接给模块更改名称。

4. 标准工具栏

VBE 窗口上方有标准工具栏，如图 8-8 所示。

图 8-8 标准工具栏

常用按钮介绍如下：

(1)"Access 视图"按钮，单击该按钮，由 VBE 窗口切换到数据库窗口。

(2)"插入模块"按钮，单击下拉箭头选择要插入模块的类型，打开一个新模块窗口，可选模块类型如图 8-9 所示。

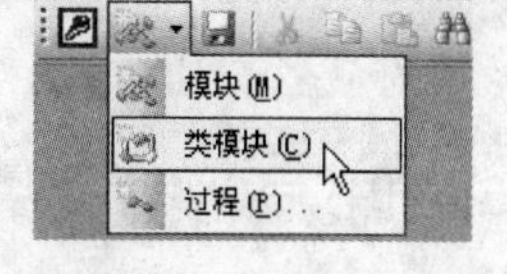

图 8-9 可选模块类型

(3)"运行子过程/用户窗体"按钮，单击该按钮运行标准模块的过程。

(4)"中断"按钮，单击该按钮暂停正在运行的程序。

(5)"重新设置"按钮，单击该按钮结束正在运行的程序。

(6)"设计模式"按钮，单击该按钮打开或退出模块的设计模式，属于开关键。

(7)"工程资源管理器"按钮，单击该按钮打开"工程资源管理器"窗口。

(8)"属性窗口"按钮，单击该按钮打开属性窗口。

8.2 VBA 程序设计基础

VBA 是 Office 的内置编程语言，也是面向对象的程序设计语言，功能强大，具有可视化编程环境。

8.2.1 基本概念

在面向对象的程序设计中，基本概念包括对象、类、属性、事件、方法等。

1. 对象

在自然界中，一个对象就是一个实体，如一个人就是一个对象。面向对象程序设计的主要任务是以"对象"为中心设计模块。Access 中的对象代表应用程序中的元素，如表、窗体、按钮等。

2. 类

类是某种类型对象的原型，类本身不是一个对象，为了实际使用相应对象，需要对相关的类进行实例化。实际上，位于 Access 数据库窗口左边的 7 个对象：表、查询、窗体、报表、页、宏、模块，应该准确地称为 7 个对象类，通过每一个类可以创建多个该类型的对象，应用程序是由这些对象构成的。

3. 属性

属性是对象的特征，描述了对象的当前状态。如姓名、性别、身高、体重等是人的属性，标题、名称、左边距、宽度等是窗体中标签的属性。

在面向对象的程序设计中，如果在属性窗口给对象定义属性，称为属性的静态设置。如果用代码给对象设置属性，称为属性的动态设置。

任何类都有 0 到多个属性，当从一个类将一个对象实例化的时候，每个属性就会有一个值。用 VBA 代码可以读取属性的当前值，也可以给属性赋值。使用属性时，对象名与属性名之间用一个圆点相连。

用代码给对象设置属性的格式如下：

```
对象名.属性名 = 属性值
```

用代码引用对象属性的格式如下：

```
对象名.属性名
```

例如：

c1.forecolor＝vbRed　将命令按钮 c1 的前景色设置为红色。

MsgBox me.caption　显示当前窗体的标题。

每个对象都有自己的属性，对象的类别不同，属性也会不同。同一类型的不同对象，属性也会有差异。

4. 事件

事件是对象能够识别的动作。如单击命令按钮，打开窗体，其中的“单击”事件是命令按钮能识别的动作。

有些事件能被多个对象识别，如“单击”事件和“双击”事件，可以被按钮、标签、复选框等多个对象识别。

响应事件的方式有以下 2 种。

(1) 用宏对象响应对象的事件。

(2) 给事件编写 VBA 代码，用事件过程响应对象的事件。

类模块每个过程的开始行都会显示对象名和事件名。如 Private Sub c1_Click()，其中，c1 是对象名，Click 是事件名。

面向对象的程序设计用事件驱动程序。代码不是按预定顺序执行，而是在响应不同事件时执行不同代码。

5. 方法

方法是对象能够执行的动作，不同对象有不同的方法，不同方法能完成不同的任务。如 Close 方法能关闭一个窗体，Open 方法能打开一个窗体。

方法有 2 类，一类是用户自定义的方法，另一类是系统为对象提供的内置方法。

在代码中调用对象方法的语法与设置属性的语法十分相似，对象名与方法名之间用一个圆点相连。格式如下：

```
对象名.方法名(参数)
```

例如 DoCmd.Close，关闭当前窗体。其中，Close 是系统对象 DoCmd 的内置方法。

说明：对象名与方法名之间的圆点称为“点运算符”，点运算符是面向对象程序设计特有的运算符，点运算符的左侧是对象名称，右侧是属性、方法或变量名称。

8.2.2 用代码设置窗体属性和事件

1. 关键字 Me

Me 是 VBA 编程中使用频率很高的关键字，Me 是“包含这段代码的对象”的简称，可以代表当前对象。在类模块中，Me 代表当前窗体或当前报表。

例如：

(1) Me.Lab.Caption="学生信息一览表"，定义窗体中标签 Lab 的 Caption 属性。

(2) Me.Caption="学生信息一览表"，定义窗体本身的 Caption 属性。

2. 用代码设置窗体属性

能够用代码设置的窗体属性主要包括窗体标题、窗体数据源、背景图片等。下面用一个案例介绍动态设置窗体属性的方法。

案例 8.3 动态设置窗体属性

要求：窗体中建立文本框 t1 和命令按钮 c1，单击命令按钮完成以下 3 件事。

(1) 使窗体标题显示当前日期。

(2) 在窗体中插入背景图片。

(3) 设置窗体的数据源为"学生信息"表,将第一条记录的姓名显示在t1中。

操作步骤:

(1) 打开"成绩管理.mdb",新建窗体win7,设置"记录选择器"、"分隔线"均不显示。

(2) 窗体中建立文本框t1,建立命令按钮c1,命令按钮标题为"设置"。

(3) 右击命令按钮c1,依次选择"事件生成器"和"代码生成器"选项,单击"确定"按钮。

(4) c1的Click事件过程代码如下:

```
Private Sub c1_Click()
  Me.Caption = Date()
  Me.Picture = CurrentProject.Path + "\a1.bmp"
  Me.RecordSource = "学生信息"
  t1 = [姓名]
End Sub
```

说明:过程的开始行和结束行由系统给出,只须输入中间几行代码即可。代码中使用了窗体的3个属性:Caption是标题属性,Picture是背景图片属性,RecordSource是记录源属性。

(5) 转到窗体视图,单击命令按钮"设置",显示结果如图8-10所示。

图8-10 动态设置窗体属性

3. 用代码设置窗体事件

窗体事件比较多,在此介绍窗体的4个关键事件。

(1) 打开窗体会依次发生的事件:open(打开)→load(加载)。

(2) 关闭窗体会依次发生的事件:unload(卸载)→close(关闭)。

下面用一个案例观察窗体事件的发生顺序。

案例8.4 窗体事件的发生顺序

要求:给窗体的4个关键事件写代码,观察窗体事件的发生顺序。

操作步骤:

(1) 打开"成绩管理.mdb",新建窗体"事件顺序",设置"记录选择器"、"导航按钮"、"分隔线"均不显示。

(2) 打开属性窗口,对象框选择"窗体",单击"事件"选项卡。

(3) "事件"选择"打开",过程代码为:MsgBox "这是open事件!"。

(4) "事件"选择"加载",过程代码为:MsgBox "这是load事件!"。

(5) "事件"选择"卸载",过程代码为:MsgBox "这是unload事件!"。

(6) "事件"选择"关闭",过程代码为:MsgBox "这是close事件!"。

"代码"窗口如图8-11所示。

(7) 转到窗体视图,打开窗体时先发生open事件,再发生load事件。关闭窗体时先发生 unload 事件，再发生 close 事件，如图 8-12 所示。

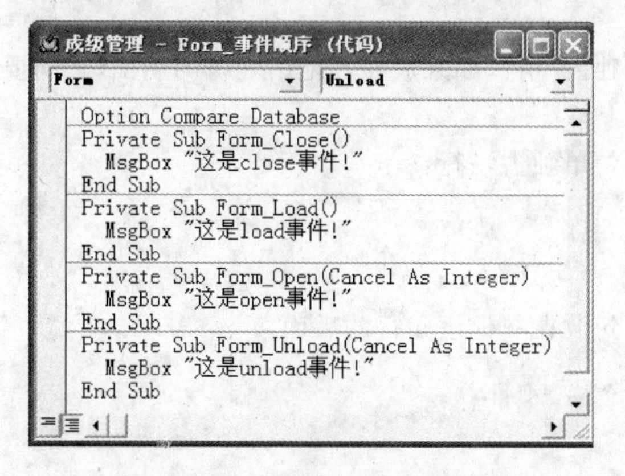

图 8-11 窗体事件的代码

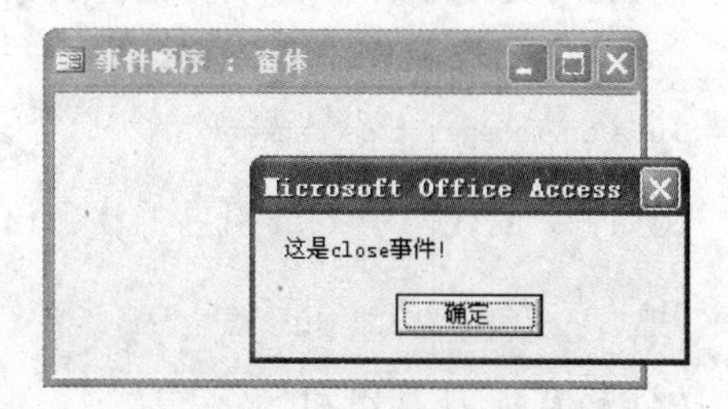

图 8-12 观察窗体事件的发生顺序

8.2.3 VBA 程序结构

1. 语句和程序

语句是一条能完成某项操作的命令，语句中可以包含关键字、运算符、变量、常量和表达式。语句按功能分为 2 类：声明语句和执行语句。

(1) 声明语句用来定义变量、符号常量等。

(2) 执行语句用来给变量赋值、实现各种流程控制、过程调用等。

程序是语句的集合，告诉计算机要完成的任务，程序的执行顺序由程序结构决定，程序有 3 种结构：顺序、选择、循环。

(1) 顺序结构，按语句排列顺序依次执行程序代码。

(2) 选择结构，又称为条件结构，根据条件成立与否选择执行不同的程序代码。

(3) 循环结构，重复执行某段程序代码。

2. 语句书写规则

(1) 一般情况下，一行写一条语句。

(2) 语句较短时可以几条语句写在一行中，之间用冒号分隔。

(3) 如果一条语句太长，可以用续行符(_)结尾，将剩余语句写在下一行。

(4) 重要的地方使用注释语句，尽量使用提示信息。

(5) VBA 代码不区分大小写。

说明：如果一行语句输入完成后显示为红色，表示该语句存在错误。

3. 注释语句

注释语句是程序代码中的一些说明，仅用来帮助阅读程序，是非执行语句。给程序的关键位置加上注释语句，能提高程序的可读性，有利于程序维护。

注释语句通常显示为绿色，对于程序中不用的代码，可先将其变为注释语句，待确定不用以后再删除。

VBA 注释语句有 2 种格式。

(1) 格式：rem 注释内容

说明：用 rem 引导的注释语句通常单独占一行，如果放在其他语句行的后面，之间要用冒号分隔。

例如：下面代码中 rem 引导的注释语句单独占一行：

```
rem 定义 2 个整型变量
Dim a as integer,b as integer
```

例如：下面代码中 rem 引导的注释语句放在其他语句行的后面：

```
Dim a as integer,b as integer: rem 定义 2 个整型变量
```

(2) 格式：'注释语句

说明：用单引号引导的注释语句通常放在其他语句的后面，共同占一行，无须使用冒号分隔，也可以独占一行。

例如：下面代码中单引号引导的注释语句放在其他语句行的后面：

```
Dim a as integer,b as integer '定义 2 个整型变量
```

例如：下面代码中单引号引导的注释语句单独占一行：

```
'定义 2 个整型变量
Dim a as integer,b as integer
```

4. 程序的缩进格式

程序书写提倡使用缩进格式，让程序结构中同级别的语句在同一列对齐。用缩进格式书写的程序能清楚地显示程序结构，不仅帮助阅读程序，而且有利于程序维护。

例如：

```
Rem 下面的代码定义文本框 t1 的前景色和背景色
Private Sub c1_Click()   'c1 是命令按钮
   t1.BackColor = vbYellow '定义 t1 的背景色为黄色
   t1.ForeColor = vbRed   '定义 t1 的前景色为红色
End sub
```

5. 使用提示与帮助

在书写程序代码时，要充分利用 Access 系统提供的提示功能和帮助功能。

(1) 使用提示

在“代码”窗口输入代码时，凡是系统对象和数据库中定义的对象，在输入了对象名称和点运算符以后，系统会自动显示信息列表，包括关键字列表、属性列表、过程参数列表等，鼠标在所选项双击，选定的值会自动添加到当前光标处。系统提供的信息列表如图 8-13 所示。

如果输入了对象名称和点运算符以后没有显示信息列表，说明输入的内容有误，应该检查变量是否存在，或变量名称是否输入正确。

利用系统提供的信息列表，既加快了代码输入，又减少了输入错误。

(2) 使用帮助

将光标置于某个语句命令上，按 F1 键，系统会显示与该语句命令有关的帮助信息。另外，单击标准工具栏的"帮助"按钮，在搜索框中输入关键字，也可以查找到与该关键字使用方法有关的介绍。"帮助"窗口如图 8-14 所示。

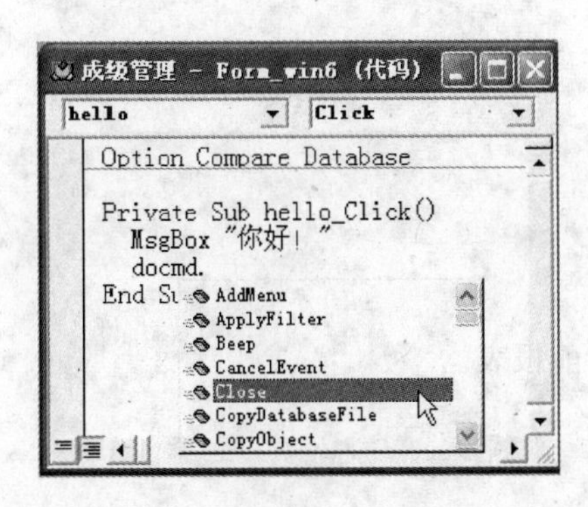

图 8-13 系统提供的信息列表

图 8-14 "帮助"窗口

8.2.4 DoCmd 对象

Access 除了提供数据库的 7 个对象之外，还提供了一个重要对象 DoCmd。DoCmd 是系统对象，主要作用是调用系统提供的内置方法，在 VBA 程序中实现对 Access 的操作。例如，打开窗体、关闭窗体、打开报表、关闭报表等。

DoCmd 对象的大多数方法都有参数，除了必选参数之外，其他参数可以省略，用系统提供的默认值即可。

1. 用 DoCmd 对象打开窗体

格式：DoCmd. OpenForm "窗体名"

功能：打开指定窗体。

说明：窗体名用引号括起来。

例如，打开窗体 win1 的代码如下：

```
DoCmd.OpenForm  "win1"
```

2. 用 DoCmd 对象关闭窗体

格式：DoCmd.Close acForm,"窗体名"

功能：关闭指定窗体。

说明：如果省略参数，只写 DoCmd. Close，可以关闭当前窗体。

例如，关闭窗体 win1 的代码如下：

```
DoCmd.Close  acForm,"win1"
```

3. 用 DoCmd 对象打开报表

格式：DoCmd. OpenReport "报表名",acViewPreview
功能：用预览方式打开指定报表。
说明：acViewPreview 参数代表预览方式。
例如，用预览方式打开“实发工资”报表的代码如下：

```
DoCmd.OpenReport "实发工资",acViewPreview
```

4. 用 DoCmd 对象关闭报表

格式：DoCmd. Close acReport,"报表名"
功能：关闭指定报表。
说明：如果只写 DoCmd. Close，可以关闭当前报表。
例如，关闭“实发工资”报表的代码如下：

```
DoCmd.Close acReport,"实发工资"
```

5. 用 DoCmd 对象运行宏

格式：DoCmd. RunMacro "宏名"
功能：运行指定宏。
例如，运行宏 hh 的代码如下：

```
DoCmd.RunMacro "hh"
```

6. 用 DoCmd 对象退出 Access

格式：DoCmd. Quit
功能：关闭所有对象并退出 Access。
下面用一个案例介绍 DoCmd 对象的使用方法。

案例 8.5 使用 DoCmd 对象

要求：新建窗体，窗体中建立 6 个命令按钮，单击按钮打开和关闭指定窗体、打开和关闭指定报表、关闭当前窗体、退出 Access。

操作步骤：

(1) 打开“成绩管理. mdb”，新建窗体 win8，设置“记录选择器”、“导航按钮”、“分隔线”均不显示。

(2) 在窗体中建立 6 个命令按钮，“名称”分别为 c1～c6，“标题”分别为“打开窗体 win1”、“关闭窗体 win1”、“打开排序报表”、“关闭排序报表”、“退出当前窗体”、“退出 Access”，设计窗口如图 8-15 所示。

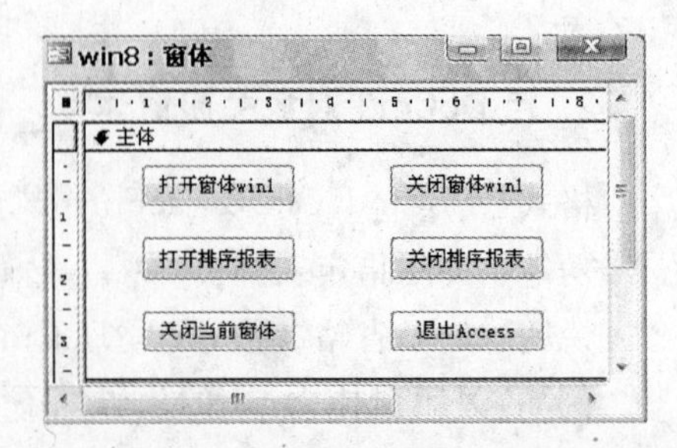

图 8-15 在窗体中建立 6 个按钮

（3）按钮 c1 的 Click 事件代码如下：

```
DoCmd.OpenForm  "win1"
```

（4）按钮 c2 的 Click 事件代码如下：

```
DoCmd.Close  acForm,"win1"
```

（5）按钮 c3 的 Click 事件代码如下：

```
DoCmd.OpenReport  "排序",acViewPreview
```

（6）按钮 c4 的 Click 事件代码如下：

```
DoCmd.Close  acReport,"排序"
```

（7）按钮 c5 的 Click 事件代码如下：

```
DoCmd.Close
```

（8）按钮 c6 的 Click 事件代码如下：

```
DoCmd.Quit
```

（9）转到窗体视图，单击不同按钮执行不同操作。

8.2.5　数据类型

1. 标准数据类型

标准数据类型是由系统提供的数据类型，定义变量时可直接使用。数据表中大部分字段类型都可以在 VBA 中找到对应类型。

VBA 基本数据类型见表 8-1。

表 8-1　VBA 的基本数据类型

类型标识	符号	字段类型	取值范围	字节数
Byte		字节	0～255	1B
Integer	%	整数	－32 768～32 767	2B
Long	&	长整数	－2 147 483 648～2 147 483 647	4B
Single	!	单精度	－3.402 823E38～3.402 823E38	4B
Double	#	双精度	－1.79 769 313 486 232E308～1.79 769 313 486 232E308	8B
Currency	@	货币	－922 337 203 685 477.5808～22 337 203 685 477.5807	8B
String	$	字符串	0～65 535 个字符	1B /1 字符
Boolean		布尔	true 或 false	2B
Date		日期	January 1100 到 December 31 9999	8B
Variant		变体		16B

2. 默认值

（1）变体型 Variant 是 VBA 的默认数据类型，凡是没有定义数据类型的变量，都被默认为变体型。变体型是一种特殊数据类型，除了定长字符串和用户自定义类型之外，可以包含任何其他类型的数据。变体型的变量占用更多的内存资源。

变体型变量默认值为 empty。

(2) Boolean 型也称为逻辑型，只有 2 个值，表示为真(true)和假(false)、开(on)和关(off)、是(yes)和非(no)。其中，系统允许将 true/yes/on 与数字 -1 互换，将 false/no/off 与数字 0 互换。如果用其他数据当布尔型数据，则 0 转换为 false，非零值转换为 true。

布尔型变量默认值为 false。

(3) 字符串类型 String，数据是用单引号或双引号括起来的一组字符，每个字符占 1 个字节。如果定义变量时用 String * n 格式，n 是一个整数，则字符串称为定长字符串。定长字符串即使没有赋值，长度也是 n。如 dim a as string * 6，定义 a 是长度为 6 的定长字符串型变量。

字符串型变量默认值为空串。

(4) 与数字有关的数据类型，默认值为 0。

3. 数据类型转换函数

Access 提供了一些专门用于数据类型转换的函数，常用数据类型转换函数见表 8-2。

表 8-2 常用数据类型转换函数

函数	转换后类型	说明
CInt(x)	Integer	x 取值范围同 Integer，小数部分四舍五入
CLng(x)	Long	x 取值范围同 Long，小数部分四舍五入
CSng(x)	Single	x 取值范围同 Single
CDbl(x)	Double	x 取值范围同 Double
CBool(x)	Boolean	x 取值范围是任何有效数字或字符串
CDate(x)	Date	x 取值范围是任何有效日期表达式
CStr(x)	String	x 取值范围是任何表达式
CVar(x)	Variant	x 如果是数值，范围同 Double，否则，与 String 相同

例如：

(1) x=9，表达式 Cbool(x) 的结果为 true。

(2) x=2010，表达式 Cstr(x)+ "年"的结果为：2010 年。

(3) x="2010-9-10"，Cdate(x)+10 的结果为：2010-9-20。

8.2.6 使用立即窗口

程序设计中，可以用立即窗口显示或计算变量值、函数值和表达式的值。在 VBE 界面打开“视图”菜单，选择“立即窗口”命令，显示立即窗口。

在立即窗口中，用问号(?)或 print 语句计算并显示表达式的值。输入表达式后必须回车才能执行 print 语句。

下面用一个案例来介绍立即窗口的使用方法。

案例 8.6　使用立即窗口计算表达式

要求：在立即窗口计算表达式的结果。

操作步骤：

(1) 打开"成绩管理.mdb"，单击"模块"对象，单击"新建"按钮，进入 VBE 界面。

(2) 选择菜单"视图"→"立即窗口"，显示立即窗口。

(3) 输入表达式"? cint(true)"，按回车键，显示结果为－1。

(4) 输入表达式"print false＞true"，按回车键，显示结果为 true。

(5) 输入表达式"? cbool(5)＋cbool(true)"，按回车键，显示结果为－2。

立即窗口如图 8-16 所示。

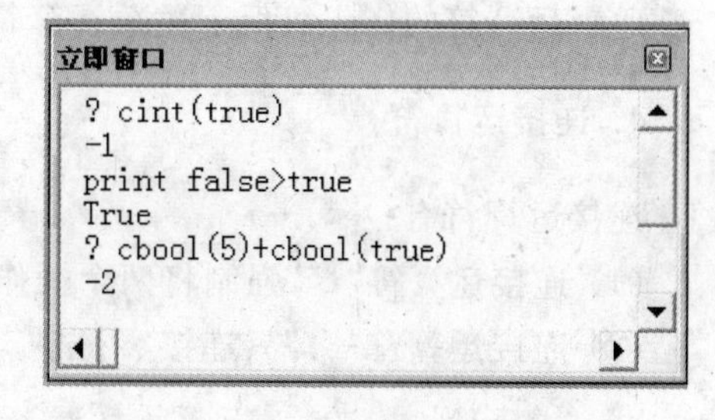

图 8-16　用立即窗口验证函数值

8.2.7　运算符

第 2 章详细介绍过如何在数据库对象中使用运算符，VBA 的运算符与第 2 章介绍的运算符大致相同。运算符的验算可以在立即窗口中进行，在此只增加一些使用说明。

1. 算术运算符

算术运算符有：乘幂(^)、乘法(*)、除法(/)、整数除法(\)、求模(mod)、加法(＋)、减法(－)。

(1) 整数除法(\)，要求 2 个操作数为整数，如果操作数有小数，先四舍五入取整再运算。运算得到的结果舍去小数取整。

例如：5.7\2.2，结果为 3。

(2) 求模(mod)，要求 2 个操作数为整数，如果操作数有小数，先四舍五入取整再运算。如果被除数是正数，余数是正数，如果被除数是负数，余数是负数。mod 与操作数之间要有空格。

例如：－11 mod 3，结果为－2。

2. 关系运算符

关系运算符有：相等(＝)、不相等(＜＞)、大于(＞)、大于等于(＞＝)、小于(＜)、小于等于(＜＝)。其作用是对两个操作数进行比较，得到一个逻辑值。

(1) VBA 代码不区分大小写。表达式"a"＝"A"的结果为"真"。

(2) true 对应－1，false 对应 0。表达式 true＜false 的结果为"真"。

(3) 字符比较逐个进行，第一个字符相同时再比较第二个字符，用字符的 ASCII 码比较大小。表达式"aa"＜"ab"的结果为"真"。

(4) 字符都相同时，字符个数多的大。表达式"aa"＜"aaa"的结果为"真"。

(5) 汉字用拼音进行比较。表达式"张"＜"周"的结果为"真"。

关系运算符的优先级低于算术运算符。

3. 逻辑运算符

逻辑运算符有：与(and)、或(or)、非(not)。其作用是对两个逻辑值进行比较，结果仍然是逻辑值。

例如，true=－1 and true<false，结果为“真”。

逻辑运算符的优先级低于关系运算符。

4. 连接运算符

连接运算符有：&、+。

(1) 连接运算符“&”强制将两个操作数作为字符串连接，“&”与操作数之间要有空格。

(2) 连接运算符“+”只连接字符串。

5. 运算符的优先级

表达式是将常量、变量和函数用运算符连在一起的式子。如果一个表达式中包含多种运算，系统根据运算符的优先级决定运算的先后顺序。

(1) 算术运算符的优先级为：幂>取负>乘和除>整数除法>求模>加和减。

例如：

表达式－4^2的结果为－16，幂比取负优先。

表达式4^－2的结果为0.625(4的负2次方)，幂与负号相邻时负号优先，这是特例。

(2) 关系运算符的优先级相同，同级运算按从左到右方向进行。

例如，表达式2=2<1的结果为true。比较2=2，结果为true，再比较true <1，结果为true。

(3) 逻辑运算符的优先级：not>and>or。

(4) 连接运算符的优先级相同。

(5) 优先级汇总：括号>算术运算符>连接运算符>关系运算符>逻辑运算符。

说明：用括号能改变优先顺序。优先级相同时，运算顺序从左到右。

8.3 顺序结构程序设计

在程序的3种控制结构中，顺序结构是最简单、最常用的结构。顺序结构程序按语句的自然顺序逐条执行语句代码。

8.3.1 声明语句和赋值语句

声明语句和赋值语句是程序设计中最常用的语句。

1. 声明语句

声明语句用来定义符号常量、变量、数组和过程等。定义的同时也包括了设置初始值、生命周期、作用域等内容。

例如：dim a as integer

2. 赋值语句

赋值语句用来给变量指定一个值。

格式：变量名＝表达式

功能：将表达式的值赋给变量。

例如：a＝12＋34

说明：

(1) 赋值号“＝”与数学的等号意义不同。例如，语句 a＝a＋1 的功能是将变量 a 的当前值加 1 后赋给变量 a。

(2) 赋值号左边只能是变量名，不能是常量和表达式。

(3) 赋值语句有计算功能，对表达式先计算后赋值。

(4) 赋值号两边要类型匹配。例如，表达式 a%＝"abc" 返回错误提示，因为该操作把字符串赋给整型变量。

8.3.2 常量

常量是在程序运行过程中值不改变的量，包括直接常量、符号常量、系统常量。

1. 直接常量

直接常量是通常意义下的常量，又称为字面常量，如数字常量 123、字符串常量"abc"、日期常量＃2010-9-10＃等。

2. 符号常量

符号常量是用字符代表的常量，将程序中反复使用的相同值或字符串定义为符号常量，在程序中用符号常量名代表，便于常量值的更改。为区别于变量名，符号常量名约定用大写字母。定义符号常量的格式如下：

```
Const  符号常量名 = 常量值
```

说明：

(1) 定义在模块声明区的符号常量，可以在所有模块的过程中使用，通常在 Const 前面加上 Global 或 Public。如：

```
Public  Const  PI = 3.14
```

(2) 定义在事件过程中的符号常量，只在本过程中使用。

(3) 符号常量不用指明数据类型，系统自动按存储效率最高的方式确定数据类型。

3. 系统常量

系统常量是启动 Access 时由系统建立的常量，如 true、false、yes、no、on、off、null 等。

系统常量可以在程序设计中直接使用。

另外，VBA 系统还提供一些预定义的内部符号常量，定义变量名或符号常量名时最好不要用这些名字。

内部符号常量用前两个字母指明该常量的对象库，以 ac 开头的是 Access 的库常量，以 vb 开头的是 VBA 的库常量，以 db 开头的是 DAO 的库常量，以 ad 开头的是 ADO 的库常量。

选择菜单“视图”→“对象浏览器”，可以查看内部符号常量，如图 8-17 所示。

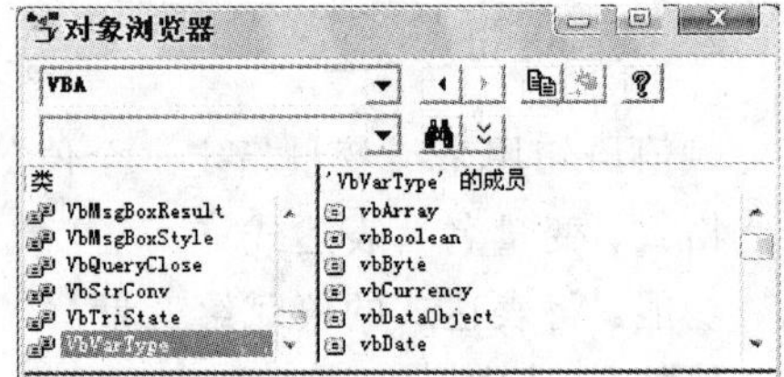

图 8-17 VBA 内部符号常量

8.3.3 变量

变量是在程序运行过程中值可以变化的量。从计算机角度来看，变量代表计算机内存中的一块区域，系统按照变量的数据类型为变量分配一定数量的存储单元，在程序中用变量名存取变量中的数据。

变量名、变量区域大小和变量值是变量的三要素。

1. 变量的命名规则

(1) 变量名可以包括字母、数字、下划线等，必须以字母开始。

(2) 变量名中不能包含空格和标点符号，也不能使用%、$、#、@等特殊字符。

(3) 变量名不能使用 VBA 的关键字(如 dim)。

(4) 变量名的字符个数不得多于 255 个。

(5) 变量名不区分大小写。

(6) 变量名必须唯一，同一个过程不能有 2 个变量有相同的名字。

为了对大量变量名和不同数据类型进行有效管理，VBA 推荐使用 Hungarian 符号法命名变量，变量的命名采用大写小写混合方式，用具有一定意义的小写字母作为变量的前缀，使代码易于阅读和理解。Hungarian 符号法尤其适合命名对象变量，如用 tex 代表文本框变量的前缀。

常用对象的变量前缀见表 8-3。

表 8-3 常用对象的变量前缀

控件	前缀	控件	前缀
表	tbl	命令按钮	cmd
查询	qry	标签	lbl
窗体	frm	列表框	lst
报表	rpt	选项按钮	opt
复选框	chk	子窗体/子报表	sub
组合框	cho	文本框	txt

2. 变量的显式声明

变量通常要先定义后使用，但 VBA 对此不做要求，可以不用声明直接使用变量。

用 dim 语句声明变量,称为变量的显式声明。变量声明语句放在程序的开始部分,对提高程序可读性和可维护性有很大帮助。显式声明变量的格式如下:

```
dim 变量名 as 类型
```

说明:

(1) 如果省略“as 类型”,默认变体型,变体型比其他类型占用更多的内存资源。

(2) 一个 dim 关键字可以定义多个变量,变量之间用逗号分隔。例如:

```
dim a1 as integer,a2 as boolean
```

(3) 用 dim 定义的变量是局部变量,系统按照数据类型自动设置默认值。

3. 变量的隐式声明

变量没有显式声明,而是通过一个值指定给变量名,称为变量的隐式声明。在变量名后加类型说明符,隐式声明变量时若不加类型说明符,变量默认为变体型。

例如:b1%=125,隐式声明变量 b1 是整型。

下面用一个案例介绍变量和符号常量的使用方法。

案例 8.7 使用变量和符号常量

要求:建立窗体 win9,在文本框中输入字符串,回车后显示为标签和窗体的标题。

操作步骤:

(1) 打开“成绩管理.mdb”,新建窗体 win9,设置“记录选择器”、“导航按钮”、“分隔线”均不显示。

(2) 在窗体中建立文本框,“名称”为 t1。

(3) 在窗体中建立标签,“名称”为 b1,“标题”为 b1。

(4) 进入 VBE 界面,在“通用-声明”中输入代码“Const PP = "你好!"”,按回车键。

(5) 在对象框中选择 t1,事件选择 AfterUpdate,输入代码如下:

```
Rem 文本框 t1 的更新后事件过程
b1.Caption = PP + t1
Me.Caption = PP + t1
```

设计窗口如图 8-18 所示。

(6) 转到窗体视图,在文本框中输入“张三”后按回车键,标签和窗体的标题均显示字符串“你好! 张三”,如图 8-19 所示。

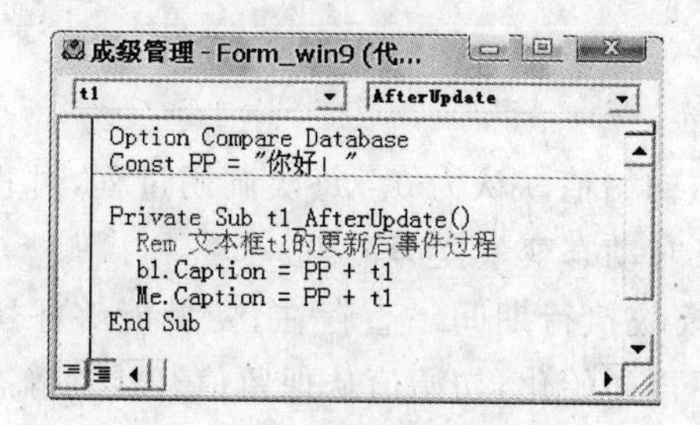

图 8-18 文本框 t1 的“更新后”事件过程

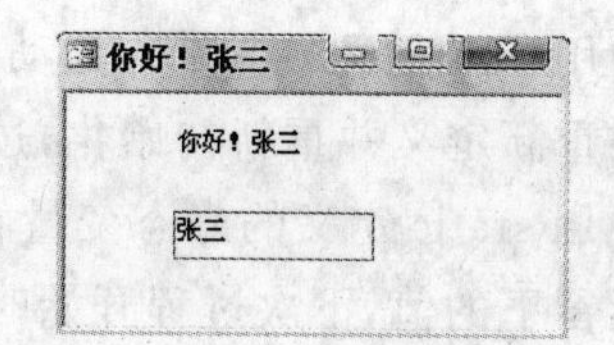

图 8-19 标签和窗体的标题均改变

8.3.4 变量的作用域和生命周期

在VBA编程中，变量定义的位置和方式决定了变量存在的时间和作用范围。也就是说，变量定义的位置和方式不同，变量存在的时间和作用范围也有所不同。这就是变量的作用域和生命周期。

1. 变量的作用域

变量的作用域是变量在程序中起作用的范围，变量按其作用域分为3个层次，从低到高依次为局部变量、模块变量、全局变量。

(1)局部变量

局部变量定义在模块的过程内部，又称为本地变量，用来存放中间结果或作为临时变量，变量的作用域是变量所在的过程，变量在过程代码执行时才可见。

凡是过程和函数内部用dim声明的变量或直接使用的变量都是局部变量。局部变量在本地拥有最高级，遇到同名的模块变量时，模块变量被屏蔽。

(2) 模块变量

模块变量定义在模块所有过程之外的起始位置，变量的作用域是所在模块的所有函数和所有过程。模块变量通常是窗体变量或标准模块变量，在模块的通用说明区用dim或private关键字定义的变量也是模块变量。

(3) 全局变量

全局变量是在标准模块中用“public … as”关键字声明的变量，全局变量定义在标准模块所有过程之外的起始位置，又称为公共变量，变量的作用域是所有类模块和标准模块的所有过程和函数。

2. 变量的生命周期

变量的生命周期是指变量在程序中的存续时间，从变量定义语句所在过程第一次运行到过程结束的时间。变量首次出现时是声明变量并为其分配存储空间，变量所在的程序执行完毕后变量消失。

(1) 局部变量的生命周期从过程或函数被调用到调用结束。

(2) 模块变量的生命周期从模块运行开始到模块结束。

(3) 全局变量的生命周期从变量声明到Access应用程序结束。

8.3.5 静态变量

静态变量是用static代替dim定义的变量。

过程中用dim定义的变量称为动态变量，初始值默认为0。每次调用过程，过程中的动态变量都被重新定义并重新初始化，过程结束时动态变量立即消失。

过程中用static定义的静态变量在整个模块执行期间一直存在，变量能够保留前一个过程结束后留下的值，下次过程开始时变量不再初始化，初始值从保留值开始。静态变量通常用来统计过程被调用的次数。

用 static 定义的变量,其作用域与用 dim 定义的变量作用域相同。

下面用一个案例介绍静态变量的使用方法。

案例 8.8 使用静态变量

要求:建立窗体 win10,在窗体中建立 2 个标签和 1 个命令按钮,单击命令按钮将过程的调用结果显示在标签上。

操作步骤:

(1) 打开"成绩管理.mdb",新建窗体 win10,设置"记录选择器"、"导航按钮"、"分隔线"均不显示。

(2) 在窗体中建立 2 个标签,"名称"分别为 b1 和 b2,"标题"分别为 b1 和 b2。在标签 b1 左边建立标题为"动态"的标签,在标签 b2 左边建立标题为"静态"的标签。

(3) 在窗体中建立命令按钮,"名称"为 c1,"标题"为 OK。

(4) c1 的 Click 事件代码如下:

```
Dim a As Integer
Static b As Integer
a = a + 1
b = b + 1
b1.Caption = a
b2.Caption = b
```

(5) 转到窗体视图,连续单击命令按钮 5 次,因为动态变量的值总是从 0 开始,所以值为 1。因为静态变量的值从上一个过程的结果开始,所以值为 5,如图 8-20 所示。

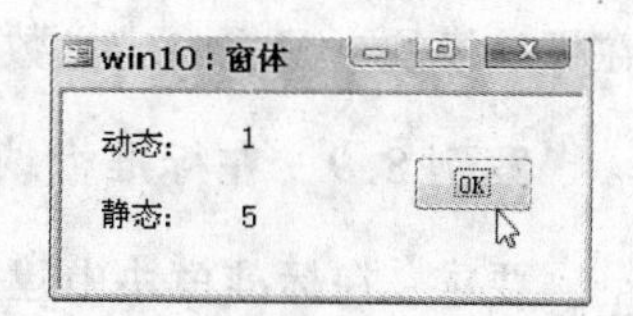

图 8-20 使用静态变量

8.3.6 自定义数据类型

自定义数据类型是由程序设计人员建立的数据类型,使用自定义的数据类型与使用标准数据类型的方法基本相同。自定义数据类型中不仅包含 VBA 标准数据类型,还可以包含已建立的自定义数据类型。

1. 建立自定义数据类型

建立自定义数据类型的格式如下:

```
Type  数据类型名
    域名 1  as  数据类型
    域名 2  as  数据类型
    …
End  Type
```

例如:

```
Type student
    xm as string
    xb as string * 1
    nl as integer
End Type
```

2. 使用自定义数据类型

首先定义变量为自定义数据类型，然后用“变量名.域名”格式存取数据。给自定义数据类型的变量赋值，就是分别给变量的每个域赋值。例如，对于前面定义的student：

```
dim  stu  as  student
stu.xm = "李四"
stu.xb = "女"
stu.nl = 19
```

用with语句能简化代码重复部分，每个域从点开始，省略变量名。上面的代码可改写为如下形式：

```
dim  stu  as  student
with  stu
  .xm = "李四"
  .xb = "女"
  .nl = 19
end  with
```

3. 在标准模块中建立自定义数据类型

建立在标准模块中的自定义数据类型能被所有模块的所有过程使用。下面的案例介绍在标准模块中建立自定义数据类型的方法。

案例 8.9　在标准模块中建立自定义数据类型

要求：在标准模块中建立自定义数据类型，在窗体中使用自定义数据类型。

操作步骤：

(1) 打开“成绩管理.mdb”，新建“模块2”，定义数据类型student如下：

```
Type student
  xh  As String * 6
  xm  As String
  xb  As String * 1
End Type
```

如图8-21所示。

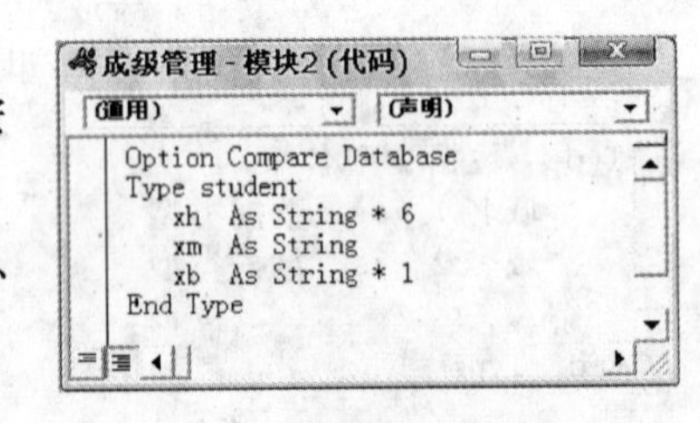

图 8-21　定义数据类型 student

(2) 新建窗体win11，设置“记录选择器”、“导航按钮”、“分隔线”均不显示。

(3) 在窗体中建立3个文本框，“名称”分别为t1、t2、t3，附加标签的“标题”分别为“学号”、“姓名”、“性别”。

(4) 建立命令按钮，“名称”为c1，“标题”为“确定”。

(5) 按钮c1的Click事件代码如下：

```
Dim a As student
a.xh = t1
a.xm = t2
a.xb = t3
MsgBox "学号:" & a.xh & "  姓名:" & a.xm & "  性别:" & a.xb
```

(6) 转到窗体视图，分别在文本框输入数据，单击命令按钮“确定”，消息框显示文本框的值，如图 8-22 所示。

图 8-22 消息框显示文本框的值

4. 在类模块中建立自定义数据类型

在类模块中建立自定义数据类型，要放在“通用-声明”区，并且在 Type 前加 Private 关键字。建立的自定义数据类型只能被当前类模块的所有过程使用。

下面的案例介绍在类模块中建立自定义数据类型的方法。

案例 8.10 在类模块中建立自定义数据类型

要求：在窗体类模块中建立自定义数据类型，在窗体中使用自定义数据类型。

操作步骤：

(1) 打开“成绩管理.mdb”，新建窗体 win12，设置“记录选择器”、“导航按钮”、“分隔线”均不显示。

(2) 在窗体中建立 2 个文本框，“名称”分别为 t1、t2，附加标签的“标题”分别为“单价”、“数量”。

(3) 在窗体中建立命令按钮，“名称”为 c1，“标题”为“确定”，进入 VBE 界面。

(4) 在“通用-声明”中建立自定义数据类型如下：

```
Private Type xiaoshou
  dj As Single
  sl As Integer
End Type
```

(5) 按钮 c1 的 Click 事件代码如下：

```
Dim a As xiaoshou
a.dj = t1
a.sl = t2
MsgBox "销售额 = " & a.dj * a.sl
```

“代码”窗口如图 8-23 所示。

(6) 转到窗体视图，分别在文本框输入单价和数量，单击命令按钮“确定”，消息框显示销售额，如图 8-24 所示。

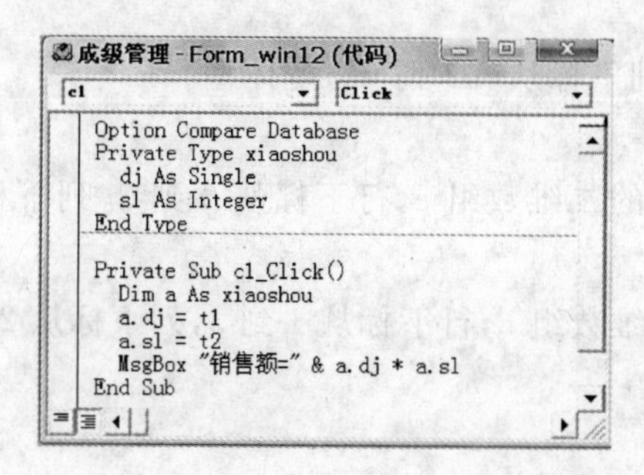

图 8-23 在类模块中建立自定义数据类型

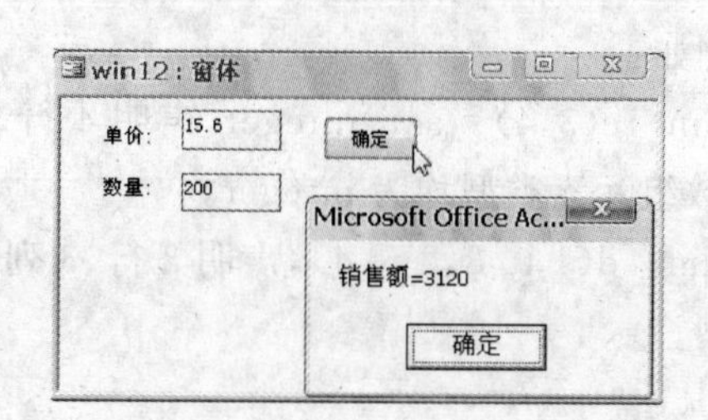

图 8-24 消息框显示销售额

8.3.7 数组

VBA 的数组是具有同一名字、不同下标的变量集合。如果指定数组的数据类型，所有数组元素的数据类型相同。如果不指定数组的数据类型，默认数组元素都是变体型，此时，可以给数组各元素赋予不同类型的值。

数组变量由变量名和数组下标组成，数组下标放在圆括号中。

说明：

(1)数组要先定义后使用。

(2)同一过程中数组名不能与其他变量重名。

1. 声明一维数组

一维数组的数组元素只有一个下标，定义一维数组的格式如下。

格式 1：dim 数组名(n)　as 数据类型

功能：声明一维数组，数组元素最大下标为 n，最小下标为 0，数组元素类型相同。

格式 2：dim 数组名(m to n)　as 数据类型

功能：声明一维数组，数组元素最大下标为 n，最小下标为 m，数组元素类型相同。

说明：

(1) 格式 1 中数组下标的下限默认 0。在模块声明中用"Option Base 0/1"语句，可以将数据默认下标下限从 0 改到 1。

(2) 数组定义中的参数 n 必须是常数。

(3) 如果用 as 语句定义数组类型，同一数组只能存放相同类型的数据。

(4) 如果不定义数组类型，数组默认类型为变体型，同一数组可存放不同类型的数据。

例如：

dim　a(6) as integer，声明有 7 个元素的数组 a，元素下标从 0 到 6，类型为 integer。

dim　b(1 to 6)，声明有 6 个元素的数组 b，下标从 1 到 6，类型为 variant。

2. 声明二维数组

二维数组的数组元素有 2 个下标，定义二维数组的格式如下：

格式 1：dim 数组名(n1,n2)　as　数据类型

功能：声明二维数组，最大行下标 n1，最大列下标 n2，数组元素类型相同。

格式 2：dim 数组名(m1 to n1,m2 to n2)

功能：声明二维数组，行下标从 m1 到 n1，列下标从 m2 到 n2，变体型。

例如：

dim　c(3,4)　as　integer，声明 4 行、5 列的二维数组 c，行下标从 0 到 3，列下标从 0 到 4，数组元素类型均为 integer。

dim　d(1 to 3,2 to 4)，声明 3 行、3 列的二维数组 d，行下标从 1 到 3，列下标从 2 到 4，变体型。

3. 引用数组元素

声明数组后，每个数组元素都被当作独立的变量引用，使用方法与普通变量相同。

一维数组元素的引用格式：数组名(下标)

二维数组元素的引用格式：数组名(下标 1,下标 2)

4. 声明动态数组

动态数组是声明时不指明元素个数的数组。如果预先不知道数组大小，或希望数组大小在程序运行时发生变化，则可以联合使用 dim 和 redim 声明动态数组。

建立动态数组的方法：先用 dim 声明不指明元素个数的数组，使用数组时再用 redim 指定数组大小，数组使用完后，可以用 redim(0)释放数组占用的内存空间。

格式如下：

```
dim  a() as integer              '声明动态数组,括号中为空
   …
redim  a(9)                      '给数组分配空间
   …
redim  a(20)                     '给数组重新分配空间
   …
redim  a(0)                      '释放数组所占空间
```

说明：

(1) redim 不但能改变数组大小，而且能改变数组维数。

(2) 每次执行 redim 语句，存储在数组中的当前值全部丢失。如果改变数组大小的同时保留原有数据，应在 redim 后加 Preserve 关键字。数组由大变小时也会丢失部分数据。

下面用一个案例介绍动态数组的使用方法。

案例 8.11　使用动态数组

要求：建立动态数组 a，用数组元素存取数据。

操作步骤：

(1) 打开“成绩管理.mdb”，新建窗体 win13，设置“记录选择器”、“导航按钮”、“分隔线”均不显示。

(2) 在窗体中建立 3 个文本框，“名称”分别为 t1、t2、t3，附加标签的“标题”分别为“商品名”、“单价”、“数量”。

(3) 在窗体中建立 2 个标签，“名称”分别为 b1、b2，“标题”分别为 b1、b2。

(4) 在窗体中建立一个命令按钮，“名称”为 c1，“标题”为“确定”。

(5) 按钮 c1 的 Click 事件代码如下：

```
Dim a()
ReDim a(2)
a(0) = t1
a(1) = t2
a(2) = t3
```

```
b1.Caption = a(0) & "销售额："
b2.Caption = a(1) * a(2)
```

(6) 转到窗体视图，在 t1 中输入“空调”，在 t2 中输入 2300.00，在 t3 中输入 40，单击“确定”按钮。标签 b1 和标签 b2 显示相应信息，如图 8-25 所示。

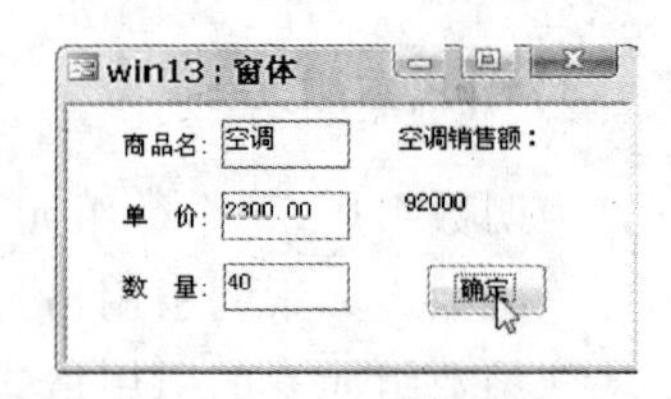

图 8-25 使用数组示例

8.4 内置函数

内置函数是系统提供的函数，通常放在表达式中，可以在立即窗口中验证函数。第 2 章介绍了字符串函数和日期函数，第 3 章介绍了统计函数，第 5 章介绍了聚合函数。在此，我们把常用的内置函数做个总结。

8.4.1 算术函数

算术函数主要包括求绝对值、取整等常用算术函数，产生随机数的随机函数等。

1. 常用算术函数

常用算术函数见表 8-4。

表 8-4 常用算术函数

函数	功 能	说 明
abs(x)	返回 x 的绝对值	x 是任意实数
int(x)	返回 x 的整数部分	返回值小于等于 x
fix(x)	返回 x 的整数部分	x<0 时，返回值大于等于 x
sqr(x)	返回 x 的平方根	要求 x 大于等于 0
rnd(x)	返回 0～1 之间的随机数	为单精度类型，不包含 0 和 1。
round(x,n)	返回有 n 位小数的 x	n 是小数位数，n 位以后的数四舍五入

2. 随机函数

关于随机函数说明如下。

(1) 若 x>0，每次产生不同的随机数。x>0 时可直接写 Rnd，省略括号和参数。

(2) 若 x=0，产生与最近随机数相同的数。

(3) 若 x<0，先产生一个不同的随机数，以后每次产生与前一个相同的数。

3. 函数验证

用立即窗口验证下列表达式：

? int (100 * Rnd)　产生 0～99 之间的随机整数。

? int (101 * Rnd)　产生 0～100 之间的随机整数。

? int (100 * Rnd+1)　产生 1～100 之间的随机整数。

? int (101 * Rnd+100)　产生 100～200 之间的随机整数。

8.4.2 字符串函数

字符串函数主要包括求字符串长度，求子字符串，测定子字符串位置等。

1. 常用字符串函数

第 2 章介绍过的字符串函数包括 left()、right()、mid()、instr()，再加上其他常用的字符串函数，见表 8-5。

表 8-5 常用字符串函数

函数	功 能	说 明
len(x)	返回 x 的长度	x 为字符串或变量
space(x)	返回由 x 个空格组成的字符串	x 为数字
ucase(x)	将 x 中的小写字母转大写	x 为字符串
lcase(x)	将 x 中的大写字母转小写	x 为字符串
trim(x)	去掉 x 的首部和尾部空格	x 为字符串
ltrim(x)	去掉 x 的首部空格	x 为字符串
rtrim(x)	去掉 x 的尾部空格	x 为字符串
left(x,n)	从 x 左边开始取 n 个字符，得到子字符串	x 为字符串
right(x,n)	从 x 右边开始取 n 个字符，得到子字符串	x 为字符串
mid(x,m,n)	从 x 第 m 个字符开始取 n 个字符	x 为字符串
instr(x,y)	返回 y 在 x 中的位置	x 和 y 均为字符串

2. instr()函数

格式：instr(起始位置，字符串 1，字符串 2，比较方式)

功能：返回字符串 2 在字符串 1 中最早出现的位置。

说明：

(1) 返回值是一个整数。如果返回值为 0，说明字符串 2 不在字符串 1 中。

(2) 起始位置是可选项，默认从第一个字符开始比较。

(3) 比较方式是可选项，值为 0 按区分大小写比较，值为 1 按不区分大小写比较，1 是默认值。此项必须与起始位置项同时使用。

3. 函数验证

在立即窗口中验证下列表达式：

? ucase("abcdABCD") 返回“ABCDABCD”。

? lcase("abcdABCD") 返回“abcdabcd”。

? trim(" AB CD ") 返回“AB CD”，只处理两端空格，中间空格不做处理。

? len("2010 年计算机等级考试") 返回 12，一个汉字当作一个字符对待。

x=123，回车后把 123 赋给变量 x。

? len(123) 返回错误提示。

? len(x)　返回 3,len 函数可以返回数字变量所含的数字个数。

? instr(1,"abcABC","A",0)　返回 4,按区分大小写比较。

? instr(1,"abcABC","A",1)　返回 1,按不区分大小写比较。

? instr("abcABC","A")　返回 1,使用默认值。

8.4.3 日期时间函数

1. 常用日期时间函数

在第 2 章学习了几个日期函数,包括 date()、now()、year()、month()、day(),再加上星期函数和时间函数,构成常用日期时间函数,见表 8-6。

表 8-6　常用日期时间函数

函数	功　能	说明
weekday(x,n)	返回 1～7 的整数,表示星期几	x 为日期值
hour(x)	返回 x 的小时数	x 为时间值
minute(x)	返回 x 的分钟数	x 为时间值
second (x)	返回 x 的秒数	x 为时间值
date()	返回计算机系统日期	函数无参数
now()	返回计算机系统日期和时间	函数无参数
year(x)	返回 x 的年份	x 为日期值
month(x)	返回 x 的月份	x 为日期值
day(x)	返回 x 的日期号码	x 为日期值

2. weekday()函数

格式：weekday(x,n)

功能：返回 1～7 的整数,表示星期几。

说明：

(1) x 是日期数据,n 为可选项,默认 1。

(2) 若 n 为 1,则星期天返回 1,星期一返回 2,……,依次类推。若 n 为 2,则星期一返回 1,星期二返回 2,……,依次类推。

3. 函数验证

在立即窗口中验证下列表达式：

? weekday(date,2)　如果当前是星期二,返回数字 2。

8.4.4 转换函数

1. 常用转换函数

除了 8.2.5 节介绍的数值类型转换函数,还有一些经常使用的转换函数,见表 8-7。

表 8-7 转换函数

函数	功 能	说 明
asc(x)	返回 x 首字符的 ASCII 码	x 是字符串或字符串变量名
chr(x)	返回数字 x 对应的字符	x 为数字，ASCII 码
str(x)	将 x 转换成字符串	x 为数字序列
val(x)	将 x 转换为数字	x 是数字字符组成的字符串

2. 函数验证

(1) 关于 asc(x)函数

在立即窗口中验证下列表达式：

? asc("ABC") 返回 65，大写字母 A 的 ASCII 码是 65。

? asc("a") 返回 97，小写字母 a 的 ASCII 码是 97。

? asc("0") 返回 48，字符 0 的 ASCII 码是 48。

(2) 关于 chr(x) 函数

在立即窗口中验证下列表达式：

? chr(66) 返回大写字母 B。

? chr(50) 返回数字字符 2。

(3) 关于 str(x) 函数

在立即窗口中验证下列表达式：

? str(12)+ str(34) 返回字符串" 12 34"，12 和 34 前均有一个空格，字符串长度 6。

说明：数字序列转换为字符串时保留一个符号位，如果 x 大于 0，符号位显示空格。

(4) 关于 val(x)函数

在立即窗口中验证下列表达式：

? val("12")+val("34") 返回数值 46。

? val(" 1 2") 返回数值 12。

? val("12ab34") 返回数值 12。

说明：转换时自动将空格、制表符、换行符去掉，当遇到第一个不能识别为数字的字符时即停止读入。

8.4.5 输入函数与输出函数

输入输出函数是为了方便与用户交互，在程序设计中使用频繁，前面的课程内容也多次用过。输入输出函数见表 8-8。

表 8-8 输入输出函数

函数	功 能	说 明
InputBox	用输入框输入字符串或数值	返回输入框中输入的字符串或数值
MsgBox	用消息框显示提示信息	根据在消息框中单击的按钮返回相应值

1. 输入函数 InputBox

输入函数显示带有提示的对话框窗口,等待用户输入数据并单击按钮,函数返回用户输入的数据。

格式: InputBox("提示信息","标题",默认值)

功能: 显示一个输入对话框,提示用户输入字符串或数值。

说明:

(1) "提示信息"是一个字符串,显示在对话框窗口中,为必选项。

(2) "标题"是一个字符串,显示在对话框窗口标题栏中,为可选项。省略此项,标题栏将显示应用程序名。

(3) "默认值"可以是字符串或数字,为可选项。指定的默认值显示在对话框的输入框中。

(4) 函数返回值是在输入框中输入的数字或字符串,返回值的类型为 string。如果将返回值赋给变量,则系统会自动转换类型以适合变量。

2. 输出函数 MsgBox

MsgBox 函数显示带有信息的消息框,等待用户查看信息后单击按钮,函数返回用户单击按钮的按钮值。

格式: MsgBox("信息",按钮+图标,"标题")

功能: 显示一个消息框。

说明:

(1) "信息"是一个字符串,显示在消息框中,为必选项。信息的最大长度为 1024 个字符,可以用 Chr(13)(回车)或 Chr(10)(换行)将消息框中信息字符串分行显示。

(2) "按钮"是一个数字或 VB 符号常量,用来定义消息框中按钮个数和按钮作用,为可选项,默认值为 0。按钮取值与对应的按钮见表 8-9。

表 8-9 按钮取值与对应的按钮

按钮取值	符号常量	按钮个数和作用
0	VbOKOnly	只显示"确定"按钮,是默认值
1	VbOKCancel	显示"确定"、"取消"按钮
2	VbAbortRetryIgnore	显示"终止"、"重试"、"忽略"按钮
3	VbYesNoCancel	显示"是"、"否"、"取消"按钮
4	VbYesNo	显示"是"、"否"按钮
5	VbRetryCancel	显示"重试"、"取消"按钮

(3) "图标"是一个数字或 VB 符号常量,配合"信息"显示在消息框中,起警示作用,为可选项。图标取值与对应的图标见表 8-10。

表 8-10 图标取值与对应的图标

图标取值	符号常量	图标样式	说明
16	VbCritical	显示临界信息图标	圆圈中间有叉号
32	VbQuestion	显示查询图标	圆圈中间有问号
48	VbExclamation	显示警告图标	三角形中间有叹号
64	VbInformation	显示消息图标	标注圆圈中间有倒立的叹号

图 8-26 用 VB 符号常量定义按钮与图标

说明："按钮+图标"项可以在输入代码时从提示框中选取系统提供的 VB 符号常量。

例如以下代码：

```
MsgBox "要退出吗?", vbYesNo + vbQuestion, "确认"
```

代码使用 VB 符号常量定义消息框的按钮和图标，显示结果如图 8-26 所示。

(4) "标题"是一个字符串，为可选项。若省略此项，标题栏显示应用程序名。

(5) 函数返回值是整数或 VB 符号常量，反映了用户在消息框中单击的按钮，函数的整数返回值与单击按钮的关系见表 8-11。

表 8-11 函数返回值与单击按钮的关系

返回值	符号常量	单击的按钮
1	VbOK	"确定"按钮
2	VbCancel	"取消"按钮
3	VbAbort	"终止"按钮
4	VbRetry	"重试"按钮
5	VbIgnore	"忽略"按钮
6	VbYes	"是"按钮
7	VbNo	"否"按钮

下面用一个案例介绍输入输出函数的使用方法。

案例 8.12 使用输入函数与输出函数

要求：用输入函数输入数据，用输出函数显示数据相加的结果。

操作步骤：

(1) 打开"成绩管理.mdb"，新建窗体 win14，设置"记录选择器"、"导航按钮"、"分隔线"均不显示。

(2) 在窗体中建立 2 个命令按钮，"标题"分别为 c1、c2，"名称"分别为 c1、c2。

(3) 按钮 c1 的 Click 事件代码如下：

```
a = InputBox("a = ")      'a是变体型
b = InputBox("b = ")      'b是变体型
c = MsgBox("a + b = " & a + b,1 + 64,"输出框")
MsgBox "返回值: " & c,,"返回值"
```

(4) 按钮 c2 的 Click 事件代码如下：

```
Dim a as integer,b as integer
a = InputBox("a = ")      'a是整型
b = InputBox("b = ")      'b是整型
c = MsgBox("a + b = " & a + b,1 + 64,"输出框")
```

(5) 转到窗体视图，单击命令按钮 c1，在第 1 个输入框中输入 3，单击"确定"按钮；在第 2 个输入框中输入 5，单击"确定"按钮。

(6) 显示第1个消息框，信息为“a+b=35”，这是字符相连，如图8-27所示。

(7) 单击“取消”按钮，显示第2个消息框，信息是前一个消息框单击按钮的返回值，因为单击了“取消”按钮，返回值是2，如图8-28所示。

(8) 单击命令按钮c2，在第1个输入框中输入3，单击“确定”按钮；在第2个输入框中输入5，单击“确定”按钮，显示消息框，信息为“a+b=8”，这是数字相加，如图8-29所示。

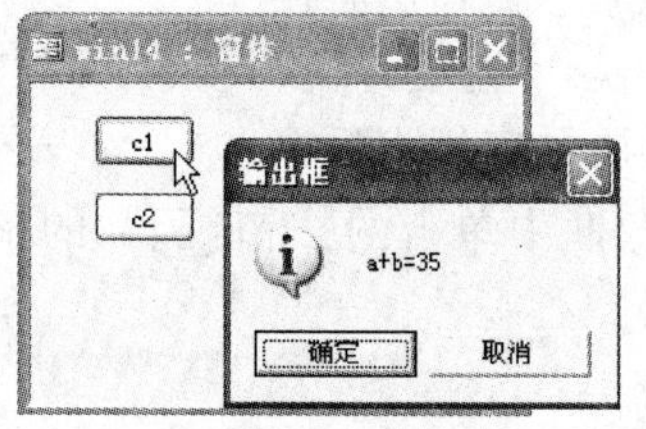

图8-27 字符相连

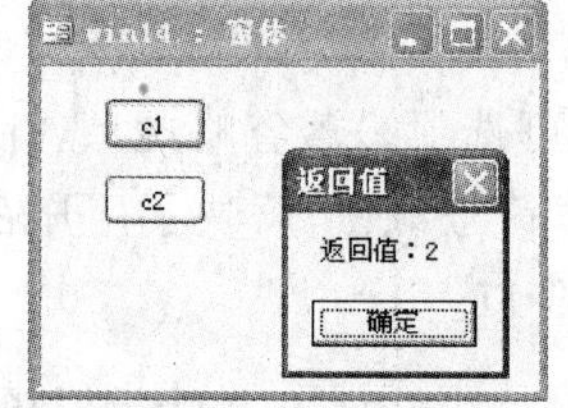

图8-28 “取消”按钮的返回值是2

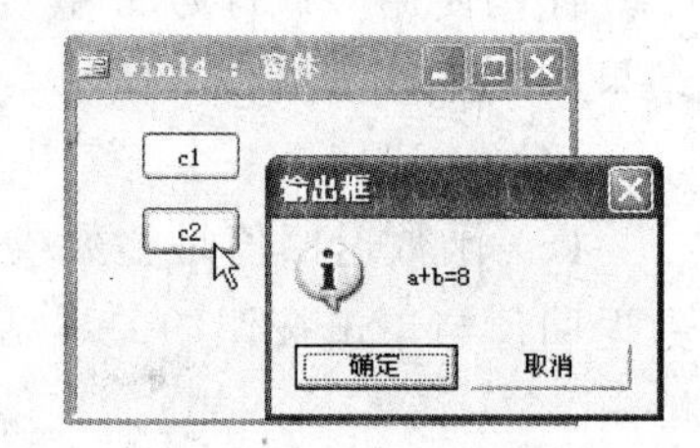

图8-29 数字相加

8.4.6 聚合函数

聚合函数包括DCount、DAvg、DSum、DMax、DMin、DLookup，用来显示非数据源的信息，第5章报表中使用过聚合函数，聚合函数也可以在代码中使用。

下面用一个案例介绍聚合函数DLookup在代码中的使用方法。

案例8.13 使用聚合函数DLookup

要求：建立有2个文本框的窗体，在第1个文本框中输入数据，用DLookup函数检索相应值，显示在第2个文本框中。

操作步骤：

(1) 打开“成绩管理.mdb”，新建窗体win15，设置“记录选择器”、“导航按钮”、“分隔线”均不显示。

(2) 用数据表视图打开“课程”表，如图8-30所示。

(3) 在窗体中建立2个文本框，“名称”分别为t1、t2，附加标签的“标题”分别为“输入课程编号(101-104)”、“课程名”。

(4) 在窗体中建立一个命令按钮，“标题”为“确定”，“名称”为c1。

(5) 命令按钮c1的Click事件代码如下：

```
t2 = DLookup("课程名", "课程", "课程编号 = t1")
```

(6) 转到窗体视图，在文本框t1中输入103，单击“确定”按钮，课程名显示在文本框t2中，如图8-31所示。

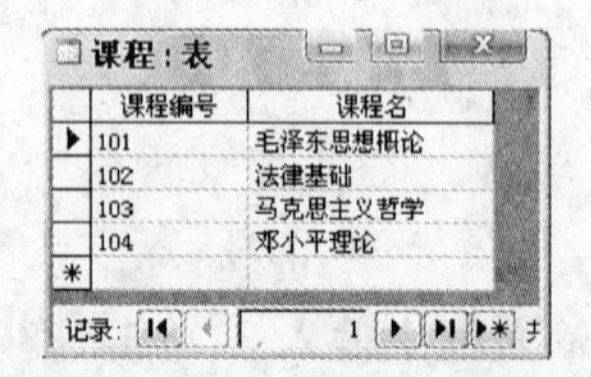

课程编号	课程名
101	毛泽东思想概论
102	法律基础
103	马克思主义哲学
104	邓小平理论

图8-30 用数据表视图打开“课程”表

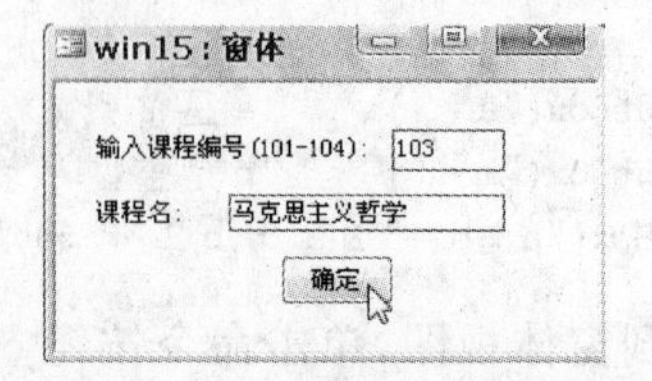

图8-31 使用聚合函数

8.4.7 Nz 函数

Nz 函数可以将 Null 值转换为数字 0 或空字串，用来测试可能包含 Null 值的表达式。

格式：Nz(变量/表达式/字段属性名，指定值)

说明：

(1) 若被 Nz 函数测试的数据不为空，函数原样返回数据值。

(2) 若被 Nz 函数测试的数据为空，数字型数据返回 0，字符串型数据返回空串。

(3) 若设置了指定值，并且被测试的数据为空，函数返回指定值，是可选项。

下面用一个案例介绍 Nz 函数的使用方法。

案例 8.14 使用 Nz 函数

要求：建立有 1 个文本框的窗体，用 Nz 函数测试文本框的值。

操作步骤：

(1) 打开"成绩管理.mdb"，新建窗体 win16，设置"记录选择器"、"导航按钮"、"分隔线"均不显示。

(2) 在窗体中建立一个文本框，"名称"为 t1，附加标签的"标题"为"输入姓名"。

(3) 在窗体中建立一个命令按钮，"标题"为"确定"，"名称"为 c1。

(4) 按钮 c1 的 Click 事件代码如下：

```
Dim aa As String
aa = Nz(t1.Value,"姓名不能为空!")
MsgBox aa & "你好!"
```

(5) 转到窗体视图，文本框空着，单击命令按钮"确定"，结果如图 8-32 所示。

(6) 在文本框中输入字符串"张三"，单击命令按钮"确定"，显示结果如图 8-33 所示。

图 8-32 文本框空着

图 8-33 在文本框中输入字符串

8.5 选择结构程序设计

选择结构根据条件表达式的值来决定程序的走向，条件为"真"执行一组语句，条件为"假"执行另一组语句，两组语句中只有一组得到执行。

能实现选择结构的语句包括 if-then 语句、if-then-else 语句、if-then-elseif 语句、select case 语句。能实现选择结构的函数包括 iif 函数、switch 函数、choose 函数。

8.5.1 if-then 语句

格式 1：if 条件 then 语句序列

格式 2：if 条件 then
语句序列
end if

功能：若条件成立，执行语句序列；否则，什么也不做。

说明：

(1) 如果语句序列写在一行，可省略 end if 语句。

(2) 如果语句序列写在多行，则 end if 语句不可省略。

下面用一个案例介绍 if-then 语句的使用方法。

案例 8.15 使用 if-then 语句

要求：建立窗体，在 3 个文本框中输入数值，数值从小到大排序，显示在 3 个标签中。

操作步骤：

(1) 打开“成绩管理.mdb”，新建窗体 win17，设置“记录选择器”、“导航按钮”、“分隔线”均不显示。

(2) 建立 3 个文本框，水平排列，“名称”分别为 t1～t3，删除附加标签。在文本框上方建立标签，标签“标题”为“输入 3 个数字”。

(3) 建立 3 个标签，水平排列，“名称”分别为 b1～b3，“标题”分别为 b1～b3。

(4) 建立一个命令按钮，“标题”为“从小到大排序”，“名称”为 c1。

设计窗体如图 8-34 所示。

(5) 按钮 c1 的 Click 事件代码如下：

```
Dim a As Integer, b As Integer, c As Integer, t As Integer
a = t1: b = t2: c = t3
If a > b Then t = a: a = b: b = t
If a > c Then t = a: a = c: c = t
If b > c Then t = b: b = c: c = t
b1.Caption = a
b2.Caption = b
b3.Caption = c
```

(6) 转到窗体视图，在文本框中分别输入 7、9、3，单击命令按钮，下排标签显示 3、7、9，如图 8-35 所示。

图 8-34 win17 的窗体

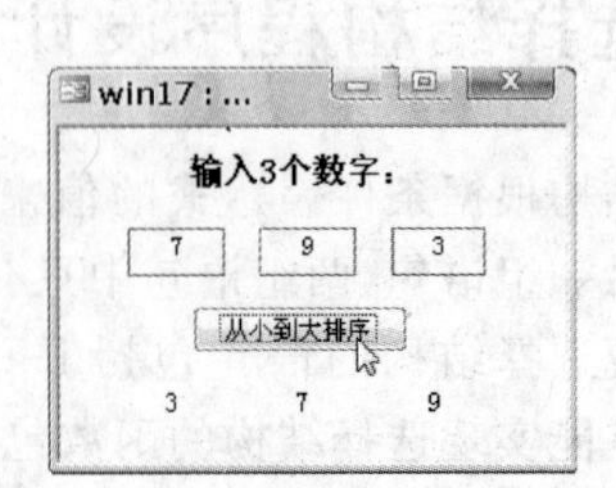

图 8-35 数据从小到大排序

8.5.2　if-then-else 语句

```
格式：if　条件　then
        语句序列 1
    else
        语句序列 2
    end　if
```

功能：若条件成立，执行语句序列 1；否则，执行语句序列 2。

下面用一个案例介绍 if-then-else 语句的使用方法。

案例 8.16　使用 if-then-else 语句

要求：由计算机随机出题，在文本框中输入答案，根据答案对错，用标签显示相应信息。

操作步骤：

(1) 打开“成绩管理.mdb”，新建窗体 win18，设置“记录选择器”、“导航按钮”、“分隔线”均不显示。

(2) 建立 5 个标签，“标题”分别是 b1、+、b2、=、b3，标题是 b1、b2、b3 的 3 个标签“名称”分别为 b1、b2、b3。

(3) 建立一个文本框，“名称”为 t1，删除附加标签。

(4) 建立 2 个命令按钮，“标题”分别为“出题”、“确定”，“名称”分别为 c1、c2。

设计窗体如图 8-36 所示。

(5) 在“通用-声明”中定义模块变量如下：

```
Dim a As Integer, b As Integer, c As Integer
```

(6)“出题”按钮 c1 的 Click 事件代码如下：

```
a = Int(Rnd * 90 + 10)   '产生两位正整数
b = Int(Rnd * 90 + 10)   '产生两位正整数
t1 = ""                  '清空文本框
b1.Caption = a
b2.Caption = b
```

(7)“确定”按钮 c2 的 Click 事件代码如下：

```
c = t1
If c = a + b Then
    b3.Caption = "太棒了!"
else
    b3.Caption = "很遗憾!"
end if
```

(8) 转到窗体视图，单击“出题”按钮，在文本框中输入答案，单击“确定”按钮，结果如图 8-37 所示。

图 8-36 随机出题窗体

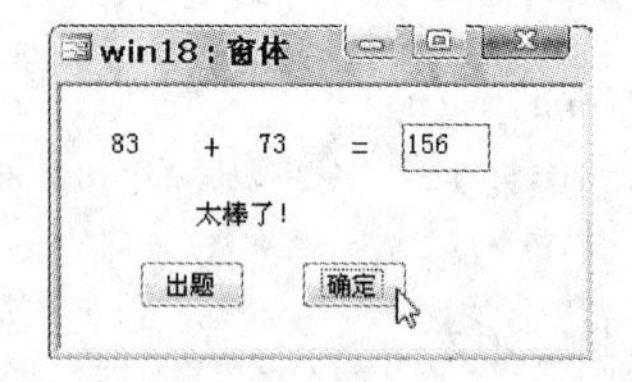

图 8-37 根据答案对错显示相应信息

8.5.3 if-then-elseif 语句

如果一个 if 语句包含另一个 if 语句，称为条件结构嵌套。嵌套通常有以下 2 种。

(1) 嵌套结构 1

```
if  条件 1  then
    语句序列 1
else
    if  条件 2  then                    '必须另起一行
        语句序列 2
    else
        语句序列 3
    end  if                             'if 要与 end if 成对出现
end  if
```

(2) 嵌套结构 2

```
if  条件 1  then
    语句序列 1
elseif  条件 2  then                    'else 与 if 之间没有空格
    语句序列 2
else
    语句序列 3
end  if                                 '此格式只有一个 end  if
```

说明：以上 2 个嵌套结构的功能相同。

下面用一个案例介绍 if-then-elseif 语句的使用方法。

案例 8.17 使用 if-then-elseif 语句

要求：在文本框中输入分数，在标签中根据分数显示相应等级。

操作步骤：

(1) 打开“成绩管理.mdb”，新建窗体 win19，设置“记录选择器”、“导航按钮”、“分隔线”均不显示。

(2) 建立一个文本框，“名称”为 t1，附加标签的“标题”为“请输入成绩”。

(3) 建立一个标签，“标题”和“名称”都是 b1。

(4) 建立一个命令按钮，“标题”为“确定”，“名称”为 c1。

(5) 命令按钮 c1 的 Click 事件代码如下：

```
Dim a As Integer, b As String
a = t1
if a >= 90 Then
    b = "优秀"
elseif a >= 80 Then
    b = "良好"
elseif a >= 70 Then
    b = "中等"
elseif a >= 60 Then
    b = "及格"
else
    b = "不及格"
end if
b1.Caption = b
```

(6) 转到窗体视图，在文本框中输入成绩，单击“确定”按钮，相应等级显示在标签中，如图 8-38 所示。

图 8-38　输入成绩显示相应等级

8.5.4　select case 语句

select case 语句又称为多分支选择语句。如果条件选项比较多，用嵌套的 if 语句会使程序变得复杂，而且 if 语句的嵌套深度是有限的，用 select case 语句就能很方便地解决这类问题。

select case 语句的格式如下：

```
select case  表达式
  case  值 1
      语句序列 1
  case  值 2
      语句序列 2
      …
  case  值 n
      语句序列 n
  case else
      语句序列 n+1
end select
```

功能：

首先计算表达式的值，然后将表达式的值与每个 case 后面的值进行比较，如果找到匹配项，执行该项对应的语句，如果从头到尾没有匹配项，则执行与 case else 对应的语句。

说明：

(1) select case 与 if-then-elseif 功能相同，只能选择执行多个分支中的一个，即使有其他分支符合条件也不再执行。

(2) select case 后面的表达式通常是数字型或字符串型变量的名字。

(3) select case 与 end select 要成对出现。

(4) case后面的值有4种写法:

- 单一数据。
- 用逗号分隔的一行并列数据。
- “值1 to 值2”,值1要比值2小。
- 用is开头的简单条件式,如is>10,但不能是带逻辑运算符的复杂条件式。

下面用一个案例介绍select case语句的使用方法。

案例8.18 使用select case语句

要求:建立文本框来输入字符串,建立命令按钮来检验字符串类型,结果显示在消息框中。

操作步骤:

(1) 打开“成绩管理.mdb”,新建窗体win20,设置“记录选择器”、“导航按钮”、“分隔线”均不显示。

(2) 建立一个文本框,“名称”为t1,附加标签的“标题”为“请输入字符”。

(3) 建立一个命令按钮,“名称”为c1,“标题”为“检测”。

(4) 按钮c1的Click事件代码如下:

```
Dim a As String, b As String
a = t1
Select Case a
  Case "a" To "z"
      b = "英文字母"
  Case "0" To "9"
      b = "数字"
  Case "!", "?", ":", ".", ",", ";"
      b = "标点符号"
  Case Else
      b = "特殊字符"
End Select
MsgBox b
```

(5) 转到窗体视图,在文本框中输入%,单击“检测”按钮,消息框显示“特殊字符”,如图8-39所示。

图8-39 使用select case语句

可以将前面案例8-17“根据分数分等级”的代码用select case语句改写如下。

改写代码1:

```
Dim a As Integer,b As String
a = t1
select case a
   case is>=90: b = "优秀"
   case is>=80: b = "良好"
   case is>=70: b = "中等"
   case is>=60: b = "及格"
```

```
    case else: b = "不及格"
End select
b1.Caption = b
```

改写代码2：

```
Dim a As Integer,b As String
a = t1\10                  '将文本框的值与数字10做整除运算
select case a
    case 9 to 10: b = "优秀"
    case 8: b = "良好"
    case 7: b = "中等"
    case 6: b = "及格"
    case else: b = "不及格"
End select
b1.Caption = b
```

8.5.5　选择函数

选择函数是能够进行单项选择和多项选择的函数，包括iif、switch、choose。选择函数被广泛用于查询、宏以及计算控件的设计中。其中的iif函数已经在第5章中使用过。

1. iif函数

格式：iif(条件，表达式1，表达式2)

功能：如果条件为真，函数值为表达式1的值；否则，函数值为表达式2的值。

说明：只能返回两个表达式值中的一个。

例如，x为3，函数iif(x＜0,"负数","非负数")的返回值为“非负数”。

2. switch函数

格式：switch(条件1，表达式1，条件2，表达式2，…，条件n，表达式n)

功能：从左到右依次判断各条件，遇到第一个值为true的条件，返回与该条件对应的表达式的值。

说明：如果多个条件为真，只返回第一个为真的条件所对应的表达式的值。

例如，x为3，函数switch(x＜0,－1,x＝0,1,x＞0,1)的返回值为1。

3. choose函数

格式：choose(索引式，值1，值2，…，值n)

功能：根据索引式的值返回对应的值。

说明：索引式通常是整型变量名，如果有n个值，索引式的取值范围就是1～n，超出索引式取值范围时，函数返回NULL。

例如，x为3，函数choose(x,"优秀","良好","中等","及格","不及格")的返回值为：中等。

下面用一个案例介绍 iif 在窗体中的使用方法。

案例 8.19 在窗体中使用 iif 函数

要求：在命令按钮的单击事件中使用 iif 函数，控制文本框的显示与可用状态。

操作步骤：

(1) 打开“成绩管理.mdb”，新建窗体 win21，设置“记录选择器”、“导航按钮”、“分隔线”均不显示。

(2) 建立 1 个文本框，“名称”为 t1，附加标签的“标题”为“输入字符”。

(3) 建立 2 个命令按钮，“名称”分别为 c1、c2，“标题”分别为“不可用”、“隐藏”。

设计窗口如图 8-40 所示。

(4) 通用声明中定义模块变量如下：

```
Dim a As Boolean                                  'a为布尔型变量
```

(5) 添加窗体 form 的 open 事件代码如下：

```
a = True                                          '打开窗体时变量a为真
```

(6) 添加按钮 c1 的 click 事件代码如下：

```
a = IIf(a = False, True, False)                   '改变变量a的值
t1.Enabled = IIf(a = True, True, False)           '改变文本框的可用性
c1.Caption = IIf(a = True, "不可用", "可用")      '改变按钮c1的标题
```

(7) 添加按钮 c2 的 click 事件代码如下：

```
a = IIf(a = False, True, False)
t1.Visible = IIf(a = True, True, False)           '改变文本框的可见性
c2.Caption = IIf(a = True, "隐藏", "显示")        '改变按钮c2的标题
```

(8) 转到窗体视图，单击“隐藏”按钮，文本框被隐藏，并且按钮更换标题，如图 8-41 所示。

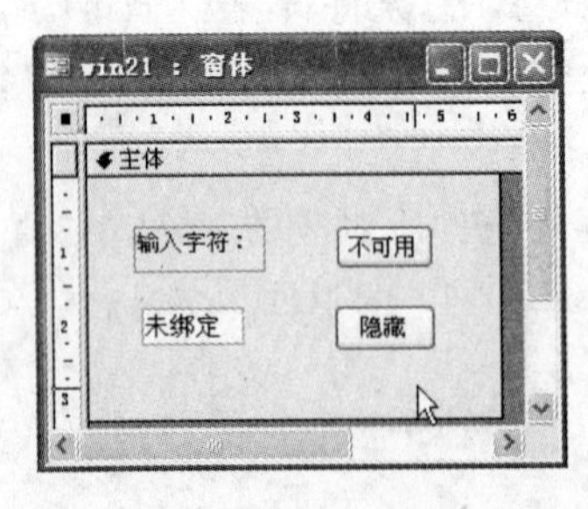

图 8-40 建立按钮和文本框

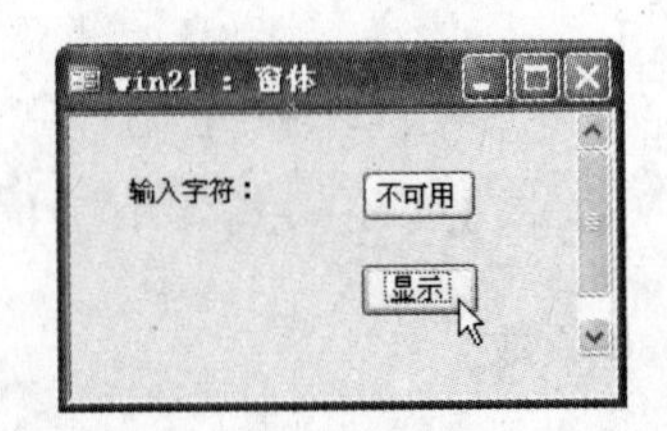

图 8-41 隐藏文本框

8.5.6 验证函数

验证函数用于对窗体控件的输入数据进行各种验证，如验证数据是否为数字、验证数据是否为日期值等。验证函数返回逻辑值。常用验证函数见表 8-12。

表 8-12　常用验证函数

函　　数	功　　能
IsNumeric(x)	验证 x 是否为数值,如果返回 true，是数值
IsDate(x)	验证 x 是否为日期值,如果返回 true，是日期或可识别的有效日期
IsNull(x)	验证 x 是否为空值(Null),如果返回 true,是空值
IsEmpty(x)	验证 x 是否已经初始化,如果返回 true,未初始化
IsArray(x)	验证 x 是否为一个数组,如果返回 true,是数组
IsError(x)	验证 x 是否为一个错误值,如果返回 true,是错误值
IsObject(x)	验证 x 是否为对象变量,如果返回 true,是对象变量

下面用一个案例介绍验证函数的使用方法。

案例 8.20　使用验证函数

要求：用验证函数控制文本框中输入的数据。

操作步骤：

(1) 打开"成绩管理.mdb",新建窗体 win22,设置"记录选择器"、"导航按钮"、"分隔线"均不显示。

(2) 建立一个文本框,"名称"为 t1,附加标签的"标题"为"输入姓名"。

(3) 建立一个文本框,"名称"为 t2,附加标签的"标题"为"输入年龄"。

(4) 建立一个文本框,"名称"为 t3,附加标签的"标题"为"输入密码"。单击属性窗口"数据"选项卡,"输入掩码"属性选择"密码"。

(5) 建立一个命令按钮,"名称"为 c1,"标题"为"确定"。

设计窗口如图 8-42 所示。

(6) 按钮 c1 的 Click 事件代码如下：

```
If IsNull(t1) Or IsNull(t2) Or IsNull(t3) Then
    MsgBox "文本框不能为空!", vbCritical, "提示"
elseif IsNumeric(t2) = False Then
    MsgBox "年龄必须是数字!", vbCritical, "提示"
elseif t2 < 18 Or t2 >= 38 Then
    MsgBox "年龄超出范围!", vbCritical, "提示"
elseif t3 <> "123456" Then
    MsgBox "密码错!", vbCritical, "提示"
else
    MsgBox "验证通过!", vbInformation, "提示"
end if
```

(7) 转到窗体视图,在姓名、年龄、密码文本框中分别输入"张三"、"15"、"123456",单击"确定"按钮,消息框显示"年龄超出范围!",如图 8-43 所示。

图 8-42 使用验证函数

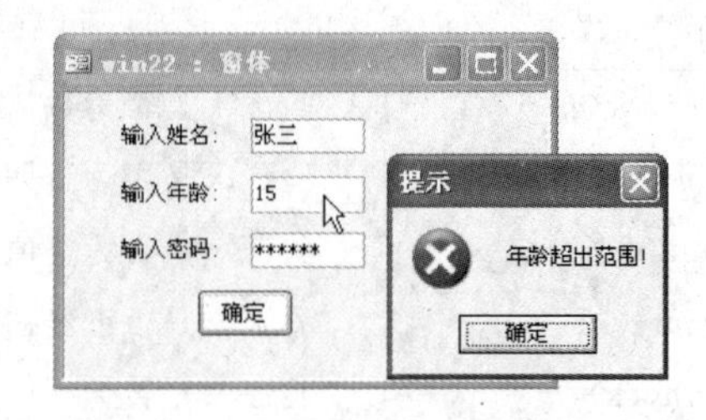

图 8-43 检测年龄超出范围

8.5.7 计时器事件

VBA 没有提供时间控件,而是通过计时器触发事件实现定时功能。定时功能常用来制作电子表、倒计时、变色字等效果。

1. 定义计时器

定义计时器的操作步骤如下。

(1) 在属性窗口单击"事件"选项卡,设置窗体的"计时器间隔"属性。"计时器间隔"属性的时间单位为毫秒,1000 毫秒=1 秒。

(2) 单击"计时器触发"属性的"生成器"按钮,写事件过程代码,如图 8-44 所示。

(3) 设置完成打开窗体,每隔一个计时器间隔都会执行一次由计时器触发的事件过程代码,从而实现"定时"功能。

代码设计中,窗体的计时器触发事件为 form_timer(),计时器间隔属性为 TimerInterval。

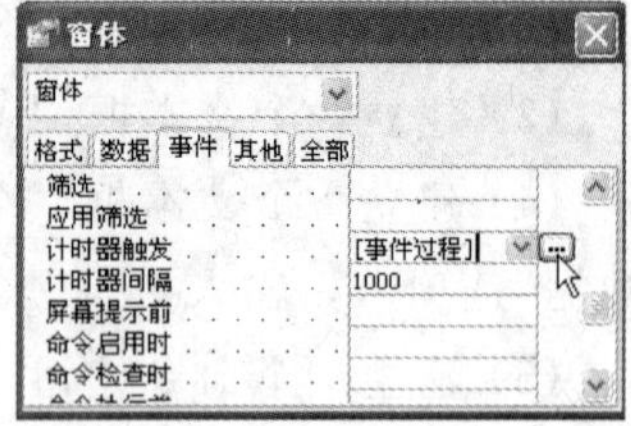

图 8-44 计时器触发属性的"生成器"按钮

2. 倒计时的设计

下面用一个案例介绍倒计时的设计方法。

案例 8.21 倒计时

要求:用倒计时方法限定文本框输入数据的时间。

操作步骤:

(1) 打开"成绩管理.mdb",新建窗体 win23,设置"记录选择器"、"导航按钮"、"分隔线"均不显示。

(2) 建立一个文本框,"名称"为 t1,附加标签的"标题"为"输入密码",单击属性窗口"数据"选项卡,"输入掩码"属性选择"密码"。

(3) 建立一个命令按钮,"名称"为 c1,"标题"为"确定"。

(4) 建立一个标签,"标题"为"10 秒内输入"。

(5) 建立一个标签,"标题"为 10,"名称"为 b1。

设计窗体如图 8-45 所示。

(6) 在属性窗口设置窗体的“计时器间隔”属性为 1000。

(7) 给“计时器触发”属性的事件过程(form 的 timer 事件)写代码如下：

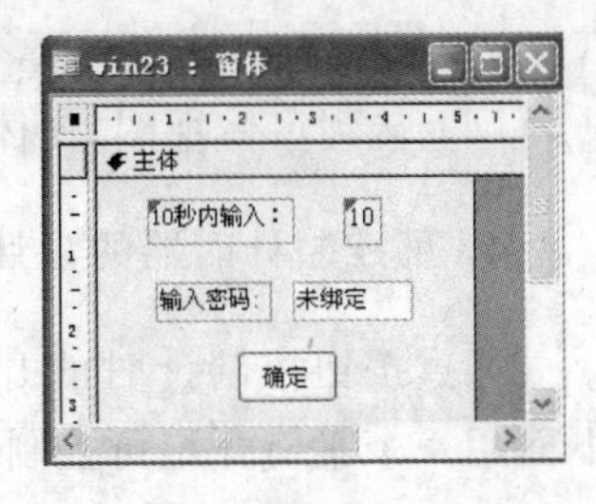

图 8-45　“倒计时”窗体设计

```
a = Val(b1.Caption) - 1
b1.Caption = a
If a = 0 Then
    MsgBox "时间到,系统将退出!", vbExclamation, "计时"
    DoCmd.Close
End If
```

“代码”窗口如图 8-46 所示。

(8) 转到窗体视图，如果 10 秒钟内不输入密码，显示“计时”消息框，如图 8-47 所示。

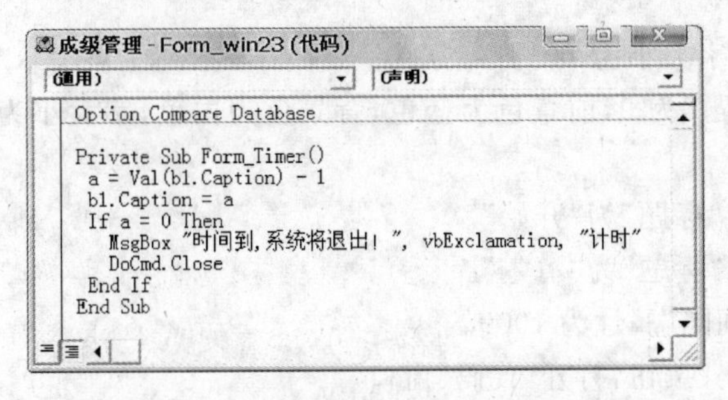

图 8-46　“计时器触发”属性的事件过程

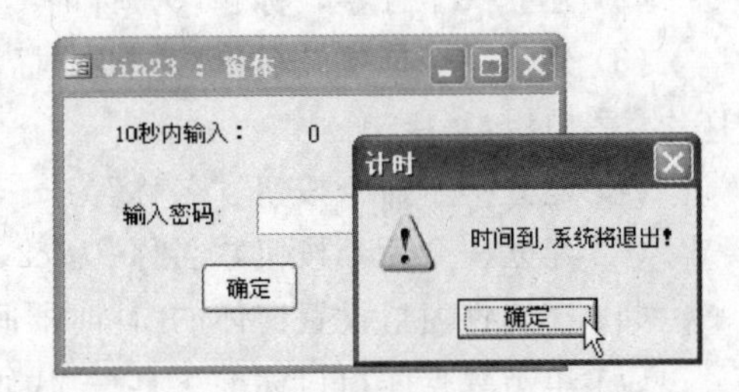

图 8-47　倒计时

3. 电子表的设计

设置了“计时器间隔”属性以后，打开 VBE 窗口，给窗体的 timer()事件写代码，等价于在“计时器触发”事件过程中写代码。

下面用一个案例介绍电子表的设计方法。

案例 8.22　电子表

要求：用标签和窗体标题栏显示电子表。

操作步骤：

(1) 打开“成绩管理.mdb”，新建窗体 win24，设置“记录选择器”、“导航按钮”、“分隔线”均不显示。

(2) 建立一个标签，“名称”为 b1，“标题”为 b1。用标准工具栏设置该标签前景色为蓝色，背景色为白色，字大小为 16 号，字加粗，字居中。

(3) 在属性窗口设置窗体的“计时器间隔”属性为 1000。

(4) 单击标准工具栏“代码”按钮 打开“代码”窗口，在对象框选择 form，在事件框选择 timer，窗口自动显示过程开始行 Private Sub _Timer()和过程结束行 End Sub。

(5) 写 Form 的 Timer 事件代码如下：

```
Me.Caption = Time()
```

```
b1.Caption = Time()
```

(6) 转到窗体视图，窗体中显示电子表，如图 8-48 所示。

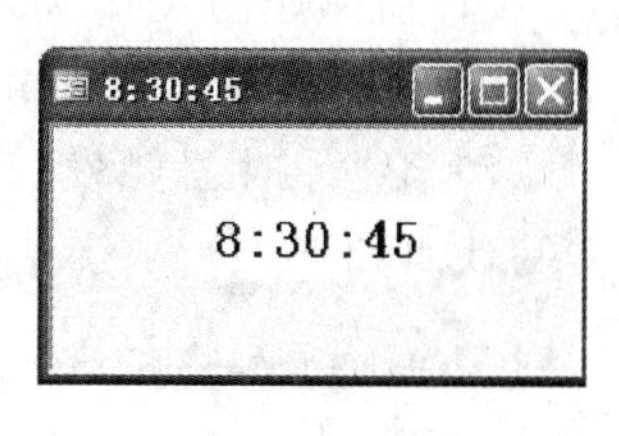

图 8-48 电子表

4. 可控制计时器的设计

通过按钮控制计时的开始和结束，是计时器的常用功能。下面用一个案例介绍可控制计时器的设计方法。

案例 8.23 可控制计时器

要求：通过按钮控制计时开始和计时结束。

操作步骤：

(1) 打开“成绩管理.mdb”，新建窗体 win25，设置“记录选择器”、“导航按钮”、“分隔线”均不显示。

(2) 建立一个标签，“标题”为“计时”，字大小为 14 号，字居中。

(3) 建立一个标签，“名称”为 b1，“标题”为 0，前景色为蓝色，背景色为白色，字大小为 16 号，字加粗，字居中。

(4) 建立一个命令按钮，“名称”为 c1，“标题”为“开始”。

(5) 建立一个命令按钮，“名称”为 c2，“标题”为“清零”。

(6) 在属性窗口设置窗体的“计时器间隔”属性为 1000。

(7) 单击数据库窗口标准工具栏“代码”按钮，打开“代码”窗口。

(8) 在“通用-声明”中定义 2 个模块变量，代码如下：

```
Dim flag As Boolean          '定义标记变量,默认初始值为假
Dim a As Integer
```

(9) 按钮 c1 的 Click 事件代码如下：

```
flag = Not flag
```

(10) 按钮 c2 的 Click 事件代码如下：

```
a = 0
b1.Caption = a
```

(11) 窗体 form 的 timer 事件代码如下：

```
If flag = True Then
  a = Val(b1.Caption) + 1
  b1.Caption = a
  c1.Caption = IIf(flag = True, "停止", "开始")   '改变 c1 的标题
  c1.ForeColor = IIf(flag = True, 255, 0)        '改变 c1 的前景色
Else
  c1.Caption = IIf(flag = True, "停止", "开始")
  c1.ForeColor = IIf(flag = True, 255, 0)
End If
```

(12) 转到窗体视图，单击“开始”按钮计时开始，并且按钮标题改为“停止”，单击“停止”按钮计时停止，并且按钮标题改为“开始”，单击“清零”按钮，计时数字为 0，如图 8-49 所示。

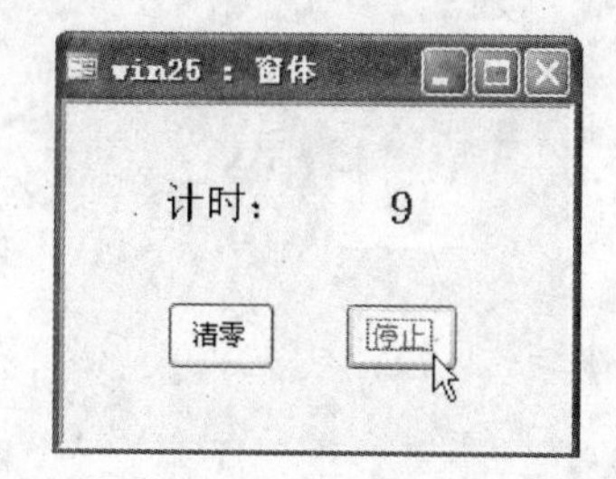

图 8-49　用按钮控制计时的开始和结束

8.6　循环结构程序设计

循环结构是能够重复执行某一段程序的语句结构。循环结构有 2 类：一类是先判断后执行的循环结构，称为“当型”循环结构，另一类是先执行后判断的循环结构，称为“直到型”循环结构。

能实现循环结构的语句称为循环语句，包括 for-next 语句、do-while-loop 语句、do-until-loop 语句、do-loop-while 语句、for-each 语句。

8.6.1　for-next 循环

for-next 是“当型”循环结构，先判断后执行。循环中有一个计数器变量，计数器变量的值随循环次数增加或减少。

1. 格式

```
for  循环变量 = 初值  to  终值  step  步长
   语句序列
next 循环变量
```

2. 功能

首先把初值赋给循环变量，并将循环变量的当前值与终值比较，若比较结果为真，执行语句序列，增加一个步长，再进行比较，如此做下去，直到比较结果为假，结束循环。

3. 说明

(1) 步长可以是整数或小数，步长是 1 可以省略，默认步长为 1。

(2) 若步长大于 0，判断循环变量的当前值是否大于终值。若步长小于 0，判断循环变量当前值是否小于终值。步长不能为 0，步长为 0 会导致循环无法结束。

(3) for 循环可以嵌套。

(4) 可以用 exit for 语句中途结束循环。

(5) next 后的循环变量可以省略，由系统匹配。

4. 程序阅读

程序阅读 1：以下循环结束后各变量的值是什么？

```
dim s as integer, i as integer
s = 0
for i = 1 to 10 step 2
    s = s + i
    i = i + 2
next
```

(1) 程序分析

第一次循环:

i=1,s=1,i=3,i增加一个步长变为5。

因为i的当前值5小于10,所以开始第二次循环。

第二次循环:

i=5,s=6,i=7,i增加一个步长变为9。

因为i的当前值9小于10,所以开始第三次循环。

第三次循环:

i=9,s=15,i=11,i增加一个步长变为13。

因为i的当前值是13,13不小于终值10,所以循环结束。

(2) 结论

循环结束后,变量i的值是13,变量s的值是15。

程序阅读2:以下循环结束后各变量的值是什么?

```
dim s as integer, i as integer
s = 0
for i = 1 to 10
    s = s + i
    if s >= 10 then exit for          '中途退出循环
next
```

(1) 程序分析:

循环4次后s>=10成立,中途退出循环。

(2) 结论:

循环结束后,i的值是4,s的值是10。

程序阅读3:用循环嵌套给二维数组赋值

```
dim i as integer, j as integer, a(5,6) as integer
for i = 1 to 5
  for j = 1 to 6
      a(i, j) = i * j          '给二维数组赋值
  next j
next i
```

5. 程序举例

下面的案例求斐波那契(Fibonacci)序列第20项。斐波那契数列前两项都是1,从第3项开始,每项都是当前项的前两项数字之和。

案例 8.24 求斐波那契序列第 20 项

要求：求出斐波那契序列第 20 项，显示在文本框中。

操作步骤：

(1) 打开“成绩管理.mdb”，新建窗体 win26，设置“记录选择器”、“导航按钮”、“分隔线”均不显示。

(2) 建立一个文本框，“名称”为 t1，附加标签的“标题”为“斐波那契序列第 20 项”。

(3) 建立一个命令按钮，“名称”为 c1，“标题”为“计算”。

(4) 按钮 c1 的 Click 事件代码如下：

```
dim f(20) as integer
f(1) = 1
f(2) = 1
for i = 3 To 20
  f(i) = f(i - 1) + f(i - 2)
next
t1 = f(20)
```

(5) 转到窗体视图，单击“计算”按钮，文本框显示 f(20) 的值，如图 8-50 所示。

图 8-50 文本框显示 f(20)的值

下面的案例计算歌手大奖赛的选手得分。

案例 8.25 计算歌手大奖赛选手得分

要求：用文本框输入评委给出的分数，共 5 个评委，去掉一个最高分和一个最低分，其余分数求和得到总分，用标签显示总分。

操作步骤：

(1) 打开“成绩管理.mdb”，新建窗体 win27，设置“记录选择器”、“导航按钮”、“分隔线”均不显示。

(2) 建立 5 个文本框，“名称”分别为 t1～t5，附加标签的“标题”分别为“评委 1”～“评委 5”。

(3) 建立一个标签，“标题”为“最后得分”。

(4) 建立一个标签，“标题”和“名称”均为 b1，背景为白色，字大小为 14 号，字体加粗。

(5) 建立一个命令按钮，“名称”为 c1，标题为“计算”。

(6) 按钮 c1 的 Click 事件代码如下：

```
dim a(5) as integer
dim max as integer, min as integer, s as integer
a(1) = t1: a(2) = t2: a(3) = t3: a(4) = t4: a(5) = t5
max = a(1): min = a(1): s = a(1)
for i = 2 To 5
  s = s + a(i)
  if max < a(i) then max = a(i)
  if min > a(i) then min = a(i)
```

```
next
b1.Caption = s - max - min
```

(7) 转到窗体视图，输入各评委给的分数，单击“计算”按钮，结果如图 8-51 所示。

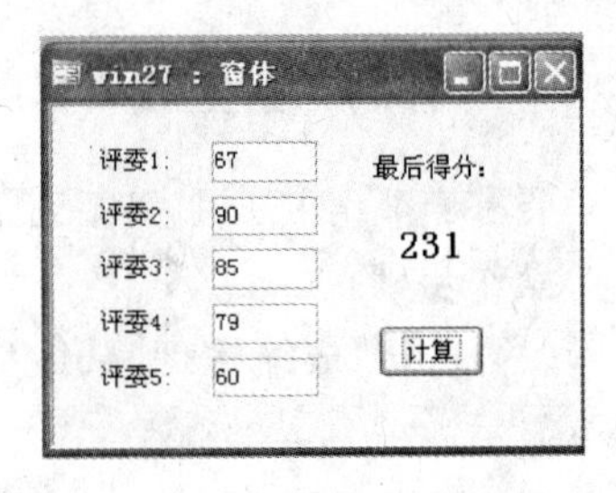

图 8-51　计算歌手大奖赛得分

8.6.2　do-while-loop 循环

do-while-loop 是“当型”循环结构，先判断后执行，循环条件为真执行循环，循环条件为假终止循环。

1. 格式

```
do while  循环条件
  语句序列
loop
```

2. 功能

先检查循环条件，若条件为真，执行语句序列，到 loop 语句返回循环开始处，重新判断条件，若条件仍为真，再次执行语句序列，依次下去，直到条件为假退出循环。

3. 说明

(1) 重复执行的语句序列称为循环体，用 exit do 可以中途退出循环。

(2) 要在 do-while-loop 循环之前给循环变量赋初值，在循环体内改变循环变量。

4. 程序举例

下面用一个案例在立即窗口显示 26 个大写字母。

案例 8.26　在立即窗口显示 26 个大写字母

要求：在标准模块中写代码，将 26 个大写字母显示在立即窗口中。

操作步骤：

(1) 打开“成绩管理.mdb”，单击模块对象，用设计视图打开“模块 1”。

(2) 在“模块 1”写代码如下：

```
Sub pp()
dim s(26) as string, i as integer
i = 1
do while i <= 26
   s(i) = Chr(i + 64)
   Debug.Print s(i) & vbTab;
   if i mod 6 = 0 then Debug.Print    '每行显示 6 个字母
   i = i + 1
loop
End Sub
```

（3）光标置于过程 pp()中，单击标准工具栏“运行”按钮 ▶ 。

（4）选择“视图”→“立即窗口”命令，结果如图 8-52 所示。

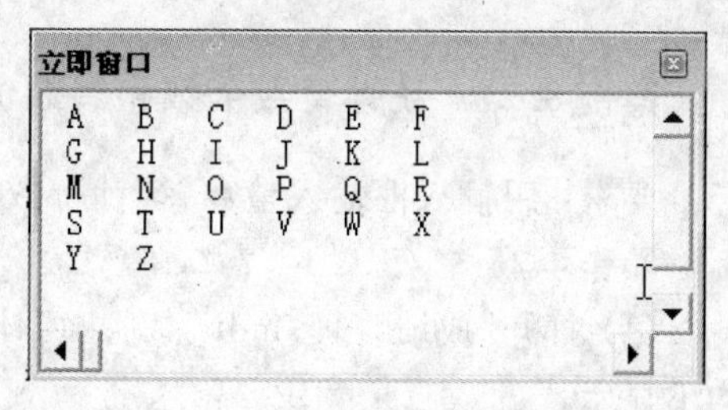

图 8-52　用立即窗口显示结果

说明：Debug. Print 语句用来在立即窗口显示程序结果，如果 Debug. Print 语句用分号结束，下面的内容将显示在同一行，不用分号则另起一行显示下面内容，空的 Debug. Print 语句输出一个空行。vbTab 是系统常量，表示制表符。

8.6.3　do-until-loop 循环

do-until-loop 是“当型”循环结构，先判断后执行，循环条件为假执行循环，循环条件为真结束循环。

1. 格式

```
do until 循环条件
  语句序列
loop
```

2. 功能

先检查循环条件，若条件为假，执行语句序列，遇到 loop 语句返回循环开始处，重新判断循环条件，若循环条件仍为假，再次执行语句序列，依次下去，直到循环条件为真退出循环。

3. 说明

（1）用 exit do 可以中途退出循环。

（2）要在 do-until-loop 外给循环变量赋初值，在循环体内改变循环变量当前值。

4. 程序阅读

下面的程序代码将大写字母转为小写字母。

```
dim a(26) as string, b(26) as string, i as integer
i = 1
do until i > 26
  a(i) = chr(i + 64)
  b(i) = Lcase(a(i))
  Debug.Print b(i)
  i = i + 1
loop
```

5. 程序举例

下面用一个案例介绍 do-until-loop 循环的使用方法。

案例 8.27　统计奇数个数和偶数个数

要求：用输入框输入整数，统计奇数个数和偶数个数，用标签显示结果。

操作步骤：

(1) 打开“成绩管理.mdb”，新建窗体 win28，设置“记录选择器”、“导航按钮”、“分隔线”均不显示。

(2) 建立 2 个标签，“名称”分别为 b1、b2，“标题”分别为 b1、b2，字大小为 14。

(3) 建立 1 个命令按钮，“名称”为“确定”，“标题”为 c1。

(4) 按钮 c1 的 Click 事件代码如下：

```
dim a as Integer, n1 as Integer, n2 as integer
do until 0                    '循环条件为假
 a = InputBox("输入一个整数(输入-1结束):")
 if a = -1 then exit do       '中途退出循环
 if a mod 2 = 0 then
     n1 = n1 + 1              '统计偶数个数
 else
     n2 = n2 + 1              '统计奇数个数
 end if
loop
b1.Caption = "偶数个数: " & n1
b2.Caption = "奇数个数: " & n2
```

(5) 转到窗体视图，单击“确定”按钮，用输入框依次输入 2、3、4、5、6、-1，显示结果如图 8-53 所示。

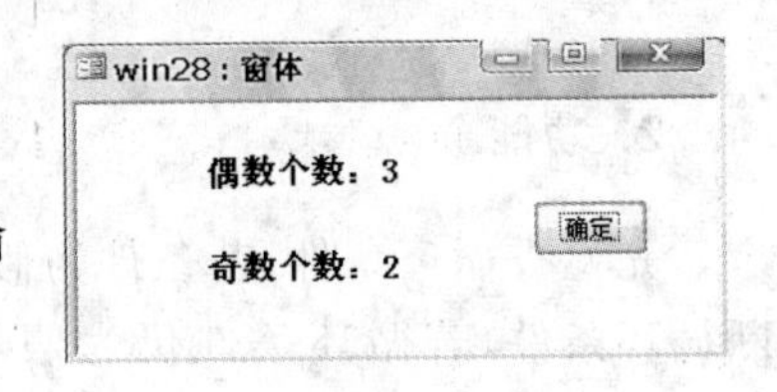

图 8-53　统计奇数个数和偶数个数

8.6.4　do-loop-while 循环

do-loop-while 循环是“直到型”循环结构，先执行后判断，条件为真时继续循环。

1. 格式

```
do
  语句序列
loop  while  循环条件
```

2. 功能

先执行语句序列，遇到 loop 语句时判断循环条件，若循环条件为真，再次执行语句序列，……，当循环条件为假时退出循环。

3. 说明

(1) 用 exit do 可以中途退出循环。

(2) 在开始之前给循环变量赋初值，在循环体中改变循环变量的值。

(3) 如果将 while 换成 until，成为 do-loop-until 循环，当条件为“真”时循环结束。

4. 程序阅读

程序阅读 1：下列循环结束时变量 s 的值是什么？

```
dim i as integer, s as integer
i = 10: s = 0
do while i < = 5
   s = s + i
loop
```

分析：do-while-loop 循环先判断后执行，所以 s 的值是 0。

程序阅读 2：下列循环结束时变量 s 的值是什么？

```
dim i as integer, s as integer
i = 10: s = 0
do
   s = s + i
loop while i < = 5
```

分析：do-loop-while 循环先执行后判断，所以 s 的值是 10。

8.6.5　for-each 循环

for-each 循环遍历数组或对象集合中的每一个元素，不需要指定循环次数。如果事先不知道集合中元素的个数，用 for-each 循环非常方便。

1. 格式

```
for   each   循环变量   in   对象集合或数组
  语句序列
next
```

2. 功能

用循环变量依次遍历数组或对象集合中每一个元素，直到遍历结束。

3. 程序阅读

下面的程序段计算数组中偶数个数。

```
dim a(50) as integer, i as integer, s as integer
for i = 1 to 50
    a(i) = i * i
next
s = 0
for each i in a
  if i mod 2 = 0 then s = s + 1
next
MsgBox "偶数个数：" & s
```

8.7 过程建立与过程调用

程序模块化是结构化程序设计的基本原则之一，而过程建立和过程调用是实现程序模块化的重要环节。

8.7.1 认识过程

1. 过程

过程是一段独立的程序代码，用来执行特定任务，这段代码能被反复调用。模块包含一个声明区域和多个过程，过程是模块的组成单元。

过程名是标识符，命名规则与变量的命名规则相同。过程不能与模块重名，所有标准模块中的过程都不能重名，否则调用过程会出现混乱。

过程不能嵌套定义，但可以嵌套调用。

2. 过程分类

VBA 根据是否有返回值将过程分为两类：sub 过程和 function 过程。

(1) sub 过程

sub 过程无返回值，不能用在表达式中，调用 sub 过程就像使用基本语句一样。

(2) function 过程

function 过程又被称为自定义函数，有返回值，常用在表达式中，调用 function 过程就像使用基本函数一样。

sub 过程不能与 function 过程名字相同。

3. 参数

在调用过程中，如果主调方(调用过程的语句)与被调方(过程)存在数据传递关系，表现这种传递关系的数据就是参数。

参数分为形参和实参两种。形参是过程的参数，只能是变量名或数组名。实参是调用过程中给形参传递数据的参数，可以是常量、已赋值的变量、有计算结果的表达式。

4. 参数传递方式

当形参和实参都是变量时，存在两种参数传递方式：值传递与地址传递。

(1) 值传递

值传递是“单向传递”，把实参的值传给形参。

(2) 地址传递

地址传递是“双向传递”，实参的值传给形参，形参的值也可以传给实参。

8.7.2 sub 过程

sub 过程又称为子过程，调用 sub 过程只执行一系列操作，无返回值。

1. sub过程定义格式

```
sub 过程名(形参1  as 数据类型,形参2  as 数据类型,…)
  语句序列
end  sub
```

2. sub过程调用格式

格式1：call　过程名(实参1 ,实参2,…)

格式2：过程名　实参1,实参2,…

3. 说明

(1) 参数之间用逗号分隔,形参与实参要个数相同,类型匹配。

(2) 调用sub过程时,格式1的实参必须加括号,格式2的实参不能加括号。

(3) 用exit sub语句可以立即从sub过程退出。

(4) 可以用public或private或static定义sub过程的作用域。

(5) 标准模块中的过程可以被所有对象调用,类模块中的过程只在本模块中有效。

4. sub过程举例

下面用一个案例介绍标准模块sub过程的使用方法。

案例8.28　标准模块的sub过程

要求：调用标准模块中的sub过程,求矩形面积。

操作步骤：

(1) 打开"成绩管理.mdb",新建窗体win29,设置"记录选择器"、"导航按钮"、"分隔线"均不显示。

(2) 建立2个文本框,"名称"分别为t1、t2,附加标签的"标题"分别为"输入矩形长"、"输入矩形宽"。

(3) 建立1个命令按钮,"名称"为c1,"标题"为"确定"。

(4) 新建标准模块"模块3",写过程代码如下：

```
Sub jxmj(x as integer, y as integer)
   dim s as integer
   s = x * y
   MsgBox "矩形面积: " & s
End Sub
```

(5) 按钮c1的Click事件代码如下：

```
dim a as integer, b as integer
a = t1: b = t2
Call jxmj(a, b)      ''调用 sub 过程
```

(6) 转到窗体视图,在文本框中分别输入 5 和 4,单击“确定”按钮,消息框显示计算结果,如图 8-54 所示。

图 8-54 调用标准模块的 sub 过程

下面用一个案例介绍类模块中 sub 过程的使用方法。

案例 8.29 类模块的 sub 过程

要求：调用类模块的 sub 过程,打开指定窗体。

操作步骤：

(1) 打开“成绩管理.mdb”,新建窗体 win30,设置“记录选择器”、“导航按钮”、“分隔线”均不显示。

(2) 建立一个文本框,“名称”为 t1,附加标签的“标题”为“输入窗体名称”。

(3) 建立一个命令按钮,“名称”为 c1,“标题”为“确定”。

(4) “通用-声明”中写 sub 过程,代码如下：

```
Private Sub pp(a As String)
if a = "" then
    MsgBox "窗体名不能为空!", vbCritical
    exit sub
else
    DoCmd.OpenForm a
end if
End Sub
```

(5) 按钮 c1 的 Click 事件代码如下：

```
dim x as string
x = Nz(t1)
pp x        '调用 sub 过程
```

(6) 转到窗体视图,在文本框中输入窗体名,单击“确定”按钮,结果如图 8-55 所示。

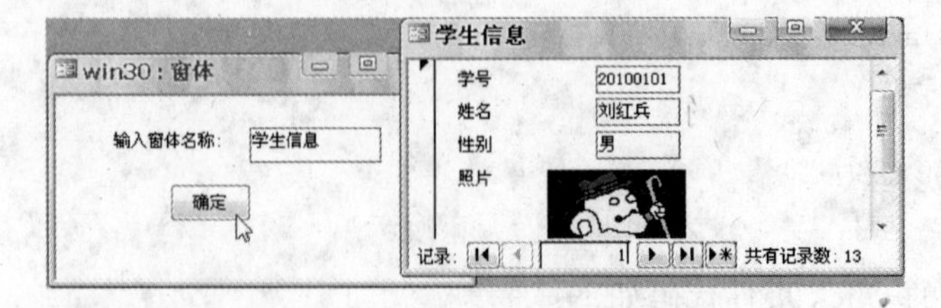

图 8-55 调用类模块的 sub 过程

8.7.3　function 过程

function 过程又称为自定义函数，因为 function 过程有返回值，所以建立过程时要给返回值定义数据类型。function 过程通常在标准模块中定义，使用方法与内置函数相似。

1. function 过程定义格式

```
function  过程名(形参 1 as 数据类型,形参 2 as 数据类型,…)as 数据类型
  语句序列
  过程名 = 表达式
  ……
end function
```

2. function 过程调用格式

function 过程名又称为自定义函数名，调用 function 过程的方式是直接引用过程名，过程名通常用在表达式中。

3. 说明

(1) 形参与实参要个数相同、类型匹配。

(2) “过程名＝表达式”是定义 function 过程不可缺少的语句。

(3) 用 exit function 可以中途退出 function 过程。

(4) 可以用 public 或 private 或 static 定义过程的作用域。

4. function 过程举例

下面用一个案例介绍 function 过程的使用方法。

案例 8.30　使用 function 过程

要求：调用 function 过程，计算圆面积。

操作步骤：

(1) 打开“成绩管理.mdb”，新建窗体 win31，设置“记录选择器”、“导航按钮”、“分隔线”均不显示。

(2) 建立一个文本框，“名称”为 t1，附加标签的“标题”为“输入半径”。

(3) 建立一个标签，“名称”为 b1，“标题”为 b1。

(4) 建立一个命令按钮，“名称”为 c1，“标题”为“计算”。

(5) 打开“模块 3”，添加 ymj 过程，代码如下：

```
public function ymj (r as Integer) as single
  ymj = r * r * 3.14
end function
```

(6) 按钮 c1 的 Click 事件代码如下：

```
dim a as integer
a = t1
b1.Caption = "圆面积: " & ymj (a)
```

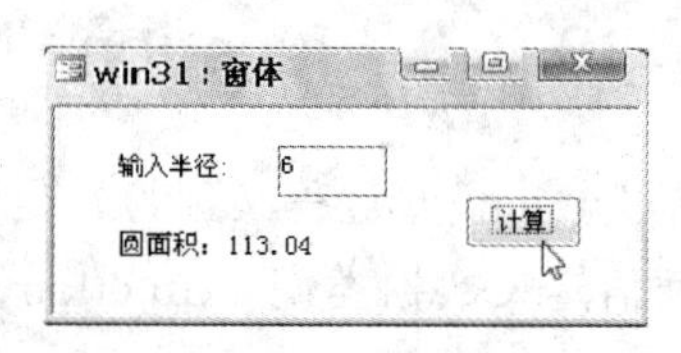

图 8-56 使用 function 过程

(7) 转到窗体视图，在文本框中输入半径，单击“计算”按钮，计算结果显示在标签中，如图 8-56 所示。

8.7.4 参数传递

参数传递主要针对 sub 过程，当形参和实参都是变量名时，有 2 种参数传递方式：值传递和地址传递。

1. 参数的值传递

调用过程中把实参的值传给形参，称为参数的值传递。定义值传递的 sub 过程，要在形参前加 byval 说明符。

运行值传递的过程时，程序为形参开辟存储单元，存放实参传过来的值，形参是局部变量，过程结束时变量的存储单元被释放，该存储单元的数据丢失。

2. 参数的地址传递

调用过程中把实参的地址传给形参，称为参数的地址传递。定义地址传递的 sub 过程，要在形参前加 byref 说明符，或者在形参前不加任何说明符，因为 byref 是默认选项。

运行地址传递的过程时，形参与实参指向同一个存储单元，过程中对形参的操作实际上就是对实参存储单元的操作，过程结束后成为实参的当前值。

3. 参数传递举例

下面用一个案例显示值传递与地址传递的不同。

案例 8.31 参数传递

要求：在窗体中建立 2 个标签，显示 2 种参数传递的结果。

操作步骤：

(1) 打开“成绩管理.mdb”，新建窗体 win32，设置“记录选择器”、“导航按钮”、“分隔线”均不显示。

(2) 建立 2 个文本框，“名称”分别为 t1、t2，附加标签的“标题”分别为“x=”与“y=”。

(3) 建立 2 个标签，“名称”分别为 b1、b2，“标题”分别为 b1、b2。

(4) 建立 1 个命令按钮，“名称”为 c1，“标题”为“参数传递”。

(5) 在“模块 3”中添加 cscd 过程，代码如下：

```
'下面过程中,a 是地址传递,b 是值传递
Sub cscd (byref a as integer, byval b as integer)
  a = a + 10
  b = b + 10
End Sub
```

(6) 按钮 c1 的 Click 事件代码如下：

```
dim x as integer, y as integer
x = t1
y = t2
cscd x, y          '调用 sub 过程
b1.Caption = "x = " & x
b2.Caption = "y = " & y
```

(7) 转到窗体视图，在两个文本框中均输入 10，单击“参数传递”按钮，采用地址传递的参数发生变化，采用值传递的参数不变化，如图 8-57 所示。

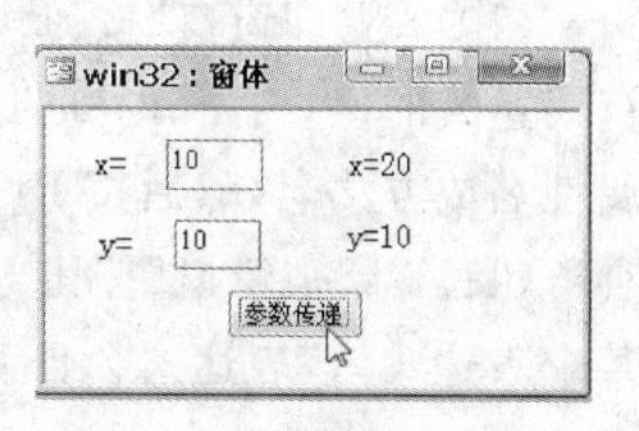

图 8-57 地址传递与值传递

说明：两个实参给形参提供相同的值，过程中进行相同运算，因为分别采用不同的参数传递方式，所以调用过程后的结果不同。地址传递方式可以把形参的操作结果保留在实参中，而值传递方式的形参操作结果与实参无关。

8.8 程序调试与错误处理

8.8.1 程序调试

VBE 提供了一套完整的调试工具，可以快速准确地找到程序中存在问题的地方，对程序的设计与调试很有帮助。

1. 调试工具栏

打开代码窗口，选择菜单“视图”→“工具栏”→“调试”，显示调试工具栏，如图 8-58 所示。

调试工具栏的按钮对应常用的调试操作，按钮从左到右依次说明如下。

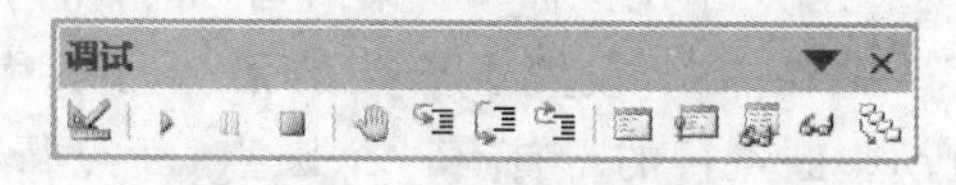

图 8-58 调试工具栏

(1) “设计模式”按钮，用来打开和关闭设计模式，设计模式是编写代码的模式。

(2) “运行子过程/用户窗体”按钮，如果鼠标指针在某个过程中，单击此按钮运行当前过程。如果某个用户窗体是当前活动的，单击此按钮运行用户窗体。如果既没有代码窗口也没有用户活动窗体，则单击此按钮运行一个宏。如果设置了断点，单击后该按钮会变为“继续”按钮，单击该按钮会继续运行至下一个断点位置或结束程序。

(3) “中断”按钮，暂时中断当前程序的运行，进行分析。

(4) “重新设置”按钮，单击该按钮中止程序调试状态，返回编辑状态。

(5) “切换断点”按钮，给当前程序行设置断点或取消断点，快捷键是 F9。

(6) “逐语句”按钮，用于单步跟踪操作，先单击“运行子过程/用户窗体”按钮，再单击“逐语句”按钮，程序进入逐语句运行状态，不断单击此按钮，代码逐句执行，遇到调用过程会跟踪到被调用过程的内部。快捷键是 F8。单击“重新设置”按钮停止逐句执行。

(7)“逐过程”按钮，在“逐语句”调试中单击“逐过程”按钮，使调试只在本过程内进行，不会跟踪到被调用过程的内部。快捷键是Shift+F8。

(8)“跳出”按钮，单击该按钮会提前结束被调用过程的调试，返回到调用过程的调用语句下一行。

(9)“本地窗口”按钮，单击该按钮打开本地窗口，本地窗口显示当前过程的变量声明和变量值。

(10)“立即窗口”按钮，单击该按钮打开立即窗口，在立即窗口中验证变量的值或计算表达式的值。操作时如果想进一步了解函数、语句、属性或方法的语法，先选定关键字或属性名或方法名，然后按F1键，查看系统提供的帮助。

(11)“监视窗口”按钮，单击该按钮打开监视窗口。如果已经在代码窗口中选定了某个表达式，该表达式会自动显示在“表达式”框中。也可以在“表达式”框中输入要计算的表达式。

(12)“快速监视窗口”按钮，先选定变量或表达式，再单击此按钮，显示“快速监视”窗口，查看变量或表达式的当前值。

(13)“调用堆栈”按钮，显示“调用”窗口，列出当前活动的过程调用。

2. 设置断点

“断点”是在过程中某个语句上设置的位置点，用来中断程序执行。断点的设置和使用贯穿于程序调试和运行的整个过程。

设置断点可以将找错的范围从整个程序缩小到一个分区，再从分区缩小到更小的分区，就这样不断缩小找错范围，直至找到出错点。

程序运行到断点会暂停，检查有关变量和表达式的值，如果没有错误，继续运行程序到下一个断点，如此向下进行，直至程序调试结束。

设置或取消断点有以下4种方法。

方法1：用鼠标单击某语句行的行首，在该行设置一个断点。设置了断点的语句行被称为“断点行”。断点行的行首有一个圆点，断点行的语句有暗红色背景。单击圆点取消断点设置。断点行如图8-59所示。

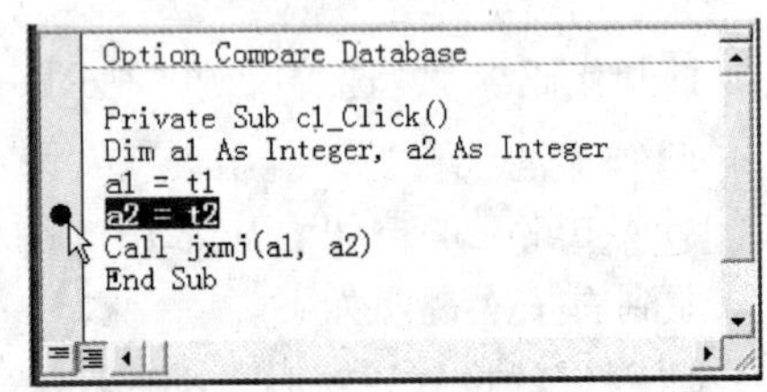

图8-59 断点行

方法2：光标放在某个语句行，单击调试工具栏“切换断点”按钮，设置和取消断点。

方法3：光标放在某个语句行，按快捷键F9，设置和取消断点。

方法4：光标放在某个语句行，选择菜单“调试”→“切换断点”，设置和取消断点。

8.8.2 错误处理

VBA提供了错误处理机制，当程序发生错误时用错误处理语句响应。常用的错误处理语句是On Error语句和Resume语句。

1. On Error 语句

On Error语句有以下3种格式：

格式1：On Error GoTo 标号

格式2：On Error GoTo 0

格式3：On Error Resume Next

(1) On Error GoTo 标号

如果发生运行错误，程序转到由标号指定的代码行上。通常，标号指定错误处理程序在过程中的位置，一个错误处理程序通常是一段用标号标记的代码。标号后面加冒号。

例如：

```
On Error GoTo aa                  '遇到错误转到标号 aa
  ......
aa:                               '标号 aa
   错误处理程序代码                '处理错误
  ......
```

当程序发生错误，跳转到 aa 位置执行。

(2) On Error GoTo 0

关闭错误处理，禁止当前过程中任何已启动的错误处理程序。

(3) On Error Resume Next

忽略导致错误的代码行，继续执行下一条语句。访问对象时应该使用这种形式，而不是 On Error GoTo 语句。

2. Resume 语句

Resume 语句有以下 3 种格式。

(1) Resume 或 Resume 0

将程序的执行返回到发生错误的代码行，如果出现的错误是暂时的，在错误处理代码中能够得到纠正，应采用这条语句重新开始执行。

(2) Resume Next

将程序的执行返回到错误代码行的下一行。如果认为错误没有太大问题可以忽略，可采用这条语句。

(3) Resume 标号

将程序的执行返回到由标号指定的代码行。

8.8.3 了解错误信息

除了用 On Error GoTo 语句处理错误之外，系统还提供对象、函数和语句，用来帮助了解错误信息，包括 Err 对象、Error 函数、Error 语句。

1. Err 对象

Err 对象是含有运行时错误信息的对象，Err 对象用 Source 方法确定是哪个对象产生错误，用 Number 方法确定是哪个对象将错误代码放在其中。

Err 是全局范围的固有对象，在代码中不必建立对象的实例，直接使用即可。

2. Error 函数

格式：Error(错误号)

功能：Error 函数返回与已知错误号对应的错误信息，“错误号”是可选项，如果省略，将返回与最近一次运行错误相对应的信息。如果没有发生运行错误，或者错误号是 0，则 Error 函数返回空字符串。如果不是有效错误号，会导致错误发生。

3. Error 语句

格式：Error 错误号

功能：模拟产生错误，以检查错误处理语句的正确性。“错误号”是必选项。

下面是一段错误处理应用的代码：

```
Private Sub c1_Click()
      On Error GoTo aa                 '如果发生错误转到 aa 行号处
      Error 11                         '模拟产生代码为 11 的错误
      Msgbox  "没有错误!"
      exit sub                         '退出过程
aa:                                    '行号 aa
      Msgbox Err.Number                '显示错误代码 11
      Msgbox Error(Err.Number)         '显示错误名称“除数为零”
End Sub
```

8.8.4 一个简单的错误处理方式

如果不想采用更复杂的错误处理机制，可以使用下面的错误处理方式，每个过程都从使用 On ErrorGoTo 开始。格式如下：

```
Private Sub c1_Click()        '以按钮 c1 的 Click 事件过程为例
On Error GoTo aa
  过程内容
bb:
    Exit Sub
aa:
    MsgBox Err.Description
    Resume bb
End Sub
```

解释如下：

(1) On Error GoTo aa　每个过程都用此句开始，如果发生错误转到行号 aa。

(2) MsgBox Err.Description　使用消息框显示内置对象 Err 的 Description 属性，消息框显示最近出现的错误信息，也可以用消息框显示自定义的错误信息。

(3) Resume bb　将程序的执行返回到由 bb 指定的代码行，即返回到正常处理代码中退出的位置。

(4) Exit Sub　完成这个过程，并且不进入错误处理代码中。

下面用一个案例介绍在程序中进行错误处理的方法。

案例 8.32　使用错误处理

要求：在文本框中输入窗体名称，单击命令按钮打开指定窗体，如果输入数据时出现错误，用 On Error 语句处理。

操作步骤：

(1) 打开“成绩管理.mdb”，新建窗体 win33，设置“记录选择器”、“导航按钮”、“分隔线”均不显示。

(2) 建立一个文本框，“名称”为 t1，附加标签的“标题”为“输入窗体名称”。

(3) 建立一个命令按钮，“名称”为 c1，“标题”为“打开窗体”。

(4) 按钮 c1 的 Click 事件代码如下：

```
On Error GoTo aa                    '如发生错误转到行号 aa
dim s as string
s = t1
DoCmd.OpenForm s                    '打开窗体
bb:                                 '行号 bb
Exit Sub
aa:                                 '行号 aa
MsgBox "没有此窗体,请重新输入!"
Resume bb                           '转到行号 bb
```

(5) 转到窗体视图，在文本框中输入“win20”，单击命令按钮，显示窗体 win20，如图 8-60 所示。

(6) 在文本框中输入“win40”，单击命令按钮，调用错误处理机制，用消息框提示错误，如图 8-61 所示。

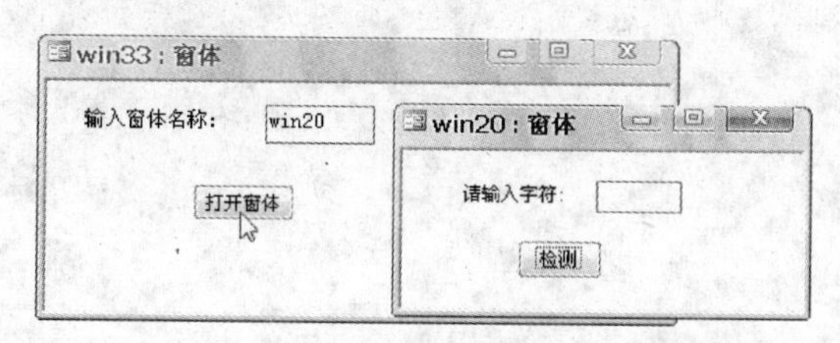

图 8-60 打开指定窗体

图 8-61 调用错误处理机制提示错误

习题 8

1. 判断题

(1) 标准模块总是与某一特定的窗体或报表相关联。

(2) 类模块中的过程可以调用标准模块中的过程。

(3) 数组 aa (3,4) 有 12 个元素。

(4) 没有定义类型的变量为变体型。

(5) 局部变量仅在声明变量的过程中有效。

(6) 逻辑运算符的优先级高于关系运算符。

(7) VBA 的代码不区分大小写。

(8) 注释语句是可执行语句。

(9) 过程名可以与模块名相同。

(10) 函数 InputBox 的功能是显示消息框。

2. 填空题

(1) 有返回值的过程是________过程。

(2) 程序的基本结构有三种：顺序结构、________、循环结构。

(3) 计时器间隔的时间单位是毫秒，________毫秒＝1 秒。

(4) 存在两种参数传递方式：值传递与________。

(5) 用逻辑值进行算术运算时，true 被当作________，false 被当作 0。

(6) 用 static 定义的变量称为________。

(7) 形参与实参要个数相等、类型________。

(8) 能得到[15,75]区间内的随机整数的表达式为________。

(9) 使用 select case 语句能选择执行________中的一个。

(10) 语句 On Error GoTo 0 的功能是________。

3. 程序阅读题

(1) 循环结束后，变量 i 和 s 的值分别是什么？

```
s = 0
for i = 1 to 20 step 3
    s = s + i
    i = i * 2
next i
```

(2) 循环结束后，变量 i 的值是什么？

```
i = 0
do until 0
   i = i + 1
   if i > 10 then exit do
loop
```

(3) 循环结束后，变量 x 的值是什么？

```
x = 0
for i = 1 to 20 step 2
    x = x\5
next i
```

(4) 循环结束后，变量 x 的值是什么？

```
x = 1
for x = 5 to 10 step 2
    x = 2 * x
next x
```

4. 操作题

(1) 建立窗体 w1，内有 1 个文本框和 4 个按钮，按钮 1 和按钮 2 用来显示或隐藏文本框，按钮 3 和按钮 4 用来设置按钮 1 可用或不可用。

(2) 建立窗体 w2，内有文本框和标签，用标签显示系统时间，文本框的背景色在红、黄之间交替变化。

(3) 建立窗体 w3,内有 2 个文本框和 1 个命令按钮,文本框分别输入姓名和密码,如果输入密码是 123456,单击命令按钮显示“欢迎光临”消息框;否则,单击命令按钮显示“没有权限”消息框。

(4) 建立窗体 w4,内有文本框、标签和命令按钮,在文本框中输入分数,单击命令按钮用标签显示成绩的等级,等级有 5 种:优秀、良好、中等、及格、不及格。

(5) 建立标准模块,内有 1 个计算矩形面积的 sub 过程。建立窗体,用文本框输入长和宽,单击命令按钮,用标签显示矩形面积(提示:用值传递和地址传递)。

第9章 数据库编程

要想开发更全面、更实效的 Access 数据库应用程序，除了学习前面几章内容之外，还需要了解和掌握 VBA 数据库编程技术。本章简单介绍数据库编程的基本内容，包括数据库对象、数据库访问接口、指针定位、数据库访问的一般流程、数据库安全等。在本章最后还详细介绍了“学生信息管理系统”的制作方法。

9.1 认识数据库编程

学习数据库编程，首先要了解一些基本知识，包括数据库对象类型、数据库接口、指针定位等。

9.1.1 数据库对象类型

用数据库编程方法访问数据库，首先要定义数据库对象变量，系统为不同的数据库对象提供了不同的属性和方法，这些属性和方法要由数据库对象变量来调用。

常用数据库对象类型见表 9-1。

表 9-1 常用数据库对象类型

类　型	类 型 名	类　型	类 型 名
Workspace	工作区对象	RecordSet	记录集对象
Database	数据库对象	Field	字段对象
Connection	连接对象	Error	错误对象
Command	命令对象		

例如：

```
Dim rs as DAO.RecordSet    '定义 rs 为记录集对象变量。
Dim fd as DAO.Field    '定义 fd 为字段对象变量。
```

9.1.2 数据库访问接口

数据库访问接口是指将 VBA 与后台数据库连接起来的代码片段，即 VBA 与 Access 数据库连接的方法。设计数据库应用程序通常需要访问数据库，而访问数据库中的数据就要了解数据库接口技术。

VBA 主要提供 3 种数据库访问接口，包括 ODBC、DAO、ADO。

1. ODBC

ODBC(Open DataBase Connectivity)称为“开放式数据库连接”，是一种关系型数据库的接口。ODBC 把 SQL 作为访问数据库的标准，通过一组通用代码给不同的数据库提供驱动程序。

2. DAO

DAO(Data Access Objects)称为“数据访问对象”，提供一个访问数据库的对象模型，用其中的一系列数据访问对象实现对数据库的各种操作。DAO 的程序编码非常简单，是面向对象的接口。

3. ADO

ADO(ActiveX Data Objects)称为“ActiveX 数据对象”，是基于组件的数据库编程接口。ADO 设计了一种极简单的格式，方便连接任何符合 ODBC 标准的数据库。

9.1.3　VBA 可访问的数据库类型

VBA 可以访问以下 3 类数据库。

(1) 本地数据库：即 Access 数据库。

(2) 外部数据库：Visual FoxPro、文本文件数据库、Microsoft Excel、Lotus1-2-3 电子表格等。

(3) ODBC 数据库：符合 ODBC 标准的 C/S 数据库，如 SQL Server、Oracle。

9.1.4　指针定位

在访问数据库中，记录指针定位是先于其他操作的工作，系统为记录集对象提供如下几种指针定位方法。

(1) MoveFirst 方法，将记录指针移到当前记录集的第一条记录。

(2) MoveLast 方法，将记录指针移到当前记录集的最后一条记录。

(3) MoveNext 方法，将记录指针从当前位置向后移到下一条记录。

(4) MovePrevious 方法，将记录指针从当前位置向前移到上一条记录。

(5) Move 方法，将记录指针从当前位置移过指定数量的记录。

9.2　用 DAO 访问数据库

DAO 提供了一种通过程序代码创建和操纵数据库的机制，借助 VBA 代码灵活地控制数据库访问的各种操作，如查询记录、添加记录、删除记录等。

9.2.1 DAO模型结构

DAO模型是设计关系数据库系统结构的对象类的集合,提供了管理关系型数据库系统操作的属性和方法,包括创建数据库、定义表、定义字段和索引、建立表之间的关系、定位指针、查询数据等。

DAO是完全面向对象的,它将数据的值作为属性,数据的查询作为方法,数据值的变化作为事件,完全封装在DAO对象中。

DAO对象及层次位置如图9-1所示。

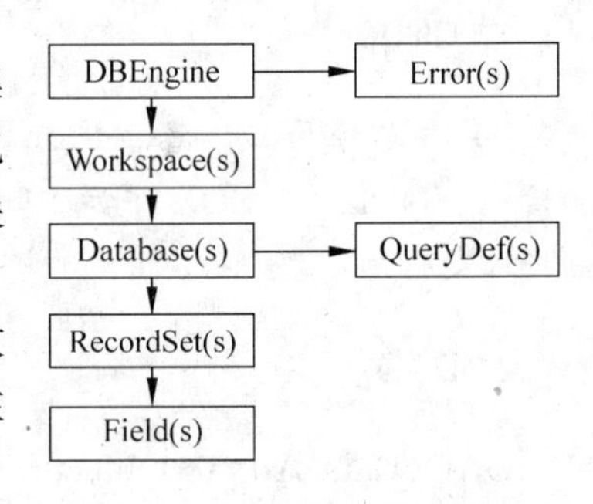

图9-1 DAO对象模型简图

9.2.2 DAO对象简介

位于不同层的DAO对象对应被访问数据库的不同部分,编程时要区分清楚。

(1) DBEngine对象,代表数据引擎,位于最顶层,包含并控制模型中全部其他对象。

(2) Workspace对象,代表工作区,可以使用隐含的Workspace对象。

(3) Database对象,代表操作的数据库对象。

(4) RecordSet对象,代表记录集,可以来自于表、查询或SQL语句的运行结果。

(5) Field对象,代表记录集中的字段。

(6) QueryDef对象,代表数据库查询信息。

(7) Error对象,代表程序出错时的扩展信息。

9.2.3 用DAO访问数据库的流程与步骤

1. 用DAO访问数据库的流程

用DAO访问数据库的流程为:

(1) 定义DAO对象变量,定义时在对象类型的前面加上前缀“DAO”。

(2) 通过对象变量调用对象的方法,设置对象的属性,实现数据库的各种访问。

2. 用DAO访问数据库的一般语句和步骤

下面的程序段给出了用DAO访问数据库的一般语句和步骤。

```
Dim ws as DAO.Workspace                              '定义 Workspace 对象变量
Dim db as DAO.Database                               '定义 Database 对象变量
Dim rs as DAO.RecordSet                              '定义 RecordSet 对象变量
Dim fd as DAO.Field                                  '定义 Field 对象变量
Set ws = DBEngine.Workspace(o)                       '打开默认工作区
Set db = ws.OpenDatabase(数据库的地址与文件名)         '打开数据库
Set rs = db.OpenRecordSet(表名、查询名或 SQL 语句)     '打开记录集
Do While not rs.EOF                                  '循环遍历整个记录集直至记录集末尾
   ……                                                '对字段的各种操作
 rs.MoveNext                                         '记录指针移到下一条记录
```

```
Loop                                      '返回到循环开始处
rs.close                                  '关闭记录集
db.close                                  '关闭数据库
set rs = nothing                          '释放记录集对象所占内存空间
set db = nothing                          '释放数据库对象所占内存空间
```

3. 用 DAO 打开数据库的快捷方式

如果是本地数据库，定义 Workspace 对象变量可以省略，将打开工作区和打开数据库两条语句合并为如下语句：

```
Set db = CurrentDb()
```

这是用 DAO 打开数据库的快捷方式。

4. 用 DAO 访问数据库的案例

下面用一个案例介绍使用 DAO 访问数据库的方法。

案例 9.1　用 DAO 访问数据库

要求：按职称调整工资，用 DAO 方法将数据更新到本地数据库的数据表中，代码附加给命令按钮的单击事件，调整后工资增加的总数额显示在文本框中。

操作步骤：

(1) 打开“工资管理.mdb”，新建窗体“调工资”，设置“记录选择器”、“导航按钮”、“分隔线”均不显示。

(2) 建立一个文本框，“名称”为 text1，附加标签的“标题”为“涨工资总计”。

(3) 建立一个命令按钮，“名称”为 c1，“标题”为“调整工资”。

(4) 按钮 c1 的 Click 事件代码如下：

```
Private Sub c1_Click()
    Dim db As DAO.Database                 '定义数据库变量
    Dim rs As DAO.Recordset                '定义记录集变量
    Dim gz As DAO.Field                    '定义字段变量
    Dim zc As DAO.Field                    '定义字段变量
    Dim sum As Single                      '定义单精度变量
    Dim rate As Single                     '定义单精度变量
    Set db = CurrentDb()                   '快捷方式打开数据库
    Set rs = db.OpenRecordset("gz")        '打开记录集
    Set gz = rs.Fields("工资")             '字段与字段变量建立连接
    Set zc = rs.Fields("职称")             '字段与字段变量建立连接
    sum = 0                                '求和变量清零
    Do While not rs.EOF                    '循环开始
     rs.Edit                               '使记录集可编辑
     Select Case zc                        '进入多项选择
       Case Is = "教授": rate = 0.15       '教授工资上调 15%
       Case Is = "副教授": rate = 0.1      '副教授工资上调 10%
       Case Else: rate = 0.05              '其他人工资上调 5%
     End Select
```

```
        sum = sum + gz * rate                      '累加调整的钱数
        gz = gz + gz * rate                        '工资调整
        rs.Update                                  '更新到表中
        rs.MoveNext                                '指针移到下一条记录
    Loop                                           '开始下一次循环
    rs.Close
    db.Close
    set rs = nothing
    set db = nothing
    Text1 = sum                                    '调整工资的总数额显示在文本框中
    DoCmd.OpenTable "gz"                           '打开更新后的表
End Sub
```

(5) 转到窗体视图,单击"调整工资"按钮,如图 9-2 所示。

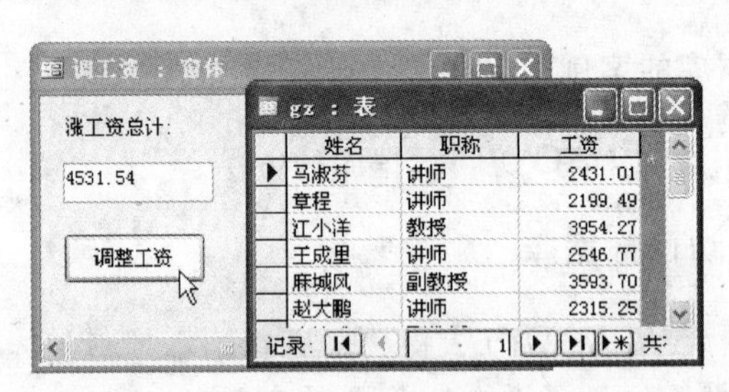

图 9-2 调工资

9.3 用 ADO 访问数据库

ADO 通过 OLE DB 访问和操作数据库中的数据,易于使用、速度快、内存支出低、占用磁盘空间少,并支持基于客户端/服务器和基于 Web 的应用程序的主要功能。

9.3.1 ADO 模型结构

ADO 对象模型是一系列对象的集合,通过对象变量调用对象的方法,设置对象的属性,实现对数据库的各种访问。除 Field 对象和 Error 对象之外,其他对象均可直接创建。

ADO 是独立于开发工具和开发语言的数据库接口,简单方便,正在逐渐代替其他数据库访问接口。

ADO 对象模型如图 9-3 所示。

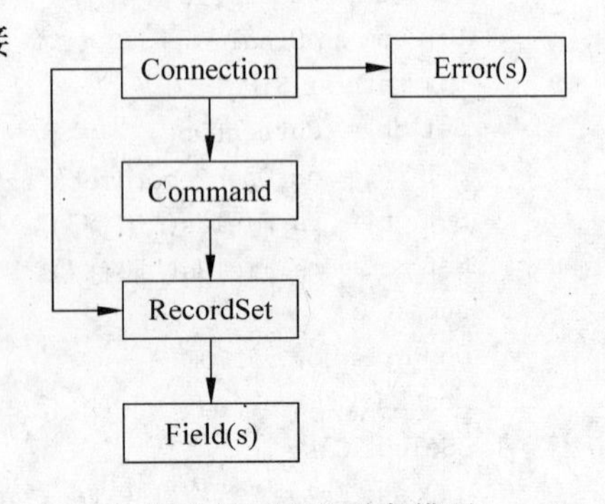

图 9-3 ADO 对象模型

9.3.2 ADO 对象简介

(1) Connection 对象,建立到数据库的连接。

(2) Command 对象,代表一个命令。

(3) RecordSet 对象,代表记录集。

(4) Field 对象,代表记录集中的字段。

(5) Error 对象,代表程序出错时的扩展信息。

其中，Connection 对象与 RecordSet 对象是 ADO 中最重要的对象。RecordSet 对象可以分别与 Connection 对象和 Command 对象联合使用。

9.3.3　用 ADO 访问数据库的流程与步骤

首先创建对象变量，然后用对象的方法和属性访问数据库。为了与 DAO 对象有所区分，ADO 对象的前面加前缀“ADODB”。

1. 用 ADO 访问数据库的一般语句和步骤

下面的程序段给出了用 ADO 访问数据库的一般语句和步骤。

(1) RecordSet 对象与 Connection 对象联合使用

```
Dim cn as new ADOBD.Connection                  '建立连接对象
Dim rs as new ADOBD.RecordSet                   '建立记录集对象
cn.Provider = "Microsoft.Jet.OLEDB.4.0"         '设置数据提供者
cn.Open 连接字符串                                '打开数据库
rs.Open 查询字符串                                '打开记录集
Do While not rs.EOF                             '循环开始
   ……
   rs.movenext                                  '记录指针移到下一条记录
Loop                                            '返回到循环开始处
rs.close                                        '关闭记录集
cn.close                                        '关闭连接
set rs = nothing                                '释放记录集对象所占内存空间
set cn = nothing                                '释放连接对象所占内存空间
```

(2) RecordSet 对象与 Command 对象联合使用

```
Dim cm as new ADOBD.Command                     '建立命令对象
Dim rs as new ADOBD.RecordSet                   '建立记录集对象
cm.ActiveConnection = 连接字符串                  '建立命令对象的活动连接
cm.CommandType = 查询类型                         '指定命令对象的查询类型
cm.CommandText = 查询字符串                       '建立命令对象的查询字符串
rs. Open cm, 其他参数                             '打开记录集
Do While not rs.EOF                             '循环开始
   ……
   rs.movenext                                  '记录指针移到下一条记录
Loop                                            '返回到循环开始处
rs.close                                        '关闭记录集
set rs = nothing                                '释放记录集对象所占内存空间
```

说明：经常使用的查询类型有 3 个：1、2、4。其中，数字 1 代表 SQL 命令，数字 2 代表数据表，数字 4 代表查询。

2. 用 ADO 打开数据库的快捷方式

对于本地数据库，VBA 也给 ADO 提供了打开数据库的快捷方式，将设置数据提供者和打开数据库两条语句合并为如下语句：

```
Set cn = CurrentProject.Connection()
```

3. 用 ADO 访问数据库的案例

下面用一个案例介绍用 ADO 访问数据库的方法。

案例 9.2 用 ADO 访问数据库

要求：用 ADO 方法向表中追加记录，代码附加给命令按钮的单击事件。

操作步骤：

(1) 打开“工资管理.mdb”，新建窗体“人员增加”，设置“记录选择器”、“导航按钮”、“分隔线”均不显示。

(2) 建立 3 个文本框，“名称”分别为 t1、t2、t3，附加标签的“标题”分别为“编号”、“姓名”、“性别”。

(3) 在窗体页眉添加标签，“标题”为“人员增加”。

(4) 在窗体页脚建立命令按钮，“名称”为 c1，“标题”为“追加到表中”。

窗体布局如图 9-4 所示。

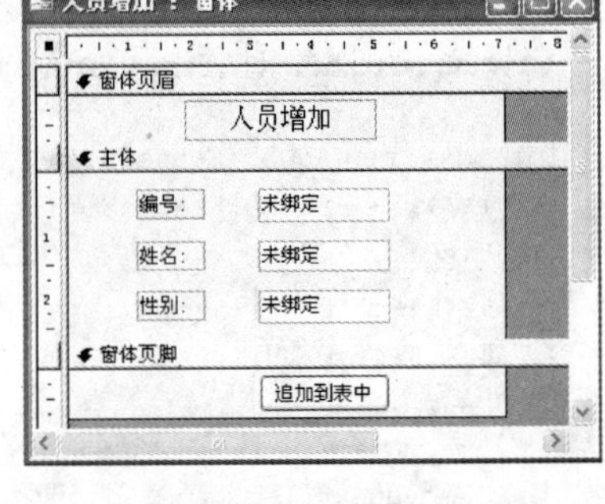

图 9-4 窗体布局

(5) 按钮 c1 的 Click 事件代码如下：

```
Dim cn As New ADODB.Connection
Dim rs As New ADODB.Recordset
Dim str1 As String
set cn = CurrentProject.Connection          '建立本地连接
rs.ActiveConnection = cn
'在文本框 t1 中输入教师编号,按输入的编号检查能否加入到表中
rs.Open "Select 教师编号 From 教师 Where 教师编号 = '" + t1 + "'"
if rs.EOF = False Then
  MsgBox "该编号已存在,不能追加!"
else
  str1 = "Insert Into 教师 (教师编号,姓名,性别)"
  str1 = str1 + "Values('" + t1 + "','" + t2 + "','" + t3 + "')"
  cn.Execute str1                          '执行指定的 SQL 语句
  MsgBox "添加成功,请继续!"
end if
rs.Close
cn.Close
set rs = nothing
set cn = nothing
```

(6) 转到窗体视图，如果输入的编号与表中已有的编号相同，单击命令按钮后显示错误提示，并且输入的信息不能追加到表中，如图 9-5 所示。

(7) 如果输入的编号与表中的编号不重复，单击命令按钮后显示添加成功提示，输入的信息被追加到表中，如图 9-6 所示。

本程序有以下两点需要说明：

(1) '" + t1 + "'用来取得文本框 t1 中的值，最外面是一对单引号。

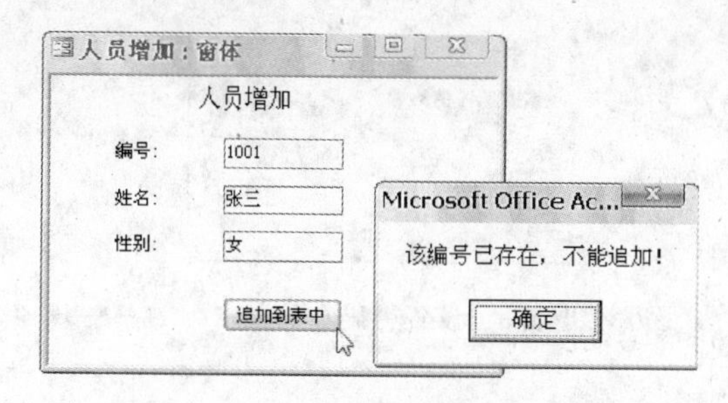

图 9-5 显示错误提示

图 9-6 显示添加成功提示

(2) Execute 是 Command 对象和 Connection 对象的方法，用来执行指定的查询，并将执行结果存储到记录集中。SQL 语句与 Execute 方法联合使用，能够实现对表的多种操作。

9.4 数据库安全

数据库系统建立以后，为保证数据库数据的安全，应采取一定的防范措施，包括设置数据库密码、加密数据库、设置数据库的操作权限等。

数据库的安全问题主要针对多用户环境，对于在网络上共享的 Access 2003 数据库显得尤为重要。

9.4.1 设置数据库密码

为防止非法用户打开数据库，最简单的保护措施就是设置数据库密码，设置密码以后，只有正确输入数据库密码才能打开数据库窗口。

1. 设置密码

下面用一个案例介绍设置数据库密码的方法。

案例 9.3 设置数据库密码

要求：给数据库“学生管理.mdb”设置密码。

操作步骤：

(1) 在 Access 工作窗口选择菜单“文件”→“打开”，在“打开”对话框中选择文件所在位置，单击“学生管理.mdb”文件，单击对话框“打开”按钮右方的下拉箭头，选择“以独占方式打开”，如图 9-7 所示。

说明：如果数据库开着，要先关闭数据库，以独占方式重新打开数据库。

(2) 选择菜单“工具”→“安全”→“设置数据库密码”，打开“设置数据库密码”对话框，依次输入“密码”和“验证”密码，单击“确定”按钮。设置密码的对话框如图 9-8 所示。

(3) 关闭“学生管理.mdb”数据库，再次打开“学生管理.mdb”数据库，显示“要求输入密码”对话框，如图 9-9 所示。

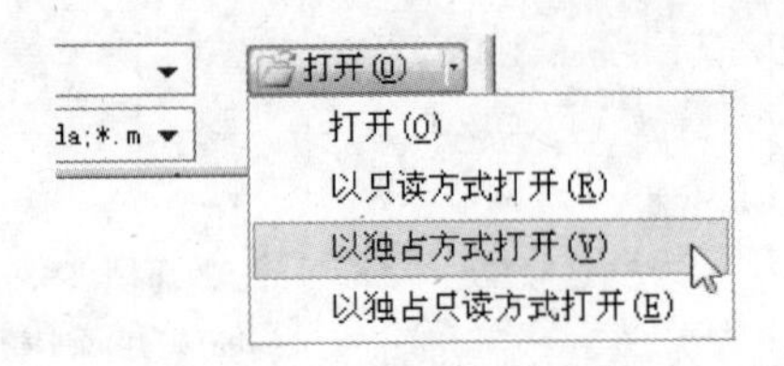

图 9-7 以独占方式打开数据库

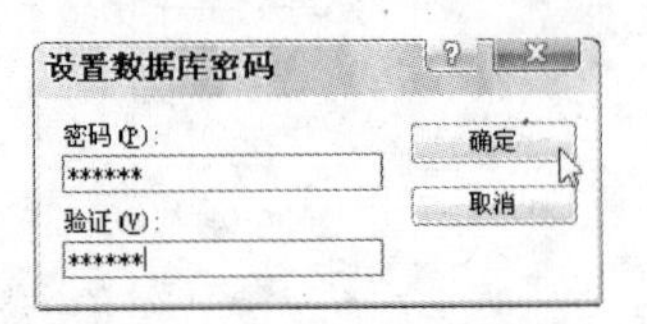

图 9-8 设置密码和验证密码

2. 撤销数据库密码

撤销数据库密码的操作步骤如下：

(1) 以独占方式打开数据库，正确输入数据库密码，进入数据库窗口。

(2) 选择菜单"工具"→"安全"→"撤销数据库密码"，显示"撤销数据库密码"对话框，如图 9-10 所示。

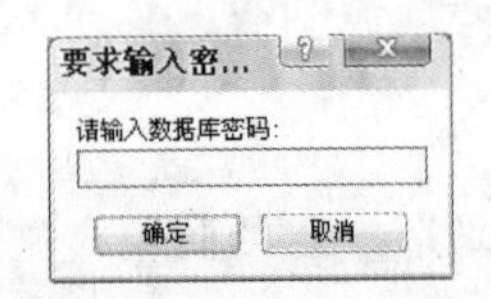

图 9-9 "要求输入密码"对话框

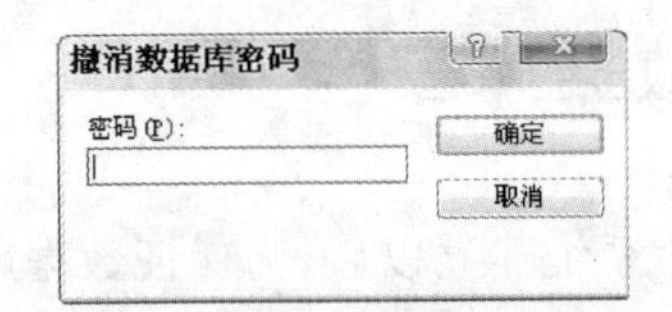

图 9-10 "撤销数据库密码"对话框

(3) 在"密码"文本框内输入数据库密码，单击"确定"按钮，当前数据库的密码被撤销。

9.4.2 加密数据库

除了设置打开数据库文件的密码，还可以用加密数据库的方法，为数据库内容的安全再加一道防线。对于单机单用户的数据库来说，设置数据库密码和加密数据库 2 项安全措施已经足够了。

加密数据库不会影响合法用户在 Access 中的操作，加密的主要目的是防范非法用户通过字处理等其他软件打开数据库，查看其中的内容。如果用 Word 打开加密后的数据库，看到的将是乱码。

1. 对数据库内容加密

下面用一个案例介绍加密数据库的方法。

案例 9.4 加密数据库

要求：给数据库"学生管理.mdb"进行加密。

操作步骤：

(1) 打开"学生管理.mdb"数据库。

(2) 选择菜单"工具"→"安全"→"编码/解码数据库"，显示"数据库编码后另存为"对话框，如图 9-11 所示。

(3) 指定加密数据库的位置和名称，单击"保存"按钮。

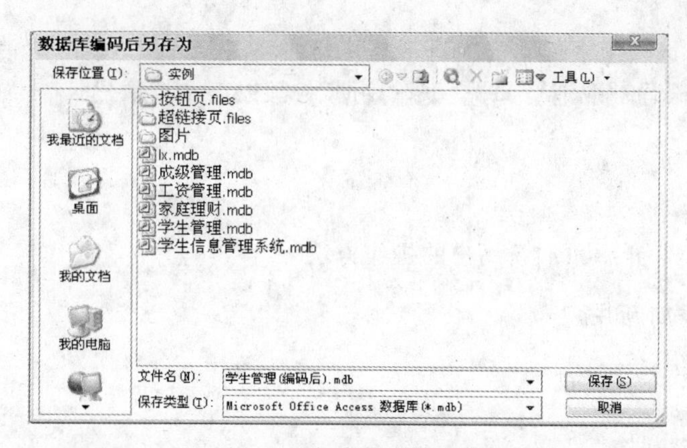

图 9-11 保存加密数据库

说明：如果加密数据库文件的保存位置和文件名与原文件相同，则原文件被覆盖。

2. 对数据库取消加密

取消数据库加密的步骤如下：

(1) 打开需要解密的数据库。

(2) 选择"工具"→"安全"→"编码/解码数据库"命令，显示"数据库解码后另存为"对话框。

(3) 指定解密数据库的位置和名称，单击"保存"按钮。

说明：如果解密数据库文件的保存位置和文件名与原文件相同，则原文件被覆盖。

9.4.3 设置数据库操作权限

设置数据库操作权限，也是一种数据库安全措施，主要针对多用户数据库。

1. 设置管理员权限

管理员通常对数据表拥有完全控制权限，在"学生管理系统"中相当于教务主任的角色。下面以一个案例介绍管理员权限的设置方法。

案例 9.5 设置管理员权限

要求：设置管理员权限，使管理员拥有对"学生信息"表的完全控制权。

操作步骤：

(1) 打开"学生管理.mdb"数据库。

(2) 选择菜单"工具"→"安全"→"用户与组权限"，显示"用户与组权限"对话框。

(3) 选择"用户"单选按钮，"对象类型"选择"表"，"用户名/组名"选择"管理员"，"对象名称"选择"学生信息"，勾选相应权限，单击"确定"按钮，如图 9-12 所示。

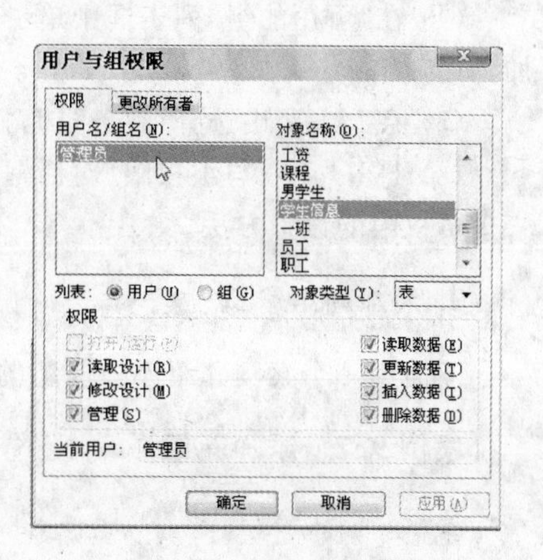

图 9-12 设置管理员权限

说明：“权限”选项组中列出的项目不是并列的，有联动性。例如，取消“读取设计”权限以后，所有其他权限均被取消。勾选“更新数据”权限以后，“读取设计”和“修改设计”权限也随之被勾选。

2. 添加新用户

下面用一个案例介绍添加新用户的操作方法。

案例 9.6　添加新用户

要求：新建“教务员”用户。

操作步骤：

(1) 打开“学生管理.mdb”数据库。

(2) 选择菜单“工具”→“安全”→“用户与组账户”，显示“用户与组账户”对话框，如图 9-13 所示。

(3) 单击“用户”选项卡，单击“新建”按钮，在“新建用户/组”对话框中输入用户名：“教务员”，输入个人 ID“张三 123”，单击“确定”按钮，建立了一个新用户“教务员”，对话框设置如图 9-14 所示。

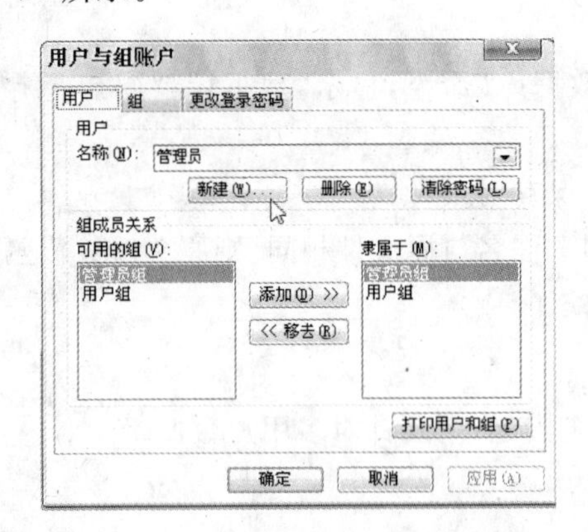

图 9-13　“用户与组账户”对话框

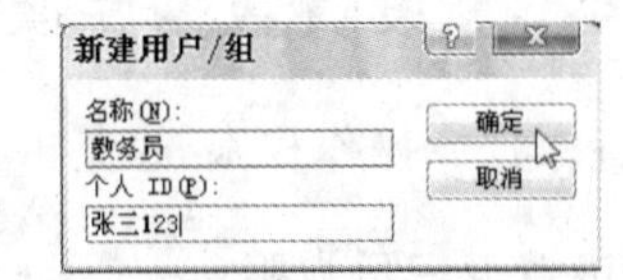

图 9-14　新建用户

说明：个人 ID 是由 4～20 个字符和数字组成的个人标识号，具有唯一性。

(4) 在“可用的组”列表框中单击“用户组”，单击“添加”按钮，把新建的用户“教务员”添加到用户组中。

(5) 在“名称”中选择“教务员”，“隶属于”列表框显示该用户所属的组为“用户组”。

(6) 打开“用户与组权限”对话框，给“教务员”用户设置数据库使用权限，设置方法参照管理员权限的设置方法。

3. 添加新组

下面用一个案例介绍添加新组的操作方法。

案例 9.7　添加新组

要求：新建“检查组”。

操作步骤：

(1) 打开"学生管理.mdb"数据库。

(2) 选择菜单"工具"→"安全"→"用户与组账户",在"用户与组账户"对话框中单击"组"选项卡,单击"新建"按钮,显示"新建用户/组"对话框。

(3) 在"名称"文本框中输入"检查组",在"个人 ID"文本框中输入"李四 123",单击"确定"按钮,如图 9-15 所示。

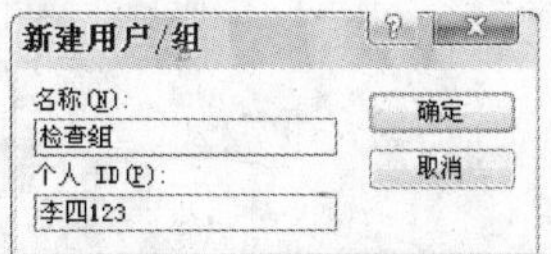

图 9-15 新建用户组

(4) 单击"名称"下拉列表框的下拉按钮,可以看到"检查组",如图 9-16 所示。

说明:删除组的方法如下:在"名称"下拉列表框中选择一个组,单击"删除"按钮,可以删除选择的组,如图 9-17 所示。

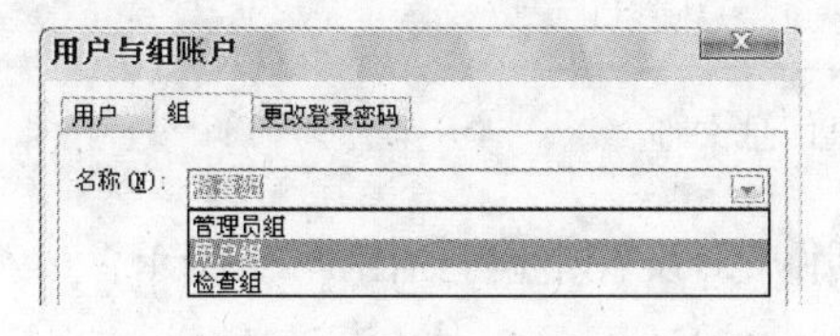

图 9-16 新添加的组

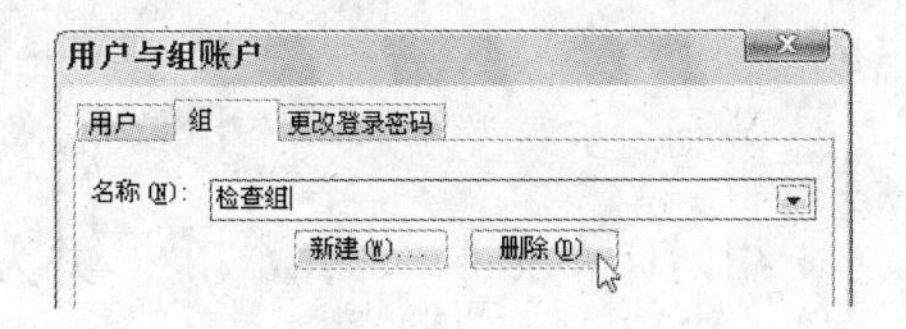

图 9-17 删除组

9.4.4 使用设置安全机制向导

使用设置安全机制向导也是针对多用户数据库的安全措施,它可以通过有限几个步骤为 Access 数据库设置安全功能,包括给用户指定权限、创建用户账户和组账户等,还可以在工作组中修改或删除用户账户和组账户的权限。

下面用一个案例介绍使用设置安全机制向导的方法。

案例 9.8 使用设置安全机制向导

要求:用向导为"学生管理.mdb"数据库建立安全机制。

操作步骤:

(1) 打开"学生管理.mdb"数据库。

(2) 选择菜单"工具"→"安全"→"设置安全机制向导"。打开"设置安全机制向导"对话框。

(3) 选择"新建工作组信息文件",单击"下一步"按钮,"文件名"取默认值,在 WID(工作组 ID)文本框中输入"abcd1234",选中"使这个文件成为所有数据库的默认工作组信息文件"单选按钮,如图 9-18 所示。

(4) 单击"下一步"按钮,在对话框中设置安全机制所保护的对象,默认情况下,全部数据库对象都受保护。

(5) 单击"下一步"按钮,在对话框中勾选全部组,对话框中提供了 7 个组供选择,用来确定工作组信息文件中要包括的组。

(6) 单击"下一步"按钮,显示给用户组设置权限对话框,默认情况下用户组对数据库没有任何权限,此处用默认值。

(7) 单击"下一步"按钮,在对话框中输入用户名、密码、个人 ID,单击"将该用户添加到列表"按钮,添加的用户显示在对话框左边列表中。

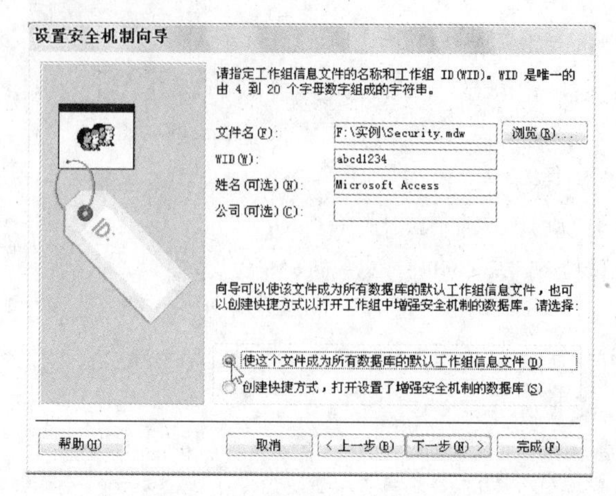

图 9-18 新建工作组信息文件

(8) 用同样方法再添加几个用户，并为管理员用户 e 设置密码，如图 9-19 所示。

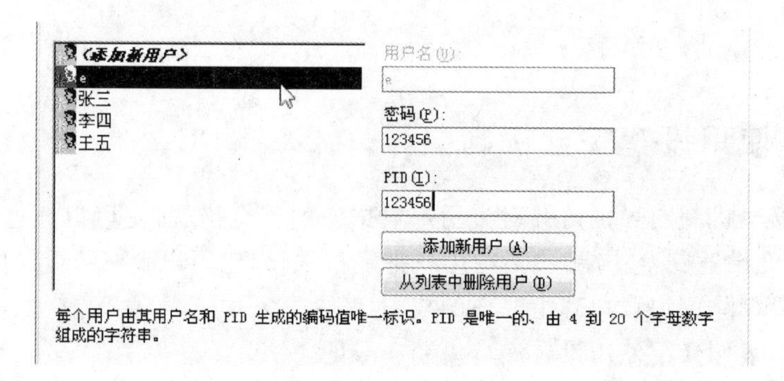

图 9-19 添加用户

(9) 单击“下一步”按钮，在对话框中给每个用户确定所属的组，如图 9-20 所示。

(10) 单击“下一步”按钮，给无安全机制的数据库备份副本，指定名称和存放位置，单击“完成”按钮。

说明：在完成“设置安全机制向导”之后，系统将显示一个存有安全信息的报表，该报表用来创建工作组信息文件中的组和用户，一定要保存好，如果需要重新创建工作组信息文件，报表中的信息是重要参照依据。

(11) 关闭 Access，双击“学生管理.mdb”数据库文件，系统弹出“登录”对话框，如图 9-21 所示。在对话框中输入正确的密码，单击“确定”按钮，安全进入数据库。

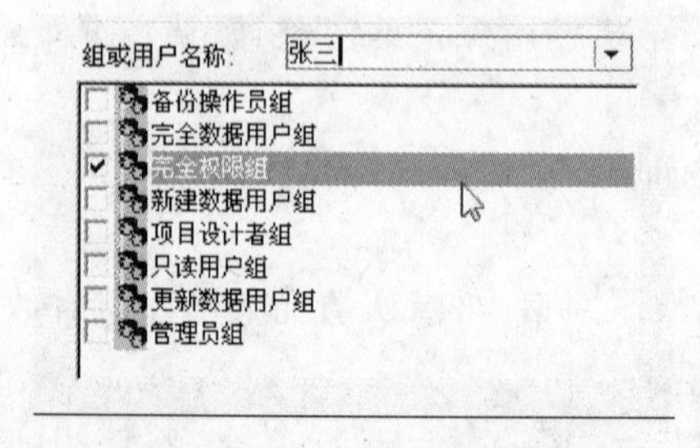

图 9-20 给每个用户确定所属的组

图 9-21 “登录”对话框

9.5 建立一个简单的数据库系统

本节介绍“学生信息管理系统”建立的全过程，通过这个简单的数据库系统，将全书内容做一个梳理和归纳总结。建立过程尽量使用简单方法，使读者易于接受。

本节内容可以作为一个课程设计实例。

9.5.1 系统需求分析

系统需求分析是软件设计的前期准备工作，本案例的需求分析如下：

“学生信息管理系统”的主要任务是对学生信息进行管理，其基本功能包括输入学生记录、修改已输入的记录、删除记录、查询学生信息。其中查询学生信息又可以分为按“学号”查询、按“姓名”查询和按“性别”查询。

另外，考虑到数据库安全问题，还对使用数据库的人员加以限制，只有在用户表里登记在册的人员才能进入数据库查询数据。

基于上述分析，可以将本系统分为5个功能模块，包括添加记录、修改记录、查询记录、删除记录、用户管理。

9.5.2 系统功能设计

在系统需求分析的基础上，提出对系统功能的设计方案，以实现系统需求。

1. 系统结构图

下面是“学生信息管理系统”的系统结构图，如图9-22所示。

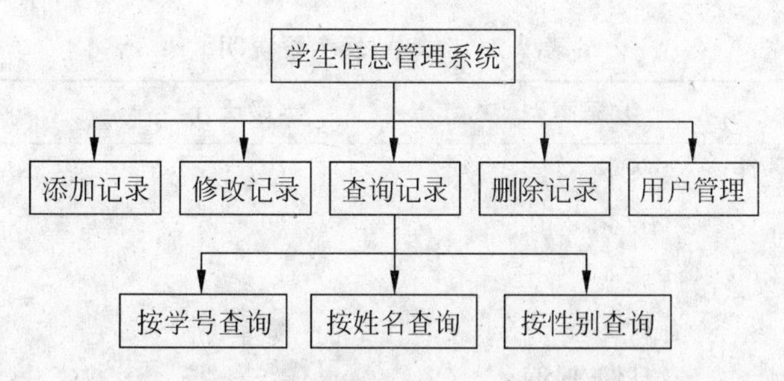

图9-22 “学生信息管理系统”的系统结构图

2. 系统功能分析

由需求分析和系统结构图可知，“学生信息管理系统”是一个比较简单的数据库应用系统，下面对各模块的功能做具体分析。

(1) 添加记录

“添加记录”模块用来将学生信息保存到数据库中。学生信息用7个项目描述，包括学号、姓名、性别、年龄、入校时间、爱好、照片。其中，“学号”信息对每个学生来说是唯一的。

(2) 修改记录

"修改记录"模块用来对指定的学生信息进行修改编辑。首先通过"学号"进行查询,然后将查询结果输出到窗体中供用户修改,可修改的信息包括姓名、性别、年龄、入校时间、爱好。修改完成以后将最终结果保存到数据库中。

(3) 查询记录

"查询记录"模块用来按给定条件查询学生信息,系统提供3种查询模式,包括按学号查询、按姓名查询、按性别查询。查询结果的显示项目包括学号、姓名、性别、年龄、入校时间、爱好。

(4) 删除记录

"删除记录"模块用来删除指定记录。首先通过"学号"进行查询,然后将查询结果输出到窗体中供用户确认,得到确认后将窗体中显示的记录从数据库中删除。

(5) 用户管理

"用户管理"模块用来管理用户信息。对用户的操作包括显示用户、添加用户、修改用户密码、删除用户。

9.5.3 设计数据表

本系统共需要建立2个数据表:"学生"表和"用户"表,其中,"学生"表是整个数据库系统的基础表。

1. "学生"表

图 9-23 "学生"表字段设计

"学生"表字段设计如图9-23所示。

"学生"表字段说明见表9-2。

表 9-2 "学生"表字段说明

字段名	数据类型	字段大小	说明
学号	文本	10	主键
姓名	文本	10	
性别	文本	1	
年龄	数字	整型	
入校时间	日期/时间		
爱好	文本	20	
照片	OLE 对象		

2. "用户"表

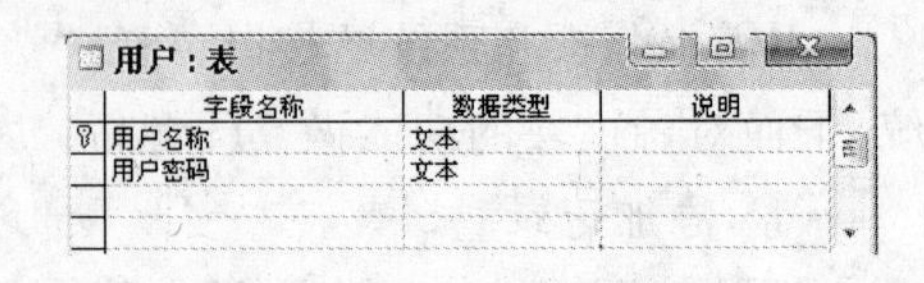

图 9-24 "用户"表字段设计

"用户"表字段设计如图9-24所示。

"用户"表字段说明见表9-3。

表 9-3　"用户"表字段说明

字段名	数据类型	字段大小	说明
用户名称	文本	10	主键
用户密码	文本	10	

9.5.4　设计操作界面

本系统共需要建立 8 个窗体，包括添加记录、修改记录、查询记录、删除记录、添加用户、用户管理、主窗体、登录窗体，如图 9-25 所示。

1. 建立"添加记录"窗体

"添加记录"窗体的操作界面设计如图 9-26 所示。

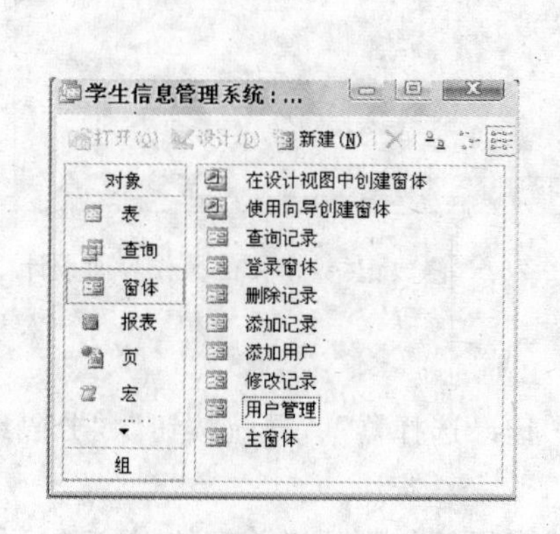

图 9-25　系统共包括 8 个窗体

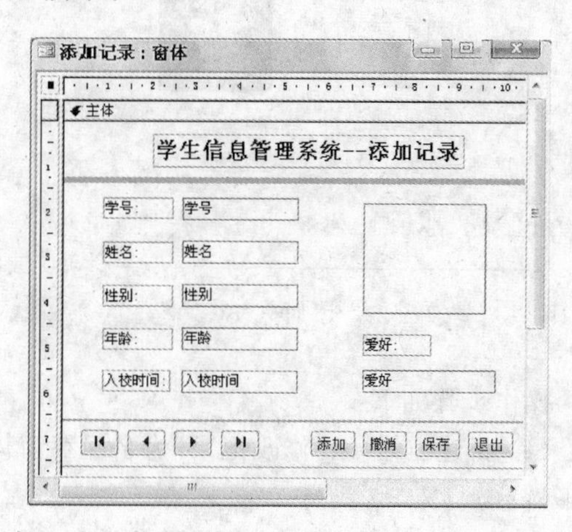

图 9-26　"添加记录"窗体的操作界面设计

操作步骤如下：

(1) 以"学生"表为数据源新建窗体，以"添加记录"为名保存窗体，设置"记录选择器"、"导航按钮"、"分隔线"均不显示。

(2) 用"矩形"工具在"主体"节上部画长方形，"背景色"属性为白色，用"直线"工具在矩形下边界画直线，"边框颜色"属性为橘黄色，"边框宽度"属性为 4 磅。

(3) 用"标签"工具在矩形内画一个区域，标签"标题"为"学生信息管理系统——添加记录"，14 号字、宋体、加粗。

(4) 从字段列表中向"主体"节拖入"学生"表的全部字段，布局各字段位置和大小。

(5) 用"矩形"工具在"主体"节下部画长方形，"背景色"为白色，用"直线"工具分别在矩形上边界和下边界画直线，"边框颜色"为橘黄色，"边框宽度"为 1 磅。

(6) 单击"向导"工具，在"主体"节下方的矩形框中生成 4 个按钮：第一条记录、前一条记录、后一条记录、末一条记录，用系统提供的图形做按钮外观，布局各按钮位置和大小，使各按钮水平间距相同。

(7) 单击"向导"工具，在"主体"节下方的矩形框中再生成 4 个按钮：添加新记录、撤销记录、保存记录、关闭窗体,按钮“标题”分别为“添加”、“撤销”、“保存”、“退出”,布局各按钮位置和大小,使各按钮水平间距相同。

(8) 在属性窗口定义窗体“标题”为“添加记录”,“边框样式”为“对话框边框”。

(9) 转到窗体视图,添加一条记录,如图 9-27 所示。

说明:本窗体按钮的操作功能完全用向导完成,不用写任何代码。

2. 建立“修改记录”窗体

“修改记录”窗体的操作界面设计如图 9-28 所示。

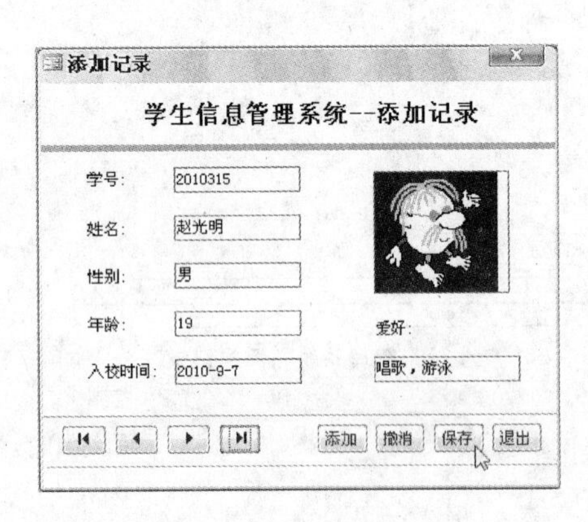

图 9-27 添加记录

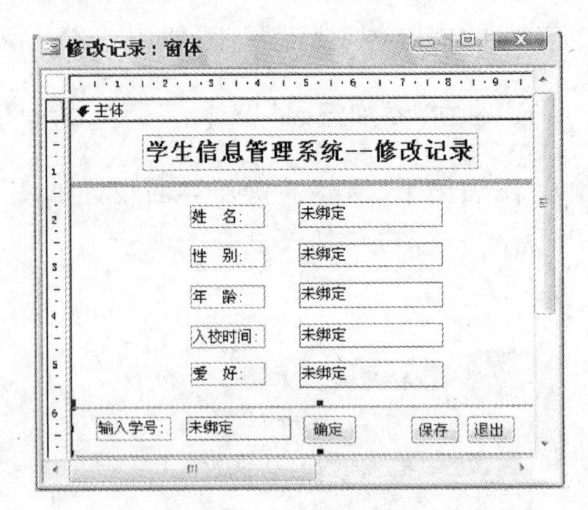

图 9-28 “修改记录”窗体的操作界面设计

操作步骤如下:

(1) 新建窗体,以“修改记录”为名保存窗体,设置“记录选择器”、“导航按钮”、“分隔线”均不显示。

(2) 将“添加记录”窗体“主体”节上部的矩形、直线和标签复制到当前窗体,标签“标题”改为“学生信息管理系统——修改记录”。

(3) 建立 5 个未绑定文本框,“名称”分别为 t1~t5,附加标签的“标题”分别为“姓名”、“性别”、“年龄”、“入校时间”、“爱好”,文本框 t4 的“格式”属性为“短日期”,布局各控件位置和大小,使之如图 9-28 所示。

(4) 将“添加记录”窗体“主体”节下部的矩形和直线复制到当前窗体,建立 1 个未绑定文本框,“名称”为 t0,附加标签的“标题”为“输入学号”。

(5) 在下部的矩形框中建立 3 个命令按钮,“名称”分别为 cmdok、cmdsave、cmdclose,“标题”分别为“确定”、“保存”、“退出”。

(6) “确定”按钮 cmdok 的 Click 事件代码如下:

```
Private Sub cmdok_Click()
On Error GoTo aa
Dim cn As New ADODB.Connection
Dim RS As New ADODB.Recordset
Dim StrSql As String
Set cn = CurrentProject.Connection
RS.ActiveConnection = cn
```

```
If IsNull(t0) Then
    MsgBox "请输入学号!", vbOKOnly + vbInformation, "提示"
    Exit Sub
ElseIf DCount("学号", "学生", "学号 = t0") = 0 Then
    MsgBox "查无此人,请重新输入!", vbOKOnly + vbInformation, "提示"
    t0.SetFocus
    t1 = "": t2 = "": t3 = "": t4 = "": t5 = ""
    Exit Sub
Else
    StrSql = "select * from 学生 where 学号 = '" + t0 + "'"
    RS.Open StrSql
    t1 = RS!姓名: t2 = RS!性别: t3 = RS!年龄: t4 = RS!入校时间: t5 = RS!爱好
End If
RS.Close
Set RS = Nothing
bb:
    Exit Sub
aa:
    MsgBox Err.Description
    Resume bb
End Sub
```

(7)“保存”按钮 cmdsave 的 Click 事件代码如下：

```
Private Sub cmdsave_Click()
On Error GoTo aa
Dim cn As New ADODB.Connection
Dim a As String
Set cn = CurrentProject.Connection
a = "update 学生 set 姓名 ='" + t1 + "',性别 ='" + t2 + "',年龄 ='" + Str(t3) + "',"
a = a + "入校时间 ='" + Str(t4) + "',爱好 ='" + t5 + "'where 学号 = '" + t0 + "'"
cn.Execute a
MsgBox "记录修改完毕!", vbInformation, "修改记录"
bb:
   Exit Sub
aa:
   MsgBox Err.Description
   Resume bb
End Sub
```

(8)“退出”按钮 cmdclose 的 Click 事件代码如下：

```
Private Sub cmdclose_Click()
  DoCmd.Close
  DoCmd.OpenForm "主窗体"
End Sub
```

(9) 在属性窗口定义窗体“标题”为“修改记录”,“边框样式”为“对话框边框”。

(10) 转到窗体视图,输入一个学号,单击“确定”按钮,在窗体中修改完毕单击“保存”按钮,显示记录修改完毕的消息框,如图 9-29 所示。

(11) 打开“学生”表查看,该记录已被修改。

说明：错误处理程序都是相同的，以下代码均省略错误处理程序。

3. 建立“查询记录”窗体

“查询记录”窗体的操作界面设计如图 9-30 所示。

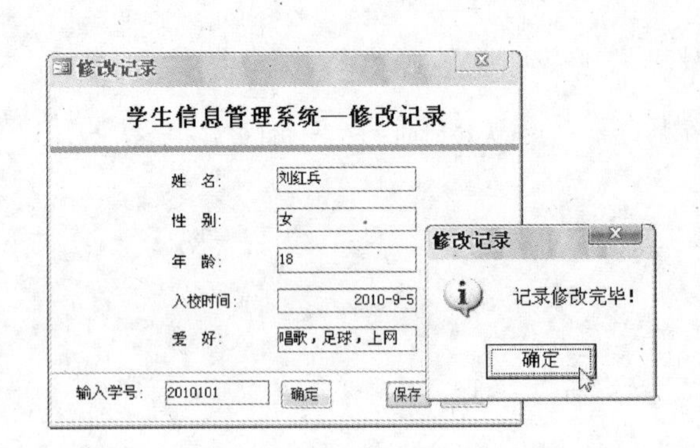

图 9-29 修改记录

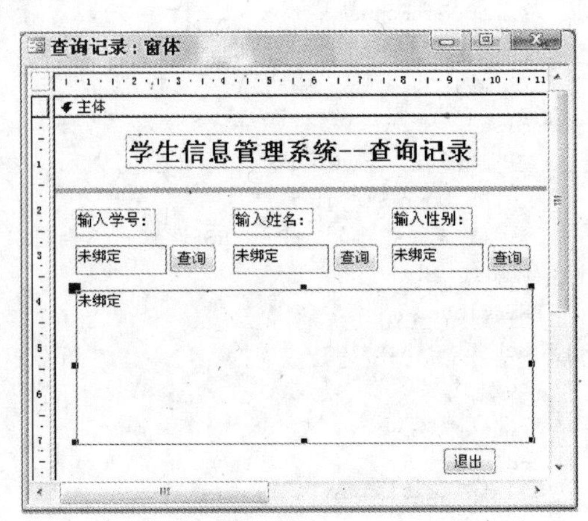

图 9-30 “查询记录”窗体的操作界面设计

操作步骤如下：

(1) 新建窗体，以“查询记录”为名保存窗体，设置“记录选择器”、“导航按钮”、“分隔线”均不显示。

(2) 将“添加记录”窗体“主体”节上部的矩形、直线和标签复制到当前窗体，标签“标题”为“学生信息管理系统——查询记录”。

(3) 建立 3 个未绑定文本框，“名称”分别为 t1～t3，附加标签的“标题”分别为“输入学号”、“输入姓名”、“输入性别”。

(4) 建立 3 个命令按钮，“名称”分别为 c1～c3，“标题”都是“查询”。

(5) 建立一个列表框，“名称”为 list0，“列数”属性为 6，“列宽”属性为“1.401cm；1.401cm；1.101cm；1.101cm；1.701cm；2cm”，“行来源类型”属性为“表/查询”。

(6) 窗体的载入事件(load)代码如下：

```
Private Sub Form_Load()
  t1.SetFocus   '打开窗体后光标在文本框 t1 中
End Sub
```

(7) 按钮 c1 的 Click 事件代码如下：

```
Private Sub c1_Click()
If IsNull(Me.t1) Then
   MsgBox "请输入学号!", , "提示"
   Exit Sub
End If
StrSql = "SELECT 学号, 姓名, 性别, 年龄, 入校时间, 爱好 FROM 学生 where 学号 = '" + t1 + "'"
list0.RowSource = StrSql
End Sub
```

(8) 按钮 c2 的 Click 事件代码如下:

```
Private Sub c2_Click()
If IsNull(Me.t2) Then
   MsgBox "请输入姓名!", , "提示"
   Exit Sub
End If
StrSql = "SELECT 学号, 姓名, 性别, 年龄, 入校时间, 爱好 FROM 学生 where 姓名 = '" + t2 + "'"
list0.RowSource = StrSql
End Sub
```

(9) 按钮 c3 的 Click 事件代码如下:

```
Private Sub c3_Click()
If IsNull(Me.t3) Then
   MsgBox "请输入性别!", , "提示"
   Exit Sub
End If
StrSql = "SELECT 学号, 姓名, 性别, 年龄, 入校时间, 爱好 FROM 学生 where 性别 = '" + t3 + "'"
List0.RowSource = StrSql
End Sub
```

(10) 列表框下方建立命令按钮,"名称"为 cmdclose,"标题"为"退出",按钮 cmdclose 的 Click 事件代码如下:

```
DoCmd.Close
DoCmd.OpenForm "主窗体"
```

(11) 设置窗体的"标题"属性为"查询记录","边框样式"为"对话框边框"。
(12) 转到窗体视图,输入性别"女",单击"查询"按钮,结果如图 9-31 所示。

4. 建立"删除记录"窗体

"删除记录"窗体的操作界面设计如图 9-32 所示。

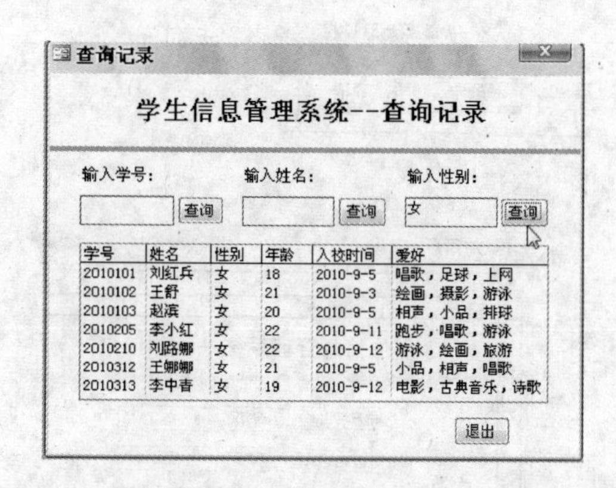

图 9-31 按性别查询

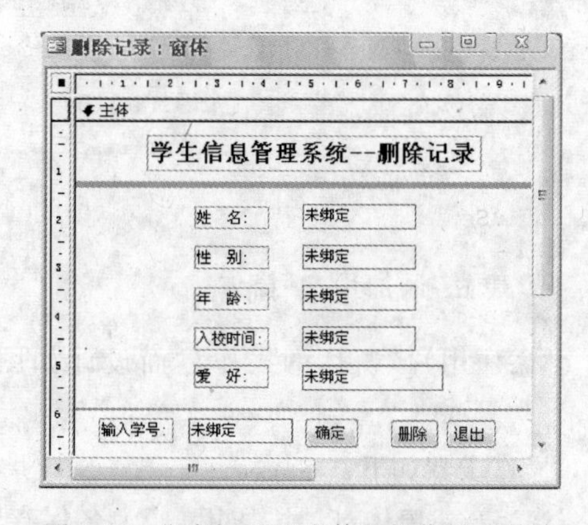

图 9-32 "删除记录"窗体的操作界面设计

操作步骤如下:

(1) 复制"修改记录"窗体,粘贴时窗体命名为"删除记录",定义窗体"标题"属性为"删除记录”，删除“保存”按钮，添加“删除”按钮，按钮“名称”为 cmddelete，其他按钮与代码不变。

(2)“删除”按钮 cmddelete 的 Click 事件代码如下：

```
Private Sub cmddelete_Click()
Dim cn As New ADODB.Connection
Dim a As String
Set cn = CurrentProject.Connection
a = "delete from 学生 where 学号 = '" + t0 + "'"
b = MsgBox("确定要删除吗?", vbOKCancel + vbQuestion, "删除记录")
If b = vbOK Then
    cn.Execute a
    t1 = "": t2 = "": t3 = "": t4 = "": t5 = "": t0 = ""
    MsgBox "删除完毕!", vbInformation, "删除记录"
Else
    t0.SetFocus
End If
End Sub
```

(3)“退出”按钮的代码如下：

```
DoCmd.Close
DoCmd.OpenForm "主窗体"
```

(4) 转到窗体视图，输入一个学号，单击“确定”按钮将该记录显示到窗口中，单击“删除”按钮，显示要求确认的提示框，单击提示框中的“确定”按钮，该记录从表中删除，如图 9-33 所示。

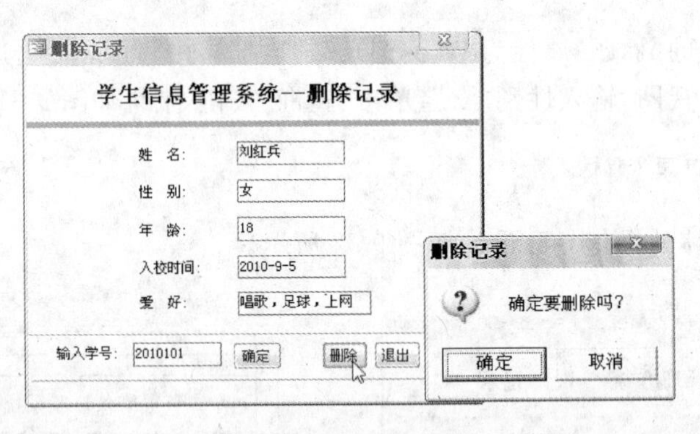

图 9-33 删除记录

5. 建立“添加用户”窗体

“添加用户”窗体的操作界面设计如图 9-34 所示。

操作步骤如下：

(1) 新建窗体，以“添加用户”为名保存窗体，复制“修改记录”窗体“主体”节上部分，将标签“标题”改为“学生信息管理系统——添加用户”，设置窗体“标题”为“添加用户”，设置窗体“边框样式”

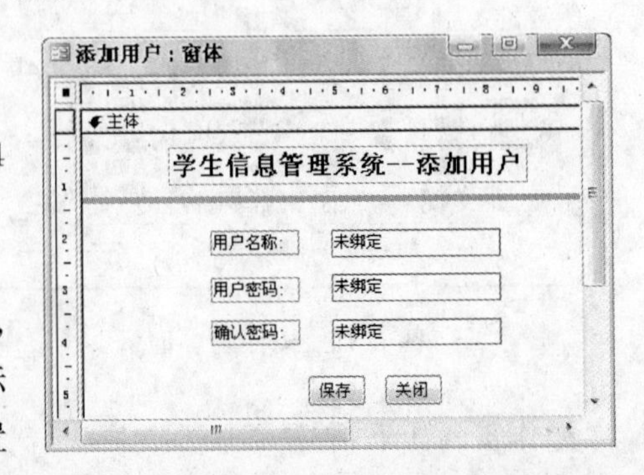

图 9-34 “添加用户”窗体的操作界面设计

为“对话框边框”。

(2) 建立3个未绑定文本框,“名称”分别为t1～t3,附加标签的“标题”分别为“用户名称”、“用户密码”、“确认密码”,t2和t3的“输入掩码”属性为“密码”。

(3) 建立2个命令按钮,“名称”分别为cmdsave、cmdclose,“标题”分别为“保存”、“关闭”。

(4) 窗体的载入事件代码如下:

```
Private Sub Form_Load()
  t1.SetFocus  '打开窗体时光标定位在文本框 t1 中
End Sub
```

(5) “保存”按钮cmdsave的Click事件代码如下:

```
Private Sub cmdsave_Click()
If IsNull(t1) Then  '如果用户名框为空
    MsgBox "请输入用户名!", vbOKOnly + vbInformation, "提示"
    t1.SetFocus
ElseIf DCount("用户名称", "用户", "用户名称 = t1") > 0 Then  '如果用户名已存在
    t1 = "": t1.SetFocus
    MsgBox "用户名称已存在,请更换!", vbOKOnly + vbInformation, "提示"
ElseIf IsNull(t2) Then  '如果密码框为空
    MsgBox "请输入密码!", vbOKOnly + vbInformation, "提示"
    t2.SetFocus
ElseIf IsNull(t3) Then  '如果确认密码框为空
    MsgBox "请确认密码!", vbOKOnly + vbInformation, "提示"
    t3.SetFocus
ElseIf t2 <> t3 Then  '如果两次输入的密码不同
    MsgBox "两次输入的密码不同!", vbOKOnly + vbInformation, "提示"
    t3 = "": t3.SetFocus
Else   '添加用户
    Dim cn As New ADODB.Connection
    Dim a As String
    Set cn = CurrentProject.Connection
    a = "insert into 用户 values('" + t1 + "','" + t2 + "')"
    cn.Execute a
    MsgBox "用户添加完毕!", vbInformation , "添加用户"
End If
End Sub
```

(6) “关闭”按钮的Click事件代码如下:

```
DoCmd.Close
DoCmd.OpenForm "用户管理"
```

(7) 转到窗体视图,添加一个用户信息,如图9-35所示。

6. 建立“用户管理”窗体

“用户管理”窗体的操作界面设计如图9-36所示。

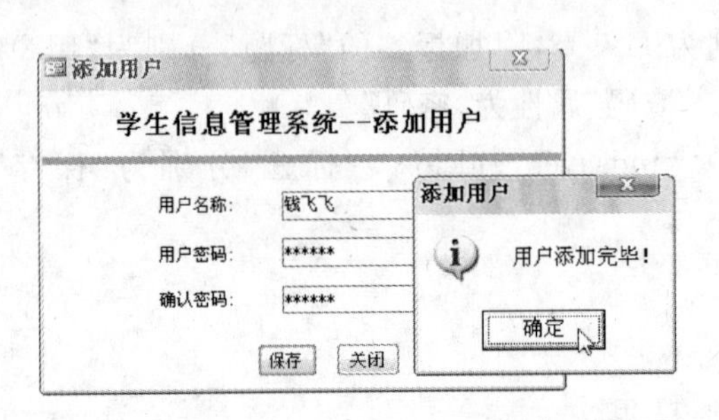

图 9-35 添加一个用户信息

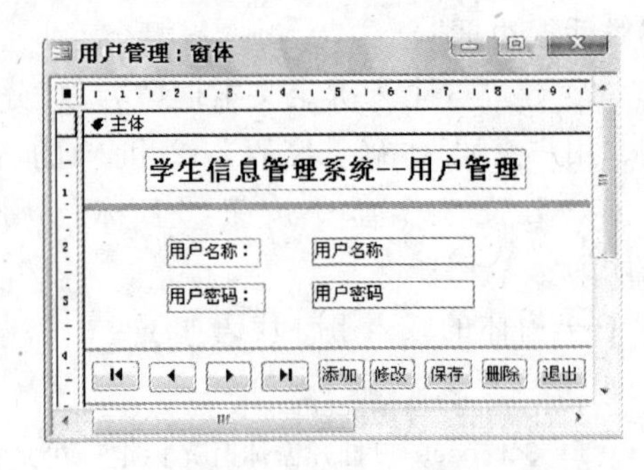

图 9-36 “用户管理”窗体的操作界面设计

操作步骤如下:

(1) 复制“添加记录”窗体,窗体改名为“用户管理”,设置窗体“标题”为“用户管理”,设置窗体“记录源”属性为“用户”,删除原窗体的“撤销”按钮,其余按钮及按钮代码都不用改动。

(2) 建立绑定文本框“用户名称”和“用户密码”,设置文本框“锁定”属性为“是”。

说明:文本框被锁定以后,不能输入和编辑文本框内容。

(3) 建立命令按钮“添加”,按钮 Click 事件的代码如下:

```
DoCmd.OpenForm "添加用户"
```

(4) 建立命令按钮“修改”,按钮 Click 事件的代码如下:

```
Me.用户密码.Locked = False     '解除锁定
```

(5) 单击“向导”工具,按向导提示建立“删除”按钮。

(6) 在系统给出的“保存”按钮代码第一行添加代码如下:

```
Me.用户密码.Locked = True     '实行锁定
```

(7) 设置新按钮的大小与其他按钮的大小相同,布局按钮位置。

(8) 转到窗体视图,进行查询用户、添加用户等操作。

7. 建立“主窗体”

“主窗体”的运行界面如图 9-37 所示。

操作步骤如下:

(1) 复制“添加用户”窗体,窗体改名为“主窗体”,设置窗体“标题”为“主窗体”,修改标签“标题”为“学生信息管理系统——主窗体”,删除“主体”节下半部分内容。

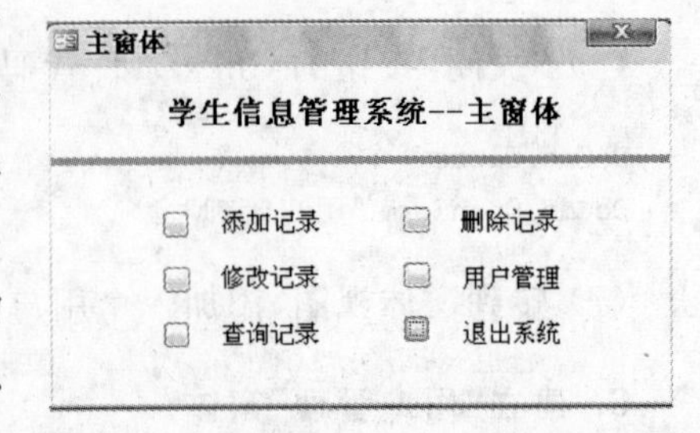

图 9-37 “主窗体”的运行界面

(2) 建立 6 个无标题的命令按钮,“名称”分别为 c1~c6;建立 6 个标签,“标题”分别为“添加记录”、“修改记录”、“查询记录”、“删除记录”、“用户管理”、“退出系统”。

(3) 按钮 c1 的 Click 事件代码如下：

```
DoCmd.Close
DoCmd.OpenForm "添加记录"
```

(4) 按钮 c2 的 Click 事件代码如下：

```
DoCmd.Close
DoCmd.OpenForm "修改记录"
```

(5) 按钮 c3 的 Click 事件代码如下：

```
DoCmd.Close
DoCmd.OpenForm "查询记录"
```

(6) 按钮 c4 的 Click 事件代码如下：

```
DoCmd.Close
DoCmd.OpenForm "删除记录"
```

(7) 按钮 c5 的 Click 事件代码如下：

```
DoCmd.Close
DoCmd.OpenForm "用户管理"
```

(8) 按钮 c6 的 Click 事件代码如下：

```
DoCmd.Quit
```

(9) 转到窗体视图，单击按钮执行对应标签所指明的操作。

8. 建立"登录窗体"

"登录窗体"的操作界面设计如图 9-38 所示。

操作步骤如下：

(1) 复制"添加用户"窗体，窗体改名为"登录窗体"，设置窗体"标题"为"登录"，删除"主体"节下半部分内容。

(2) 建立 2 个未绑定文本框，"名称"分别为 tname、tpsd，附加标签的"标题"分别为"请输入姓名"、"请输入密码"。

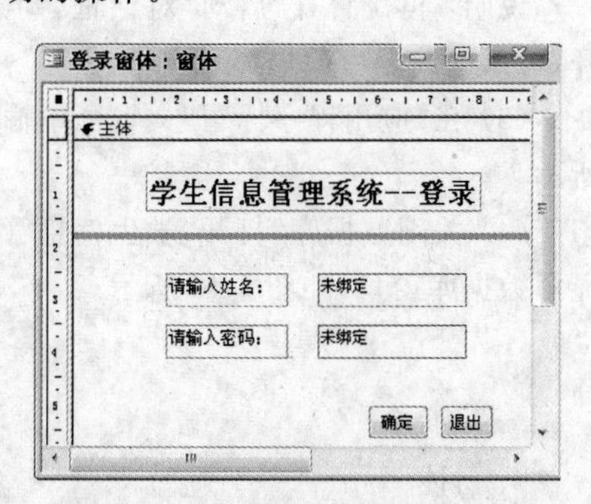

图 9-38　"登录窗体"的操作界面设计

(3) 建立 2 个命令按钮，"名称"分别为 cmdOk、cmdCancel，"标题"分别为"确定"、"退出"。

(4) "确定"按钮的 Click 事件代码如下：

```
Private Sub cmdOK_Click()
If IsNull(tname) Then
    MsgBox "请输入用户名!", vbOKOnly + vbInformation, "提示"
    tname.SetFocus
ElseIf DCount("用户名称", "用户", "用户名称 = tname") = 0 Then
    MsgBox "用户名不存在!", vbOKOnly + vbInformation, "提示"
```

```
        tname = ""
        tname.SetFocus
    ElseIf IsNull(tpsd) Then
        MsgBox "请输入密码!", vbOKOnly + vbInformation, "提示"
        tpsd.SetFocus
    ElseIf tpsd <> DLookup("用户密码", "用户", "用户名称 = tname") Then
        MsgBox "密码错,即将退出系统!", vbOKOnly + vbInformation, "提示"
        DoCmd.Quit
    Else
        DoCmd.Close
        DoCmd.OpenForm "主窗体"
    End If
    End Sub
```

(5)“退出”按钮的 Click 事件代码如下：

```
MsgBox "退出系统!", vbOKOnly + vbInformation, "提示"
DoCmd.Quit
```

9. 将“登录窗体”设置为系统的启动窗体

操作步骤如下：

(1) 选择菜单“工具”→“启动”,打开“启动”对话框。

(2) 在“显示窗体/页”中选择“登录窗体”,去掉“显示数据库窗口”复选框的对钩,此设置使得启动时显示“登录窗体”,并且隐藏数据库窗口。

说明：再次打开“启动”对话框,勾选“显示数据库窗口”复选框,关闭数据库后重新打开,可以使数据库窗口显示出来。

(3) 在“应用程序标题”文本框中输入“学生信息管理系统”,单击“确定”按钮,如图 9-39 所示。

(4) 关闭数据库,打开“学生信息管理系统.mdb”数据库,首先显示“登录窗体”,并且不显示数据库窗口,如图 9-40 所示。

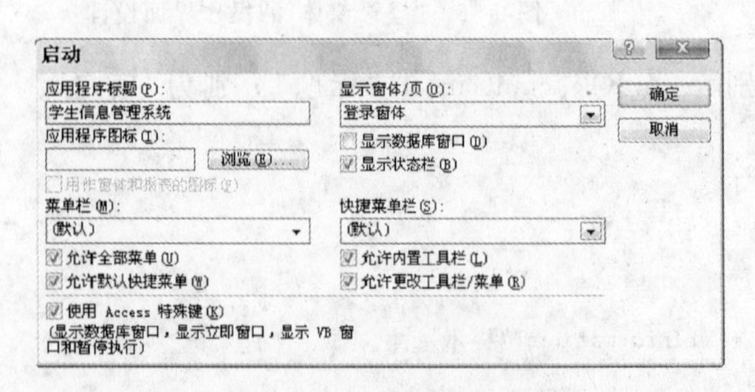

图 9-39 “启动”对话框

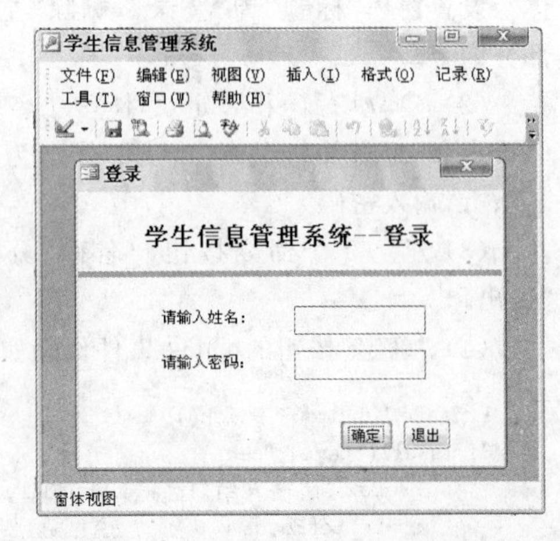

图 9-40 启动“学生信息管理系统”

至此,完成了一个简单数据库应用系统的建立。

习题 9

1. 判断题

(1) DAO 对象模型采用分层结构。

(2) DAO 模型层次中处在最顶层的对象是 DBEngine。

(3) Recordset 类型的对象是字段对象。

(4) ADO 模型中的 Connection 对象与 Command 对象都能打开 RecordSet 对象。

(5) MoveNext 方法将记录指针从当前位置移到最后一条记录。

(6) Set db = CurrentDb()语句是用 ADO 打开本地数据库的快捷方式。

(7) ODBC 称为“开放式数据库连接”。

(8) 用 rs.close 语句释放记录集对象所占的内存空间。

(9) 最简单的数据库保护措施就是设置数据库使用权限。

(10) 加密数据库会影响合法用户在 Access 中的操作。

2. 填空题

(1) VBA 主要提供 3 种数据库访问接口,包括________、DAO、ADO。

(2) 定义 rs 为记录集对象变量的语句是________。

(3) ________称为“数据访问对象”。

(4) 用________语句将记录指针移到当前记录集的第一条记录。

(5) 已知 rs 是 ADO 的记录集对象,关闭记录集的代码是________。

(6) Set cn = CurrentProject.Connection()语句是________打开本地数据库的快捷方式。

(7) 用 Word 打开加密后的数据库,看到的将是________。

(8) 设置数据库操作权限,主要针对________数据库。

(9) ________是软件设计的前期准备工作。

(10) 通过设置“启动”对话框,可以使________窗体不显示。

3. 操作题

建立“练习”数据库,内有“教师”表,如图 9-41 所示。完成以下操作:

教师:表

编号	姓名	性别	工作时间	职称	系别	补贴
1001	马淑芬	女	1997-2-12	讲师	英语	300
1002	章程	男	1999-11-13	讲师	英语	300
1003	江小洋	女	1983-12-25	教授	英语	500
2001	赵大鹏	男	1998-12-1	讲师	计算机	300
2002	李达成	男	1989-10-29	副教授	计算机	400
2003	张晓芸	男	2000-12-13	讲师	计算机	300
3001	赵大勇	女	1977-10-14	教授	中文	500
3002	刘立丰	女	1988-9-12	副教授	中文	400
3003	张宏	男	1994-2-13	讲师	中文	300
4001	王丽丽	女	1984-12-24	讲师	法律	300
4002	张成	男	1975-5-23	教授	法律	500

记录: 1 共有记录数: 11

图 9-41 “教师”表

(1) 建立窗体1,内有1个文本框和1个命令按钮。用ADO方法更新本地数据库,使所有记录的“补贴”字段增加20%,用文本框显示补贴的总数额。

(2) 建立窗体2,内有1个文本框和1个命令按钮。用ADO方法更新本地数据库,按“职称”增加补贴,教授增加100,副教授和讲师增加80,用文本框显示补贴的总额。

(3) 建立窗体3,显示“教师”表的全部字段,内有2个命令按钮,“标题”分别为“添加记录”和“关闭”。用DAO方法和ADO方法向“教师”表中添加记录,新记录的编号不能与已有编号相同。

(4) 以“教师”表为基础建立简单的数据库应用系统,系统有添加、修改、查询、删除4个模块。

参考文献

1. Susan Sales HarKins, Mike Gunderloy. Automating Microsoft Access with VBA [M]（中文版）. 马树奇,金燕译. 北京：电子工业出版社,2006
2. 潘明寒,赵义霞. Access 实例教程[M]. 北京：中国水利水电出版社,2009
3. 苗雪兰,宋歌. 数据库原理与应用技术[M]. 北京：电子工业出版社,2009